污染源普查技术报告

（下册）

第一次全国污染源普查资料编纂委员会　编

中国环境科学出版社·北京

图书在版编目（CIP）数据

污染源普查技术报告. 下 / 第一次全国污染源普查
资料编纂委员会编. -- 北京：中国环境科学出版社，
2011.9
（第一次全国污染源普查资料文集）
ISBN 978-7-5111-0672-8

Ⅰ. ①污… Ⅱ. ①第… Ⅲ. ①污染源调查－调查报告
－中国 Ⅳ. ①X508.2

中国版本图书馆CIP数据核字（2011）第159918号

责任编辑　张　杰　俞光旭
责任校对　扣志红
封面设计　张　杰　金　喆

出版发行　中国环境科学出版社
　　　　　（100062 北京东城区广渠门内大街 16 号）
　　　　　网　　址：http://www.cesp.com.cn
　　　　　联系电话：010-67112765（总编室）
　　　　　发行热线：010-67125803，010-67113405（传真）
印　　刷　北京中科印刷有限公司
经　　销　各地新华书店
版　　次　2011 年 9 月第 1 版
印　　次　2011 年 9 月第 1 次印刷
开　　本　880×1194 1/16
印　　张　19.75
字　　数　480 千字
定　　价　228.00 元

序　言

应用第一次全国污染源普查成果
积极探索中国环境保护新道路

污染源普查是关系环保事业长远发展的重要基础性工作。"求木之长者，必固其根本；欲流之远者，必浚其泉源"。第一次全国污染源普查从 2006 年 10 月开始，历时三年多，圆满完成各项预定任务，获得大量翔实数据，为全面判断我国环境形势、提高环保监管水平打下坚实基础。要开发应用好普查成果，进一步加强环境保护和污染治理工作，探索走出一条代价小、效益好、排放低、可持续的环境保护新道路，促进经济社会全面协调可持续发展。

一、第一次污染源普查取得丰硕成果

全国污染源普查是新时期一项重大的国情调查。在党中央、国务院的领导下，各级普查机构从环保、农业系统及有关单位抽调精兵强将和业务骨干，组成有 57 万多名普查员和普查指导员的普查队伍，对 157.6 万家工业源、289.9 万家农业源、144.6 万家生活源和 4790 家集中式污染治理设施，进行规模空前的入户登记、调查、核实，获得各类污染源第一手环境污染数据 11 亿个，总信息量 310 万兆字节，建立全国污染源普查数据库，形成以数据为主、文字为辅、形象图表三位一体的普查技术报告，综合反映各类污染源的污染现状和污染防治情况。

经国务院批准，2010 年 2 月，环境保护部、国家统计局、农业部联合发布第一次全国污染源普查公报，得到社会各界的关注和认可。污染源普查取得的成果，主要体现在以下五个方面。

（一）全面掌握了我国污染源排放的基本情况。查清了全国工业、农业、生活以及集

中式污染处理设施四大类污染源的数量、行业和地区分布，主要污染物种类及其排放量、排放去向、污染治理等情况，较为全面准确地反映了现阶段我国环境污染状况、污染对环境影响范围和程度、污染变化趋势，以及污染的治理能力和现状。

（二）初步建立了统一的全国污染源信息数据库。全国590多万家有污染源的单位和个体经营户与环境保护有关的基本数据，已录入污染源普查信息数据库，建立起全国污染源基本单位台账和国家、省、市、县四级数据库。可根据需求，按行业、地区、指标等不同类型分组，进行数据检索和查询。这是目前全国污染源最全面、最准确、最权威的信息数据。

（三）逐步完善了环境统计方式方法。普查的组织方式、技术方法以及新编制的产排污系数，有助于更加客观真实地反映各类污染源主要污染物排放的实际情况。普查获得的污染源信息，弥补了以往常规抽样调查的不足。这些为改革原有环境统计调查体系、建立新的环境统计制度、提高环境统计数据质量提供了难得契机。

（四）培养锻炼了人才队伍。普查工作者通过系统的实用培训、经历普查现场的实际操作，在把握环境政策、掌握监管手段、熟悉监测技术规范、了解主要产污生产工艺以及获取污染源信息方法等方面，得到全面学习和提高。普查工作培养了一批有高度责任心、熟悉政策、精通业务的综合型人才。

（五）进一步提高了全民环境意识。通过各类媒体、多种方式的普查宣传，广泛动员社会各界关心、参与普查和环境保护，全社会的环境意识大大提高，创造了更好的社会氛围。

二、第一次污染源普查的经验十分宝贵

这次污染源普查规模之大、调查项目之多、涉及范围之广、组织之复杂、工作难度之大前所未有，且无任何经验可以借鉴。这项工作既是检验能力的挑战，更是探索创新的过程。第一次全国污染源普查积累了许多宝贵经验。

（一）党中央、国务院的正确领导，是引领普查工作顺利开展的根本指针。开展污染源普查，是党中央、国务院立足我国经济社会发展全局作出的一项重大决策。温家宝总理签署第508号国务院令，公布施行《全国污染源普查条例》，国务院办公厅印发《第一次全国污染源普查方案》。国务院成立了普查领导小组，李克强副总理、曾培炎副总理担任组长，领导普查的组织和实施工作。普查实施期间，国务院多次召开会议进行研究部署。2010年1月，温家宝总理主持召开国务院第99次常务会议，专门听取第一次

全国污染源普查情况汇报,对普查工作和成果给予充分肯定。党中央、国务院的正确领导,始终为普查工作顺利有序开展指明了方向。

(二）坚持统一领导、共同参与的原则，是推动普查任务全面完成的重要保障。按照"全国统一领导、部门分工协作、地方分级负责、各方共同参与"的原则，各部门各地方主动开展工作，群策群力，通力协作。各级环保部门担当了普查工作的主力军，有效发挥日常组织和综合协调的作用；财政、发展改革等部门在财力和物力上给予保障；统计、工商部门提供大量的基础信息和经验；农业、军队、公安、住房建设等部门很好地完成了本部门、本单位的普查任务；宣传部门和新闻单位广泛深入开展社会宣传动员。地方各级党政领导高度重视，纷纷成立普查工作领导机构和协调办事机构，结合本地实际，抓紧制定本地区普查工作方案。一些分管负责同志深入一线，现场调研、指导，及时解决实际问题，保证了污染源普查的顺利实施。

(三）推行尊重科学、求真务实的工作方法，是确保普查取得实效的基本要求。这次普查在方案设计上，立足中国国情，借鉴国际经验，广泛征求各部门、地方的意见，经过专家严密论证，并在试点检验的基础上加以修改完善。在普查实施过程中，结合地方实践，建立了五级数据审核与逐级质量核查制度；各地也结合实际从组织动员、入户普查、质量把关等方面建章立制，将严格执行规章制度贯穿整个普查过程。在普查手段上，运用现代信息技术，统一开发数据处理软件，对数据录入、审核、汇总、传输和存储，全部进行电子化处理。普查工作体现的科学性，应当成为今后各项环保工作的立足之本。

(四）强化精益求精、注重质量的扎实作风，是普查成功的关键所在。数据质量是污染源普查的生命，是衡量普查成功与否的标准。各级普查机构始终把质量控制贯穿于全过程。建立健全普查数据质量控制的岗位责任制，对每个阶段和每个环节，实行严格的质量控制和检查验收，层层审核把关，确保普查数据真实可靠、经得起实践和历史检验。广大普查人员坚持质量第一的方针，严格执行普查技术规范，依照法律法规的规定和普查的具体要求，按时、如实填报普查数据，不虚报、不瞒报、不拒报、不迟报，不伪造、不篡改，保证了普查数据的质量。

(五）弘扬中国环保精神，是凝聚力量攻坚克难的强大动力。人是要有一点精神的。在妥善应对处置2005年松花江重大水环境污染事件中,环保系统广大干部职工形成了"忠于职守、造福人民，科学严谨、求实创新，不畏艰难、无私奉献，团结协作、众志成城"的中国环保精神，一直激励着环保人迎接各种挑战。

这次污染源普查，环保和有关部门广泛动员各方力量，组建了一支经过系统培训、熟悉业务、有战斗力的队伍，走过了不平凡历程。特别是2008年，广大普查工作人员克服年初雨雪冰冻灾害对普查工作的影响，经历了5•12汶川大地震的洗礼，勇敢面对各种挑战与考验，主动出击，迎难而上，兢兢业业，始终奋战在普查第一线，做了大量卓有成效的工作，出色地完成了普查任务。正是有这样一支队伍作为坚强后盾，正是有这样一股精神作为力量源泉，才赢得了污染源普查任务的圆满完成。

三、进一步做好污染源普查成果开发转化应用工作

污染源普查成果来之不易，凝聚着几十万参与人员的智慧和心血，是全社会共同的宝贵财富。要切实把普查成果开发好、转化好、应用好，全面掌握环境污染的新情况和新特征，准确把握环境状况的新变化和新趋势，统筹处理好经济发展与环境保护、全面推进与重点突破的关系，探寻新思路，谋划新举措，积极探索中国环境保护新道路，不断开创环保工作新局面。

第一，全面分析普查数据，综合判断我国面临的环境形势。这次污染源普查，对全国污染源的数量和区域分布情况进行了全面摸底，有利于准确把握环境形势。我们不能满足于对污染源数据的简单汇总，不能停留在对数据的感性认识，要对普查数据进行认真梳理、全面分析、深入研究，从经济社会全面协调可持续发展的战略高度，分析后金融危机时代面临的环境形势，分析各地环境承载力和目前的环境质量，分析各类产业、企业对环境状况的影响，在新的起点上进一步推进环保工作。

第二，牢牢抓住普查反映的突出问题，集中力量加以解决。污染源普查更加清晰地凸显当前我国突出的环境问题，要出台一批有针对性的污染防治措施，切实有效地加以解决，赢得人民群众的理解、信任与支持。一是集中整治重金属污染。目前全国重金属（镉、总铬、砷、汞、铅）排放量0.09万吨，绝大部分为工业源排放，主要集中在湖南、浙江等10个省区，占排放总量的74.4%。要把防治重金属污染摆上环境保护的突出位置，确定重金属污染的行业、重点企业和地区，制定重金属污染综合防治规划，有计划、分步骤地推动解决。二是深化农业源污染防治。目前全国主要水污染物排放量已有4成以上来自农业污染源。从根本上解决水污染问题，必须把农业源污染防治列入环境保护的重要议程。要加大畜禽、水产养殖污染控制力度，加强对农业生产的环境监管和土壤污染防治。落实好"以奖促治"、"以奖代补"政策措施，推进农村环境综合整治。三是加

强饮用水水源地环境保护。结合污染源普查成果地理信息系统的应用和各地水源地保护区划定以及核查工作，对各地特别是城市的集中式饮用水水源地，进行污染源及污染物排放情况的排查，确保人民群众的饮水安全。四是研究潜在环境风险防范预案。根据部分污染物的区域和行业分布特点，研究提出潜在环境风险的应对方案，更加自觉主动地化解一些突发环境事件。

第三，深入研究运用普查成果反映出的客观规律，谋划好"十二五"环保工作。今年是"十一五"环保规划的收官之年，也是谋划"十二五"环保思路的关键之年。必须以解决影响可持续发展和危害群众健康的突出环境问题为重点，再接再厉，常抓不懈，确保全面完成"十一五"环保任务，确保年初全国环保工作会议确定的十项重点任务全面完成。在实现"两个确保"的基础上，要充分吸收利用普查成果，扎实谋划好"十二五"环境保护规划，进一步完善、强化环境保护政策和措施。重点包括：科学评估节能减排潜力，适当增加实施总量控制的污染因子，制定可行的节能减排方案，合理确定区域减排目标与排污总量控制计划；分析当前污染排放和污染治理设施运行状况及污染治理水平，加快转变经济发展方式，加大环保基础设施建设力度，推进工程减排、结构减排和管理减排；正确判断主要行业产能与能耗水平，制定完善有利于推动绿色发展、清洁生产、关停淘汰落后工艺的政策和产业准入制度。

周生贤

2010 年 11 月 2 日

第一次全国污染源普查资料编纂委员会

主 任 委 员：周生贤

副主任委员：张力军　周　建　李干杰　王玉庆　胡保林

委　　　员：舒　庆　陈　亮　赵英民　赵华林　魏山峰　翟　青

　　　　　　庄国泰　刘　华　邹首民　陶德田　陈　斌　孟　伟

　　　　　　罗　毅　田佳树　洪亚雄　宋铁栋

第一次全国污染源普查资料文集编写人员名单

主　编：王玉庆

副主编：陈　斌　赵建中　陈善荣　朱建平

编　委：（按姓氏笔划排序）

马晓溪　孔益民　王利强　叶　琛　刘艳青　安海蓉

佟　羽　吴彩霞　张　珺　张治忠　张战胜　沈　鹏

周　涛　罗建军　高　嵘　曹　东　隋筱婵　景立新

潘　文

第一次全国污染源普查组织领导和工作机构

国务院第一次全国污染源普查领导小组人员名单

（国发〔2006〕36号文，2006年10月12日）

组　长：曾培炎　国务院副总理

副组长：张　平　国务院副秘书长

　　　　周生贤　国家环保总局局长

　　　　谢伏瞻　国家统计局局长

成　员：李东生　中宣部副部长

　　　　姜伟新　国家发展改革委副主任

　　　　朱志刚　财政部副部长

　　　　仇保兴　建设部副部长

　　　　危朝安　农业部副部长

　　　　刘玉亭　国家工商总局副局长

　　　　王玉庆　国家环保总局副局长兼领导小组办公室主任

　　　　李买富　总后勤部副部长

国务院第一次全国污染源普查领导小组组成人员

（国办函 [2008] 41 号文，2008 年 4 月 17 日）

组　长：李克强　国务院副总理

副组长：周生贤　环境保护部部长

　　　　张　勇　国务院副秘书长

　　　　谢伏瞻　国家统计局局长

成　员：李东生　中央宣传部副部长

　　　　解振华　国家发展改革委副主任

　　　　刘金国　公安部副部长

　　　　张少春　财政部副部长

　　　　仇保兴　住房和城乡建设部副部长

　　　　危朝安　农业部副部长

　　　　刘玉亭　国家工商总局副局长

　　　　王玉庆　原国家环保总局副局长兼领导小组办公室主任

　　　　李买富　总后勤部副部长

国务院第一次全国污染源普查领导小组办公室
成员及联络员名单

主　任： 王玉庆　原国家环境保护总局副局长

副主任： 舒　庆　环境保护部规财司司长

马京奎　国家统计局社科司司长

（联络员：李锁强处长）

成　员： 葛　玮　中宣部新闻局副局长

（联络员：唐献文副处长）

王善成　国家发展改革委环资司副司长

（联络员：陆冬森副处长）

李江平　公安部交管局副局长

（联络员：李晓东处长）

李敬辉　财政部经建司副司长

（联络员：姚劲松处长）

张　悦　住房和城乡建设部城建司副司长

（联络员：章林伟处长）

杨雄年　农业部科教司副司长

（联络员：方放副处长）

王树燕　国家工商总局企业注册局副局长

（联络员：吴力明调研员）

黄开荣　中国人民解放军环保局局长

（联络员：刘彪助理）

陈　斌　环境保护部第一次全国污染源普查工作办公室主任

环境保护部第一次全国污染源普查
协调小组人员名单

组　长：周生贤　环境保护部部长

副组长：张力军　环境保护部副部长（2009年1月至今）
　　　　周　建　环境保护部副部长（2007年7月至2008年12月）
　　　　李干杰　环境保护部副部长（2007年2月至2007年7月）
　　　　王玉庆　国务院第一次全国污染源普查领导小组办公室主任

成　员：胡保林　办公厅主任
　　　　舒　庆　规财司司长
　　　　赵英民　科技司司长
　　　　樊元生　污防司司长（2007年2月至2009年2月）
　　　　翟　青　污防司司长（2009年3月至今）
　　　　万本太　生态司司长（2007年2月至2008年8月）
　　　　庄国泰　生态司司长（2008年9月至今）
　　　　刘　华　核安全司司长
　　　　陆新元　环监局局长（2007年2月至2009年6月）
　　　　邹首民　环监局局长（2009年6月至今）
　　　　陶德田　宣教司司长
　　　　陈　斌　第一次全国污染源普查工作办公室主任
　　　　孟　伟　中国环境科学研究院院长
　　　　魏山峰　中国环境监测总站站长（2007年2月至2008年8月）
　　　　罗　毅　中国环境监测总站站长（2008年9月至今）
　　　　陈金元　核安全中心主任（2007年2月至2009年2月）
　　　　田佳树　核安全中心主任（2009年2月至今）
　　　　邹首民　环境规划院院长（2007年2月至2009年6月）
　　　　洪亚雄　环境规划院院长（2009年6月至今）
　　　　宋铁栋　信息中心主任

第一次全国污染源普查工作办公室人员名单

主　　任：陈　斌

副　主　任：赵建中　陈善荣　朱建平

综合协调组：佟　羽　张治忠　周　涛　姬　钢　高　嵘　吴彩霞
　　　　　　刘艳青　林　红

监测与技术组：景立新　毛玉如　罗建军　安海蓉　骆　红　付军华
　　　　　　　谢依民　陈志良

现场调查组：隋筱婵　马晓溪　张　珺　叶　琛

数据处理组：曹　东　孔益民　潘　文　沈　鹏　王利强　张战胜

农　业　组：刘宏斌　李　峰　江希流　成振华　刘东生　高月香
　　　　　　黄宏坤　陈永杏

污染源普查
技术报告

目 录

（上 册）

（下　册）

前　言

　　环境保护部门于1980年开始建立环境统计制度，开展了以重点调查（抽样调查）为主、科学测算为辅的年度环境统计工作，并会同有关部门每年发布环境状况公报和环境统计年报。随着环保工作进展，环境统计工作多次改革，增加统计指标，扩大覆盖面，工业污染源的统计日渐完善，为我国环境保护工作做出了重大贡献。但是，近年来一方面随着我国经济持续快速发展，资源能源消耗大幅增加，经济结构和布局调整步伐加快，工业企业数量急速增加，且企业变动频繁，原确定的重点调查企业面偏窄，需及时更新。另一方面，随着城市化进程的加快和城市人口的增加，城市生活污染呈增加趋势，有关城市"三产"污染底数和环境基础设施建设情况，也需要进一步摸清。再者，农业面源污染日益凸显，农村环境问题越来越引起关注，但其基本未纳入环境统计范畴。此外，我国伴生放射性矿物资源开发利用、核技术应用等活动产生的放射性污染，大型电磁辐射设施带来的辐射污染等很多方面，环境统计工作尚未开展，无法提供比较全面的数据。污染源及其排污情况从整体看底数不清，严重影响对环境形势的把握、环保规划及政策的制定，成为环保工作不断深入的重要制约因素。

　　为此，2006年10月17日，国务院印发了《关于开展第一次全国污染源普查的通知》（国发[2006] 36号），决定于2008年初开展第一次全国污染源普查。

　　全国污染源普查是重大的国情调查，是全面掌握我国环境状况的重要手段。开展污染源普查是为了了解各类企事业单位与环境有关的基本信息，建立健全各类重点污染源档案和各级污染源信息数据库，为制定经济社会政策提供依据。搞好全国污染源普查，准确了解污染物的排放情况，有利于正确判断环境形势，科学制定环境保护政策和规划；有利于有效实施主要污染物排放总量控制计划，切实改善环境质量；有利于提高环境监管和执法水平，保障国家环境安全；有利于加强和改善宏观调控，促进经济结构调整，推进资源节约型、环境友好型社会建设。

　　第一次全国污染源普查的工作目标为：全面掌握各类污染源的数量、行业和地区分布，主要污染物及其排放量、排放去向、污染治理设施运行状况、污染治理水平和治理费用等情况，为污染治理和产业结构调整提供依据。建立国家与地方各类重点污染源档案和各级污染源信息数据库，促进污染源信息共享机制的建立，为污染源的管理奠定基础。掌握污染源的总体样本，为建立科学的环境统计制度、改革环境统计调查体系、提高统计数据质量创造条件；根据普查结果，建立新的"十二五"环境统计平台。提高各级环境保护主管部门，尤其是基层环保部门的管理能力，健全各级环境统计、监测、监督和执法体系。通过普查工作的宣传与实施，动员社会各界力量广泛参与污染源普查，提高全民环境保护意识。

　　在国务院的统一领导和部署下，经过各地区、各有关部门的共同努力，第一次全国污染源普查历时三年，先后完成了重点污染源现场监测、普查方案及技术规范制定、产排污系数编制、污染源普查试点、清查摸底、普查表填报与审核、质量核查和数据审核汇总等工作。全国污染源普查共组织动员 57 万多人，对工业源、农业源、生活源和集中式污染治理设施 4 大类 592 万多个普查对象进行了调查。共获得各类污染源填报的基本数据 11 亿个，总信息量 310 万兆字节，完成了国务院确定的普查任务。

本书较详细地介绍了本次普查的对象和范围、普查的内容及污染物种类、普查的技术路线和方法、普查的质量保证工作，并分别按四大类污染源对普查成果进行了分析，旨在为政府及其相关部门了解普查工作、加强环境管理及今后开展污染源普查提供参考。

本书内容较多，普查结果分析涉及领域宽，不当之处，敬请指正。

第一次全国污染源普查工作办公室
二〇一一年六月

第5章 农业源普查结果分析

5.1 农业源普查基本情况

5.1.1 普查对象数量

5.1.1.1 普查对象的地区分布

此次普查，农业源普查对象总数为288.58万个（不含抽样农户和农场地块以及农村生活源调查对象），其中种植业普查乡镇（乡镇级行政区划）数量为36076个；普查规模化农场数量为2163个；畜禽养殖业调查196.36万家；水产养殖调查数量为88.39万家。各类源所占农业源普查对象的比例如图5-1-1所示。

从农业污染源普查对象的地区分布来看，河南省最多，共计25.7万个，其次为江苏省和河北省；普查对象数最少的是西藏自治区，其次为青海省，

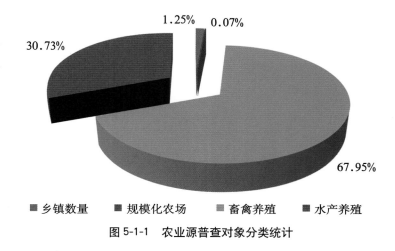

图 5-1-1 农业源普查对象分类统计

仅有2385个。农业源普查对象数量超过10万个的省份共有11个，这11个省的农业源普查对象占到总数的71.22%。这些地区普查对象总数及排名见图5-1-2。各地区农业源调查对象总数见表5-1-1。

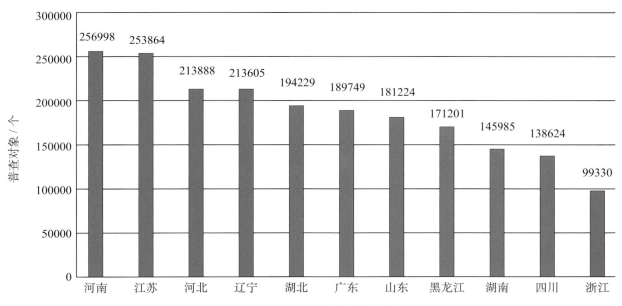

图 5-1-2 农业源调查对象地区分布情况

表 5-1-1　各地区农业源普查对象数量

地　区	农业源合计	乡　镇	规模化农场	畜禽养殖	水产养殖
北　京	14845	178	3	11457	3207
天　津	21394	156	23	15933	5282
河　北	213888	2024	13	201228	10623
山　西	45367	1281	18	43770	298
内蒙古	74450	624	390	71567	1869
辽　宁	213605	1108	55	196395	16047
吉　林	79312	680	81	72101	6450
黑龙江	171201	907	188	156300	13806
上　海	13693	101	12	3734	9846
江　苏	253864	1229	74	111280	141281
浙　江	99330	1419	20	52620	45271
安　徽	94781	1367	17	52313	41084
福　建	91388	1024	57	56954	33353
江　西	48646	1478	101	25555	21512
山　东	181224	1631	14	158724	20855
河　南	256998	2080	60	222222	32636
湖　北	194229	1165	127	40305	152632
湖　南	145985	2292	21	70211	73461
广　东	189749	1398	29	67768	120554
广　西	90817	1166	68	63196	26387
海　南	16239	202	117	6356	9564
重　庆	34401	966	1	15924	17510
四　川	138624	4351	38	79375	54860
贵　州	16335	1490	20	12041	2784
云　南	39975	1351	43	24786	13795
西　藏	573	248	4	321	
陕　西	49636	1675	17	45037	2907
甘　肃	29653	1224	170	27469	790
青　海	2385	227	29	2096	33
宁　夏	20994	202	58	16998	3736
新　疆	42173	832	295	39588	1458
合　计	2885754	36076	2163	1963624	883891

5.1.1.2 普查对象的流域分布

从农业源普查对象在全国十大流域的分布情况来看，普查对象最多的是长江流域，共有普查对象 788702 个，占到全国普查对象总数的 27.33%；其次为淮河流域和海河流域，分别占到全国农业源普查对象总量的 17.33% 和 12.37%，除了东南诸河、西南诸河和西北诸河外，普查对象最少的是黄河流域，共有普查对象 173810 个，占到全国总量的 6.02%。各流域农业源普查总数如图 5-1-3 所示。

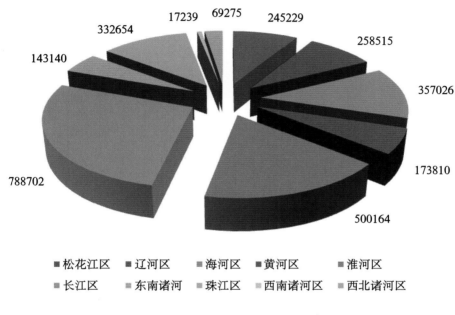

图 5-1-3　农业源各流域调查对象分布情况

5.1.2 污染物排放（流失）总体情况

5.1.2.1 化学需氧量排放情况

农业源化学需氧量排放主要来自于畜禽养殖业和水产养殖业。根据普查结果，2007 年，全国畜禽和水产养殖业共排放化学需氧量 1324.1 万吨，其中畜禽养殖业排放 1268.26 万吨，占农业源排放总量的 95.78%；水产养殖业排放 55.83 万吨，占排放总量的 4.22%。农业源化学需氧量的排放绝大多数来自于畜禽养殖业。

从农业源化学需氧量排放的地区分布来看，山东省排放量最高，为 358.67 万吨，其次为河南省和广东省，排放量都超过 100 万吨；除西藏自治区外，排放最少的省是青海省，为 1.14 万吨。农业源化学需氧量排放量超过 40 万吨的 11 个省的总排放量占 79.48%。排名前 11 位的省份排放量如图 5-1-4 所示。各地区农业源化学需氧量排放量见表 5-1-2。

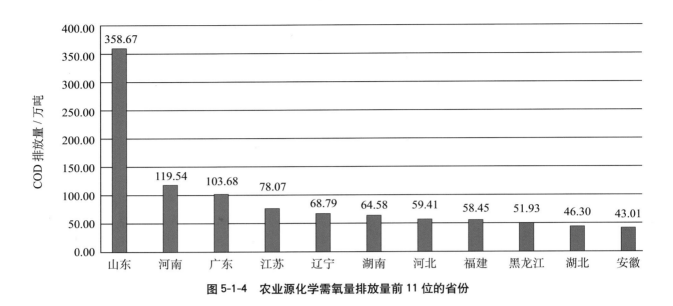

图 5-1-4　农业源化学需氧量排放量前 11 位的省份

农业源化学需氧量排放的强度在不同地区之间也存在着一定的差异。从 2007 年各地区畜牧业和水产养殖业的单位总产值的化学需氧量的排放情况来看，亿元养殖业化学需氧量排放强度大于 600 吨／亿元的省份共有 12 个（如图 5-1-5 所示），其中，最高的是山东省，其次为宁夏回族自治区和黑龙江省，排放强度最低的是西藏自治区，其次为贵州省。排放强度较高的省份应加大养殖业的集约化程度，努力提高养殖业的产出效益，降低单位产出的化学需氧量排放强度。

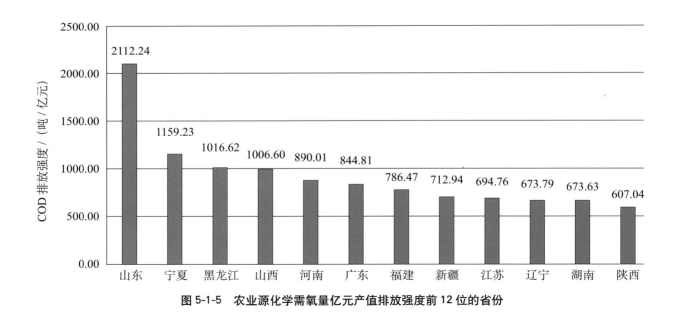

图 5-1-5　农业源化学需氧量亿元产值排放强度前 12 位的省份

表 5-1-2　农业源化学需氧量排放情况

地　区	化学需氧量排放量／吨			养殖业总产值／亿元	亿元产值排放强度／（吨／亿元）
	农业源合计	畜禽养殖业	水产养殖业		
北　京	54523.14	50690.26	3832.88	133.36	408.86
天　津	80712.76	65307.38	15405.38	142.86	564.99
河　北	594093.9	585020.12	9073.78	1223.68	485.50
山　西	154956.77	154695.61	261.16	153.94	1006.60
内蒙古	199042.12	198272.54	769.58	495.52	401.68
辽　宁	687921.72	674807.22	13114.5	1020.97	673.79
吉　林	237182.15	236160.27	1021.88	500.44	473.95
黑龙江	519255.7	514512.39	4743.31	510.76	1016.62
上　海	31223.34	25662.12	5561.22	101.54	307.48
江　苏	780662.18	724524.09	56138.09	1123.64	694.76
浙　江	338730.54	314769.19	23961.35	690.86	490.30
安　徽	430052	416411.89	13640.11	731.54	587.88
福　建	584461.06	551634.01	32827.05	743.15	786.47
江　西	268670.82	255692.28	12978.54	546.87	491.29
山　东	3586674.84	3577282.31	9392.53	1698.04	2112.24
河　南	1195389.68	1186479.74	8909.94	1343.12	890.01
湖　北	463046.89	319773.44	143273.45	783.61	590.91
湖　南	645843.77	605865.11	39978.66	958.75	673.63
广　东	1036753.07	922245.02	114508.05	1227.21	844.81
广　西	311574.97	298897.46	12677.51	718.11	433.88
海　南	72480.39	58160.17	14320.22	247.62	292.71
重　庆	87882.36	85061.53	2820.83	262.17	335.21
四　川	343303.63	334732.94	8570.69	1404.57	244.42
贵　州	41004.73	39938.03	1066.7	220.09	186.31
云　南	81134.34	77934.12	3200.22	389.20	208.47
西　藏	431.14	431.14	—	33.23	12.98
陕　西	138091.61	136634.9	1456.71	227.48	607.04
甘　肃	63823.45	63447.35	376.1	136.77	466.66
青　海	11360.92	11360	0.92	56.36	201.58
宁　夏	62431.25	59930.39	2500.86	53.86	1159.23
新　疆	138167.34	136271.91	1895.43	193.80	712.94
合　计	13240882.58	12682604.93	558277.65	18073.1085	732.63

从农业源化学需氧量排放流域分布情况来看,海河流域农业源的化学需氧量排放量最高,为372.6万吨,占到流域排放总量的28.14%,其次为长江流域和淮河流域,分别占19.01%和17.75%。这三大流域的化学需氧量排放量占到全国农业源化学需氧量排放量的64.89%,是农业源化学需氧量治理的重点。十大流域农业源化学需氧量的排放情况如图5-1-6所示。

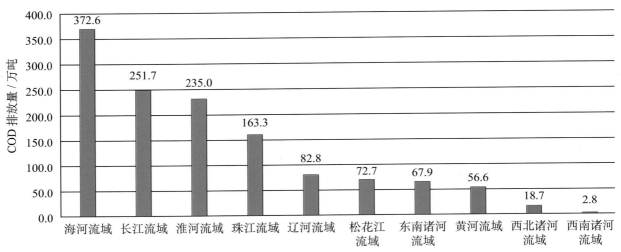

图 5-1-6　十大流域农业源化学需氧量排放情况

5.1.2.2　总氮流失(排放)情况

农业源总氮分为流失和排放两部分,总氮的流失主要来源于种植业,种植业总氮的流失又包括基础流失量和本年流失量两部分,总氮的排放来源于养殖业。

根据普查结果,2007年农业源种植业和养殖业的总氮流失(排放)量合计为270.46万吨,其中种植业流失量为159.78万吨,占农业源总氮流失总量的59.08%,畜禽养殖业排放量为102.48万吨,占农业源流失总量的37.89%,水产养殖业流失量为8.21万吨,占总量的3.03%。三类源总氮流失(排放)量所占比例如图5-1-7所示。可见,种植业是农业源总氮流失(排放)的主要来源。

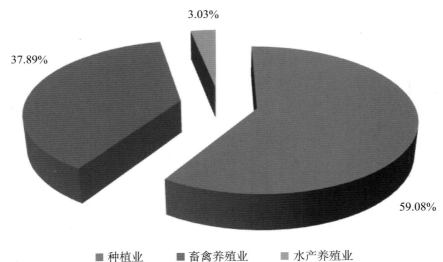

图 5-1-7　农业源不同源总氮流失(排放)情况

从农业源总氮流失（排放）的地区分布来看，流失（排放）量最大的是山东省，流失（排放）总量为40.17万吨，其次为河南省和河北省，最小的是青海省，流失（排放）量为3689.98吨，其次为西藏自治区。流失（排放）量超过10万吨的省共有11个，这11个省的流失（排放）量占全国农业源总氮流失（排放）总量的68.79%，其流失（排放）量及排序如图5-1-8所示。各地区总氮流失（排放）情况见表5-1-3。

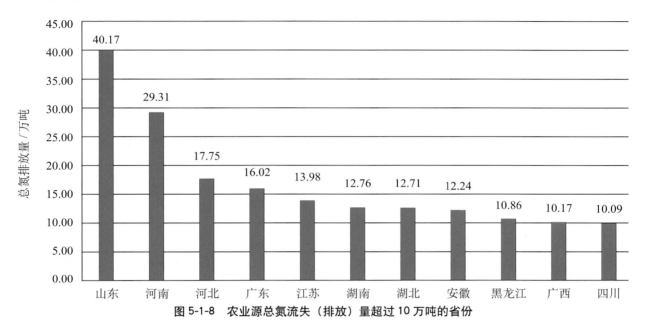

图 5-1-8　农业源总氮流失（排放）量超过 10 万吨的省份

农业源总氮的流失（排放）涉及种植业、畜禽养殖业和水产养殖业三部分，根据国家统计公布的2007年这三个行业的总产值，可以计算得到不同地区农业源2007年单位产值的排放强度（表5-1-3），图5-1-9给出了亿元农业产值超过70吨的10个省的情况。

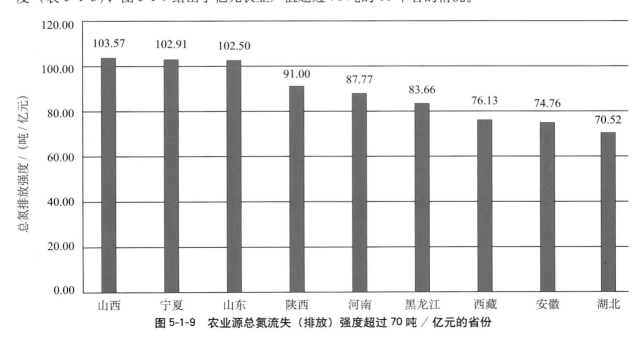

图 5-1-9　农业源总氮流失（排放）强度超过 70 吨／亿元的省份

表 5-1-3 农业源总氮流失（排放）情况

地 区	总氮流失（排放）量／吨				农业总产值①／亿元	亿元产值排放强度／（吨／亿元）
	农业源合计	种植业	畜禽养殖业	水产养殖业		
北 京	14378.62	8262.31	5486.89	629.42	242.68	59.25
天 津	17311.57	9097.78	5915.9	2297.89	248.30	69.72
河 北	177545.74	132319.03	42852.82	2373.89	2618.40	67.81
山 西	47425.46	36908.64	10419.37	97.45	457.91	103.57
内蒙古	48169.66	26931.44	21116.48	121.74	1027.93	46.86
辽 宁	92306.67	18140.1	71296.74	2869.83	1736.08	53.17
吉 林	55389.35	20126.05	35086.71	176.59	1097.46	50.47
黑龙江	108603.63	38225.93	69799.48	578.22	1298.21	83.66
上 海	10148.72	5884.91	3880.79	383.02	221.53	45.81
江 苏	139846.45	88579.96	44051.71	7214.78	2513.25	55.64
浙 江	73377.82	39750.45	29794.72	3832.65	1403.40	52.29
安 徽	122389.14	94064.3	25432.85	2891.99	1637.10	74.76
福 建	88634.74	28143.47	49618.71	10872.56	1371.82	64.61
江 西	64982.65	41510	21823.26	1649.39	1103.80	58.87
山 东	401742.6	260474.03	138981.99	2286.58	3919.42	102.50
河 南	293082.89	149892.51	141557.93	1632.45	3339.28	87.77
湖 北	127099.67	76668.67	35042.08	15388.92	1802.37	70.52
湖 南	127597.54	68584.11	54504.84	4508.59	1982.26	64.37
广 东	160163.43	66402.89	80248.89	13511.65	2488.27	64.37
广 西	101654.76	66648.51	32681.52	2324.73	1547.55	65.69
海 南	28737.76	20387.25	6314.06	2036.45	462.22	62.17
重 庆	27971.58	22088.84	5527.47	355.27	603.12	46.38
四 川	100856.22	78593.66	20364.87	1897.69	2479.65	40.67
贵 州	34498.67	31025.16	2631.25	842.26	574.67	60.03
云 南	61680.36	55604.83	5717.97	357.56	1019.39	60.51
西 藏	4950.47	4897.04	53.43	—	65.02	76.13
陕 西	69081.84	49540.26	19327.22	214.36	759.10	91.00
甘 肃	32132.93	20493.5	11572.11	67.32	532.20	60.38
青 海	3689.98	1540.94	2148.93	0.11	94.43	39.08
宁 夏	14717.71	5430.83	8902.78	384.1	143.01	102.91
新 疆	54445.05	31554.26	22610.51	280.28	832.40	65.41
合 计	2704613.68	1597771.66	1024764.28	82077.74	39622.24	68.26

①农业总产值数据来源于《中国农业统计年鉴》，农业总产值为种植业、畜禽养殖业和水产养殖业总产值的和。

从农业源总氮流失（排放）流域分布情况来看，十个流域中，长江流域的农业源总氮流失（排放）量最高，为65.61万吨，占排放总量的24.26%，其次为淮河流域和海河流域，分别占排放量的

18.96% 和 18.47%。这三个流域农业源流失（排放）量占到全国总量的 61.68%，是农业源总氮控制的重点。各流域农业源总氮流失（排放）的情况如图 5-1-10 所示。

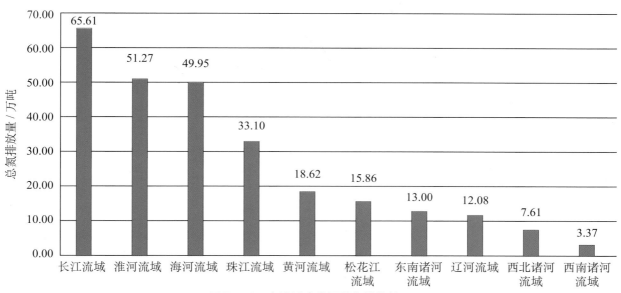

图 5-1-10　各流域农业源总氮排放情况

5.1.2.3　总磷流失（排放）情况

农业源总磷的流失（排放）由种植业、畜禽养殖业和水产养殖业三部分组成。根据普查结果，2007 年农业源总磷流失（排放）总量 28.47 万吨，其中种植业流失量为 10.87 万吨，占农业源总磷流失总量的 38.17%，畜禽养殖业排放量为 16.04 万吨，占农业源流失（排放）总量的 56.34%，水产养殖业排放量为 1.56 万吨，占总量的 5.49%。不同源总磷流失（排放）量所占比例如图 5-1-11 所示。畜禽养殖业的总磷排放在农业源中占有主导地位，是农业源总磷控制的重点，种植业的总磷流失也占有相当的比例。

从农业源总磷流失（排放）的地区分布来看，流失（排放）量最大的是山东省，流失（排放）总量为 5.9 万吨，其次为河南省和广东省，总磷流失（排放）量最小的是青海省，流失（排放）量为 197.49 吨。流失（排放）量超过 1 万吨的省共有 12 个，这 12 个省总磷的流失（排放）量占农业源总量的 77.36%，其流失（排放）量及排序如图 5-1-12 所示。各地区农业

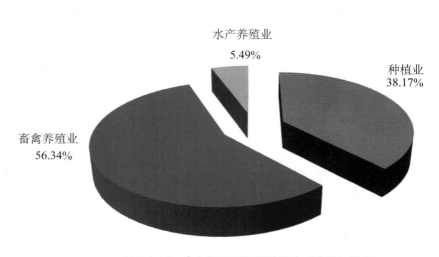

图 5-1-11　农业源不同源总磷流失（排放）比例

9

源总磷流失（排放）情况见表 5-1-4。

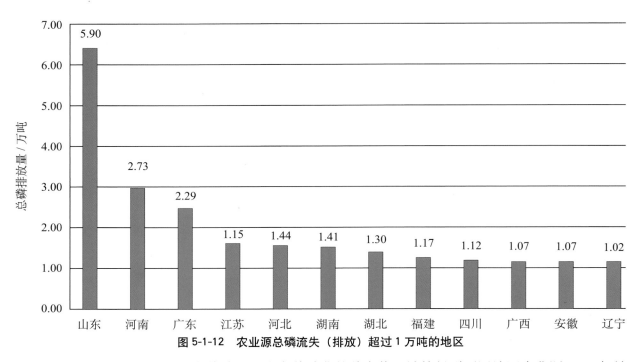

图 5-1-12　农业源总磷流失（排放）超过 1 万吨的地区

根据 2007 年种植业、畜禽养殖业和水产养殖业的总产值，计算得到不同地区农业源 2007 年单位产值的总磷流失（排放）强度（表 5-1-4），图 5-1-13 给出了亿元农业产值超过 6 吨的 14 个省的情况。山东省亿元产值的总磷流失（排放）强度最高，其次是广东省和山西省。单位产值总磷流失（排放）最低的是青海省，其次是新疆维吾尔自治区和内蒙古自治区。

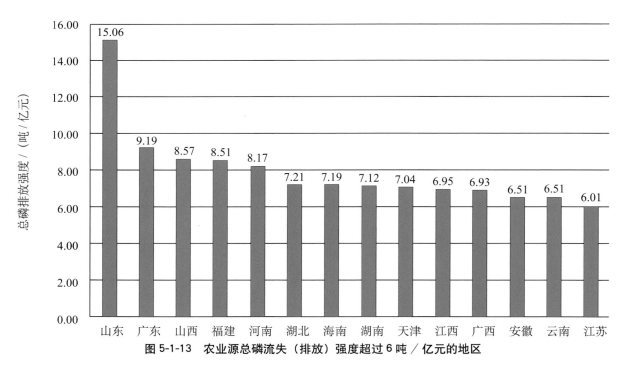

图 5-1-13　农业源总磷流失（排放）强度超过 6 吨／亿元的地区

表 5-1-4　农业源总磷流失（排放）情况

地 区	总磷排放量 / 吨				农业总产值 / 亿元	亿元产值排放强度 / （吨 / 亿元）
	农业源合计	种植业	畜禽养殖业	水产养殖业		
北 京	1207.53	387.99	695.49	124.05	242.68	4.98
天 津	1748.67	498.42	798.49	451.76	248.30	7.04
河 北	14444.66	7100.61	6873.41	470.64	2618.40	5.52
山 西	3925.85	2038.42	1869.18	18.25	457.91	8.57
内 蒙 古	3662.71	1410.76	2227.51	24.44	1027.93	3.56
辽 宁	10176.53	1176.36	8674.3	325.87	1736.08	5.86
吉 林	4051.49	1053.82	2970.3	27.37	1097.46	3.69
黑 龙 江	7354.82	2413.74	4881.67	59.41	1298.21	5.67
上 海	830.63	427.41	327.49	75.73	221.53	3.75
江 苏	15114.74	4353.33	9167.94	1593.47	2513.25	6.01
浙 江	7769.14	3386.76	3750.81	631.57	1403.40	5.54
安 徽	10661.57	5020.93	5088.7	551.94	1637.10	6.51
福 建	11679.91	2974.59	6807.11	1898.21	1371.82	8.51
江 西	7675.23	4157.52	3209.67	308.04	1103.80	6.95
山 东	59012.07	13635.2	44887.25	489.62	3919.42	15.06
河 南	27288.88	7529.52	19466.07	293.29	3339.28	8.17
湖 北	12988.13	5472.7	4515.48	2999.95	1802.37	7.21
湖 南	14114.41	6286.77	6983.4	844.24	1982.26	7.12
广 东	22871.42	7383.46	12637.18	2850.78	2488.27	9.19
广 西	10722.91	6491.15	3797.38	434.38	1547.55	6.93
海 南	3323.45	2223.99	785.59	313.87	462.22	7.19
重 庆	3409.26	2178.05	1163.66	67.55	603.12	5.65
四 川	11189.83	6550.29	4286.55	352.99	2479.65	4.51
贵 州	3385.85	2727.66	481.44	176.75	574.67	5.89
云 南	6634.89	5338.47	1226.78	69.64	1019.39	6.51
西 藏	334.3	329.5	4.8	—	65.02	5.14
陕 西	4499.32	3202.45	1254.25	42.62	759.10	5.93
甘 肃	1939.74	1387.94	537.73	14.07	532.20	3.64
青 海	197.43	85.53	111.88	0.02	94.43	2.09
宁 夏	609.3	300.41	233.16	75.73	143.01	4.26
新 疆	1917.16	1162.21	699.01	55.94	832.40	2.30
合 计	284741.79	108685.93	160413.7	15642.16	39622.24	7.19

从农业源总磷流失（排放）量流域分布情况看，十个流域中，长江流域的农业源总磷流失（排放）量最高，为 7.02 万吨，占到重点流域流失（排放）总量的 24.14%，其次为海河流域和淮河流域，分别占 22.3% 和 16.96%，这三个流域总磷流失（排放）合计占到全国的 63.41%。各流域农业源总磷流

失（排放）情况如图 5-1-14 所示。

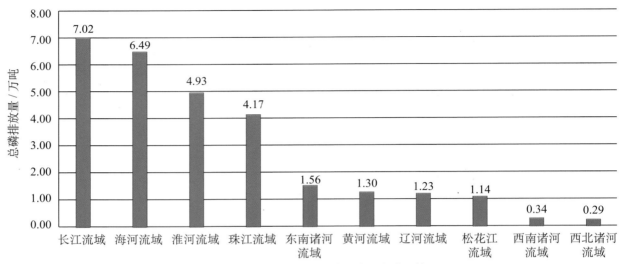

图 5-1-14　各流域农业源总磷流失（排放）情况

5.1.2.4　铜排放情况

农业源铜的排放主要来自于畜禽养殖业和水产养殖业。根据普查结果，2007 年全国农业源养殖业中铜的排放量为 2452.09 吨，其中畜禽养殖业的排放量为 2397.23 吨，占农业源铜排放总量的 97.76%；水产养殖业铜的排放量为 54.85 吨，占农业源排放总量的 2.24%[①]。

从 2007 年全国农业源铜排放量的地区分布来看，排放量最大的是河南省，其排放总量为 271.94 吨，其次为广东省和山东省；排放量最小的除西藏外是青海省，排放量为 1765.68 千克。排放量超过 90 吨的共有 11 个省，这 11 个省铜的排放量占到总排放量的 74.74%。农业源铜排放量超过 90 吨的省份及其排放情况如图 5-1-15 所示。各地区农业源铜的排放量见表 5-1-5。

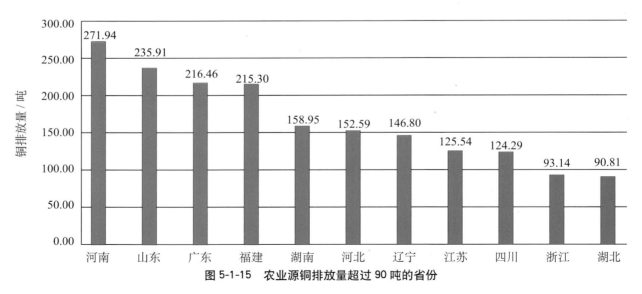

图 5-1-15　农业源铜排放量超过 90 吨的省份

---

①某些省份水产养殖业铜的排放量为负值，这是由于在鱼类、甲壳类和贝类等养殖品种的生长过程中，出现铜在生物体中富集的现象，减少了水体中的铜浓度。

表 5-1-5 农业源铜排放情况

地 区	铜排放量／千克		
	农业源合计	畜禽养殖业	水产养殖业
北 京	12034.44	11645.58	388.86
天 津	19740.97	18915.55	825.42
河 北	152591.88	151068.94	1522.94
山 西	40073.9	40012.36	61.55
内蒙古	13339.52	13300.9	38.62
辽 宁	146801.73	146508.1	293.63
吉 林	52586.11	52610.94	−24.83
黑龙江	50869.62	51275.44	−405.82
上 海	7824.59	7085.54	739.05
江 苏	125542.93	108744.18	16798.75
浙 江	93138.43	86995.46	6142.96
安 徽	80723.47	77884.37	2839.1
福 建	215298.76	209259.29	6039.48
江 西	88150.5	86775.78	1374.73
山 东	236906.57	234398.52	2508.04
河 南	271941.43	270545.42	1396.01
湖 北	90814	75028	15786
湖 南	158945.28	155886.35	3058.94
广 东	216464.34	225669.43	−9205.08
广 西	72457.61	71768.25	689.36
海 南	13669.43	13132.52	536.91
重 庆	31902.25	31108.04	794.21
四 川	124290.75	122559.56	1731.19
贵 州	12595.88	12483.44	112.44
云 南	22282.11	21971.97	310.14
西 藏	47.25	47.25	—
陕 西	55507.68	55306.73	200.95
甘 肃	17325.48	17294.12	31.36
青 海	1765.68	1765.45	0.23
宁 夏	4266.86	4128.31	138.55
新 疆	22186.11	22055.65	130.46
合 计	2452085.57	2397231.43	54854.15

从农业源铜排放流域的分布情况看，十个流域中，长江流域的农业源铜排放量最高，为 644.1 吨，占各流域排放总量的 26.27%，其次为淮河流域和珠江流域，分别占 17.11% 和 15.57%，三者合计占到全国总排放量的 58.94%。各流域农业源铜的排放情况如图 5-1-16 所示。

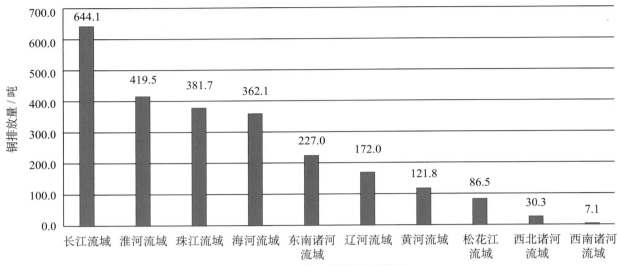

图 5-1-16　各流域农业源铜排放情况

5.1.2.5 锌排放情况

2007 年全国农业源养殖业中锌的排放量为 4862.58 吨，其中畜禽养殖业的排放量为 4756.94 吨，占农业源锌排放总量的 97.83%；水产养殖业锌的排放量为 105.63 吨，占排放总量的 2.17% [①]。

从 2007 年全国农业源中锌排放量的地区分布来看，排放量最大的是山东省，其排放总量为 956.87 吨，占到农业源锌排放总量的 19.68%，其次为河南省和福建省；排放量最小的除西藏外为青海省，排放量为 1499.56 千克。排放量超过 200 吨的共有 8 个省，这 8 个省锌的排放量占到总排放量的 69.07%。农业源锌排放量超过 200 吨的省份及其排放情况如图 5-1-17 所示。各地区农业源锌的排放量见表 5-1-6。

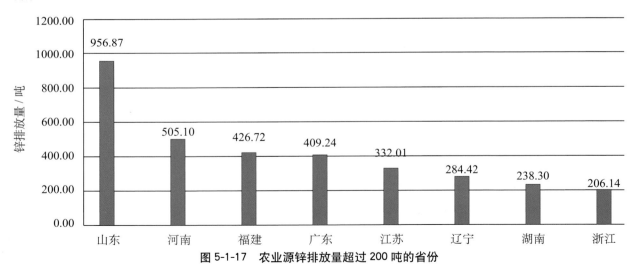

图 5-1-17　农业源锌排放量超过 200 吨的省份

---

① 某些省份水产养殖业锌的排放量为负值，这是由于在鱼类、甲壳类和贝类等养殖品种的生长过程中，出现锌的富集现象，加上养殖品种生长对锌的需求，减少了水体中的锌浓度。

表 5-1-6　农业源锌排放情况

地　区	锌排放量 / 千克		
	农业源合计	畜禽养殖业	水产养殖业
北　京	14889.72	14915.35	−25.63
天　津	18162.13	19257.58	−1095.45
河　北	181055.15	175938.47	5116.68
山　西	49572.58	49496.97	75.6
内蒙古	26313.01	26259.35	53.65
辽　宁	284419.87	272937.64	11482.24
吉　林	95478.23	95055.08	423.15
黑龙江	111742.99	111104.92	638.07
上　海	14216.25	13005.05	1211.2
江　苏	332008.69	313263.73	18744.96
浙　江	206136.52	187678.29	18458.24
安　徽	197821.38	194292.79	3528.59
福　建	426720.02	404476.19	22243.84
江　西	176065.71	174270.45	1795.26
山　东	956868.42	946799.75	10068.66
河　南	505102.69	499522.96	5579.73
湖　北	142649.9	135170.88	7479.02
湖　南	238296.41	234185.37	4111.05
广　东	409238.54	416539.92	−7301.38
广　西	122287.77	122077.41	210.36
海　南	22925.42	24900.25	−1974.83
重　庆	42236.61	41838.02	398.59
四　川	167807.9	163843.13	3964.77
贵　州	18587.96	18543.34	44.62
云　南	32712.35	32134.83	577.52
西　藏	102.79	102.79	—
陕　西	33425.08	33392.78	32.3
甘　肃	11443.9	11470.12	−26.22
青　海	1499.56	1499.61	−0.04
宁　夏	5399.41	5529.16	−129.75
新　疆	17388.84	17439.7	−50.87
合　计	4862575.80	4756941.88	105633.92

农业源锌排放流域分布。十个流域中，长江流域农业源锌的排放量最高，为1070.9吨，占到重点流域排放总量的22.02%，其次为淮河流域和海河流域，分别占20.6%和18.99%，三个流域合计占到全国农业源锌总排放量的61.61%。各流域农业源锌的排放情况如图5-1-18所示。

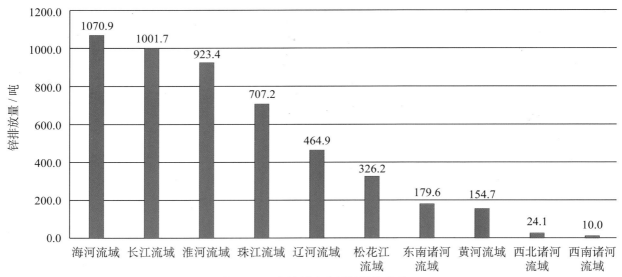

图5-1-18　各流域农业源锌排放情况

5.1.2.6　氨氮排放（流失）情况

农业源中种植业、畜禽养殖业和水产养殖业均有氨氮的排放（流失）。由于此次普查畜禽养殖业氨氮排放没有涉及养殖动物粪便和养殖蛋鸡与肉鸡，因此，畜禽养殖业氨氮的排放仅反映了这一行业部分氨氮排放情况。

根据普查结果，2007年全国农业源中氨氮的排放（流失）量为31.43万吨，其中种植业氨氮的流失量为15.31万吨，占农业源氨氮排放总量的48.7%；畜禽养殖业氨氮的排放量为13.83万吨，占44.0%，水产养殖业氨氮排放量为2.29万吨，占7.3%。农业源不同源氨氮排放（流失）的比例如图5-1-19所示，种植业和畜禽养殖业是农业源氨氮排放（流失）的主要来源。

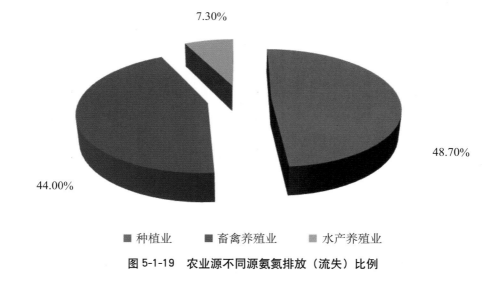

图5-1-19　农业源不同源氨氮排放（流失）比例

从 2007 年全国农业源氨氮排放（流失）量的地区分布来看，排放量最大的是河南省，其排放（流失）总量为 2.85 万吨，其次为广东省和湖北省；排放量最小的为青海省，排放量为 347.63 吨。农业源氨氮排放量超过 1.5 万吨的共有 10 个省，这 10 个省氨氮的排放（流失）量占到总排放（流失）量的 62.32%。农业源氨氮排放（流失）量超过 1.5 万吨的省份及其排放情况如图 5-1-20 所示。各地区农业源氨氮的排放（流失）量见表 5-1-7。

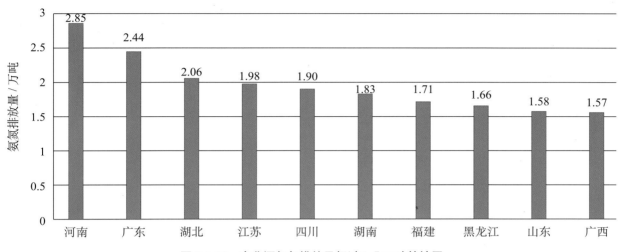

图 5-1-20　农业源氨氮排放量超过 1.5 万吨的地区

根据 2007 年国家统计局公布的各地区农业种植业、畜禽养殖业和水产养殖业的总产值，计算得到 2007 年各地区农业亿元总产值的氨氮排放（流失）强度。全国的平均排放强度为 7.93 吨 / 亿元，排放强度最高的是黑龙江省，其次为福建省和湖北省，最低的是青海省，排放强度为 3.68 吨 / 亿元，排放强度超过 8 吨 / 亿元的省份共有 14 个，如图 5-1-21 所示。

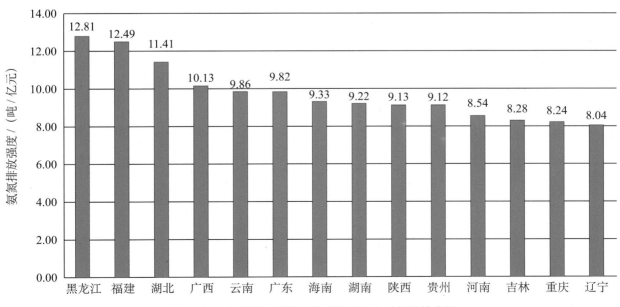

图 5-1-21　农业源氨氮排放强度超过 8 吨 / 亿元的省份

表 5-1-7　农业源氨氮排放（流失）情况

地　区	种植业小计	种植业流失量／吨				畜禽养殖排放量／吨	水产养殖排放量／吨	合计排放（流失）量／吨	排放（流失）强度／（吨／亿元）
		乡　镇		农　场					
		基础	流失	基础	流失				
北　京	372.13	221.78	149.22	0.42	0.71	531.03	188.36	1091.52	4.50
天　津	488.41	305.13	173.24	7.00	3.04	498.16	712.85	1699.42	6.84
河　北	6010.55	3981.50	2021.62	4.68	2.76	2973.62	776.92	9761.09	3.73
山　西	2867.86	1697.61	1162.70	3.45	4.10	727.15	31.40	3626.41	7.92
内蒙古	3359.54	2492.63	449.64	389.70	27.57	1986.26	39.25	5385.04	5.24
辽　宁	2487.21	1736.02	703.02	36.00	12.16	10562.92	907.11	13957.23	8.04
吉　林	2716.79	1883.44	731.42	83.48	18.45	6308.39	65.06	9090.24	8.28
黑龙江	7643.35	4290.25	816.34	2351.64	185.13	8778.79	202.02	16624.16	12.81
上　海	908.36	253.00	587.64	11.99	55.73	597.55	53.50	1559.41	7.04
江　苏	13723.02	3083.86	10245.68	74.29	319.19	4233.28	1824.30	19780.60	7.87
浙　江	5718.98	2508.62	3170.90	15.02	24.43	3991.83	1492.61	11203.41	7.98
安　徽	9107.63	3428.75	5675.28	1.83	1.77	2404.36	472.16	11984.14	7.32
福　建	3876.45	1629.39	2217.10	15.43	14.54	6274.86	6982.01	17133.32	12.49
江　西	5589.80	3231.46	2261.43	62.23	34.67	2764.66	163.83	8518.29	7.72
山　东	8865.38	6050.90	2781.94	18.91	13.63	6167.68	777.20	15810.26	4.03
河　南	4899.88	3442.99	1433.39	14.32	9.18	23197.07	437.09	28534.04	8.54
湖　北	13742.85	3772.12	9321.97	127.38	521.37	5561.16	1265.23	20569.23	11.41
湖　南	8855.52	4707.11	4105.21	17.14	26.05	9006.15	409.69	18271.36	9.22
广　东	9165.06	3832.32	5110.27	83.95	138.52	11650.00	3630.95	24446.02	9.82
广　西	9332.55	3904.94	5228.80	79.18	119.63	5565.89	778.63	15677.07	10.13
海　南	2577.32	866.82	1077.43	351.59	281.47	1004.44	729.50	4311.25	9.33
重　庆	2425.09	1458.85	965.78	0.41	0.05	2486.02	60.38	4971.49	8.24
四　川	9757.97	4230.07	5521.55	3.22	3.14	8984.66	298.13	19040.75	7.68
贵　州	3899.07	1593.08	2283.07	7.60	15.32	1104.87	238.93	5242.87	9.12
云　南	7528.98	2690.44	4686.70	88.55	63.29	2413.93	107.45	10050.36	9.86
西　藏	406.59	212.96	191.67	1.25	0.71	8.08	—	414.67	6.38
陕　西	3263.14	1757.43	1494.58	6.77	4.35	3596.23	68.13	6927.49	9.13
甘　肃	1639.73	1003.89	600.35	28.70	6.80	1885.83	19.64	3545.20	6.66
青　海	153.93	119.63	23.36	9.54	1.39	193.67	0.04	347.64	3.68
宁　夏	411.85	315.26	76.57	14.03	5.99	463.24	119.74	994.83	6.96
新　疆	1297.16	604.70	243.76	309.49	139.22	2385.00	86.64	3768.81	4.53
合　计	153092.14	71306.96	75511.62	4219.19	2054.36	138306.77	22938.72	314337.63	7.93

从农业源氨氮排放（流失）流域分布情况看，十个流域中，长江流域农业源氨氮的排放（流失）量最高，为10.17万吨，占到重点流域排放（流失）总量的32.36%，其次为珠江流域和淮河流域，

分别占 16.14% 和 14.16%。各流域农业源氨氮的排放（流失）情况如图 5-1-22 所示。

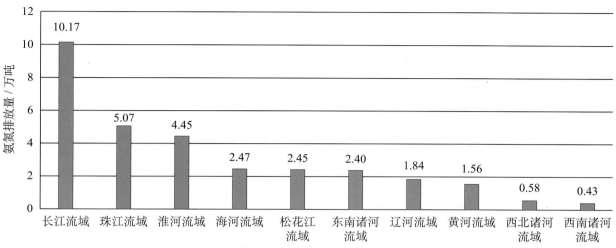

图 5-1-22　各流域农业源氨氮排放（流失）情况

5.2　种植业普查结果及分析

5.2.1　普查总体情况

5.2.1.1　普查对象数量

此次普查，共普查乡镇 36076 个，规模化农场 2163 个。在乡镇和规模化农场下分别抽样调查了若干典型地块，共调查典型地块 200.25 万个，调查典型地块数加上乡镇及规模化农场数合计 204.07 万个，其中乡镇农户抽样调查典型地块 197.86 万个，占 98.81%，平均每个乡镇调查典型地块 55 块；规模化农场共调查典型地块 2.39 万个，占 1.19%，平均每个规模化农场调查典型地块 11 块。

从种植业普查对象的地区分布来看，最多的是四川省，达到 21.61 万家，其次为山东省和湖南省，调查对象最少的是西藏自治区，仅为 2212 家，其次为上海市，为 4560 家。普查对象超过 7 万家的省份共有 14 个，这 14 个省份的普查对象占到总数的 70.83%，其排名情况如图 5-2-1 所示。各地区种植业普查对象的情况见表 5-2-1。

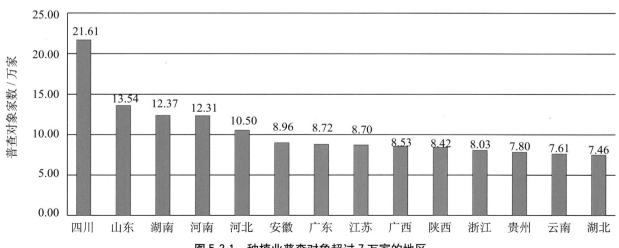

图 5-2-1　种植业普查对象超过 7 万家的地区

表 5-2-1　种植业污染源普查数量

地 区	种植业合计	乡镇数量	农户典型地块数量	规模化农场数量	农场典型地块数量
北 京	6844	178	6656	3	7
天 津	8359	156	8116	23	64
河 北	104990	2024	102861	13	92
山 西	54261	1281	52910	18	52
内蒙古	36435	624	33095	390	2326
辽 宁	67549	1108	66032	55	354
吉 林	41677	680	40109	81	807
黑龙江	57840	907	48310	188	8435
上 海	4560	101	4397	12	50
江 苏	86988	1229	85194	74	491
浙 江	80341	1419	78700	20	202
安 徽	89553	1367	88100	17	69
福 建	55054	1024	53700	57	273
江 西	65566	1478	63438	101	549
山 东	135408	1631	133601	14	162
河 南	123110	2080	120777	60	193
湖 北	74560	1165	72435	127	833
湖 南	123667	2292	121151	21	203
广 东	87245	1398	85514	29	304
广 西	85256	1166	83289	68	733
海 南	12292	202	9836	117	2137
重 庆	67985	966	67008	1	10
四 川	216146	4351	211599	38	158
贵 州	77961	1490	76320	20	131
云 南	76097	1351	74224	43	479
西 藏	2212	248	1949	4	11
陕 西	84165	1675	82348	17	125
甘 肃	63260	1224	60955	170	911
青 海	7449	227	7089	29	104
宁 夏	12414	202	11530	58	624
新 疆	31447	832	27311	295	3009
合 计	2040691	36076	1978554	2163	23898

5.2.1.2　化肥施用情况

根据普查结果，2007 年，全国农业种植业共施用氮肥和磷肥合计为 5573.59 万吨（按照肥料的有效成份计算），其中施用氮肥 3762.54 万吨，占总量的 67.51%，施用磷肥 1811.05 万吨，占总量的 32.49%。

从化肥施用的地区分布来看，2007 年种植业施用化肥最多的是山东省，共施用 667.02 万吨，其次为四川省和河南省；施用总量最小的是西藏自治区，仅施用 8.74 万吨，其次为青海省。施用化肥总量超过 200 万吨的省共有 12 个，这 12 个省的化肥施用量为 3630.93 万吨，占到全国施用总量的 65.15%，其施用情况和排序如图 5-2-2 所示。

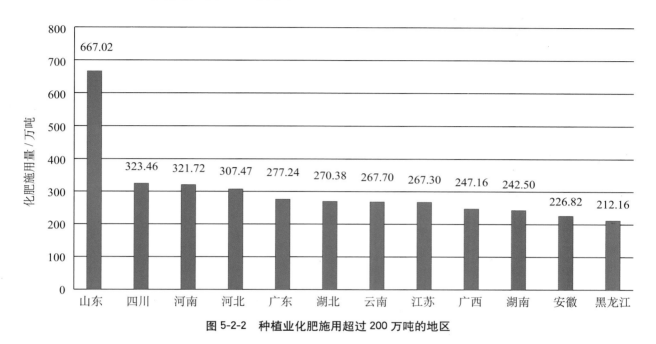

图 5-2-2　种植业化肥施用超过 200 万吨的地区

　　从种植业氮肥施用的地区分布来看，2007 年种植业施用氮肥最多的是山东省，共施用 448.25 万吨，其次为四川省和河南省，施用总量最小的是西藏自治区，其次为青海省。氮肥施用总量超过 150 万吨的省共有 11 个，这 11 个省的氮肥施用量占到全国施用总量的 58.63%，其施用情况和排序如图 5-2-3 所示。

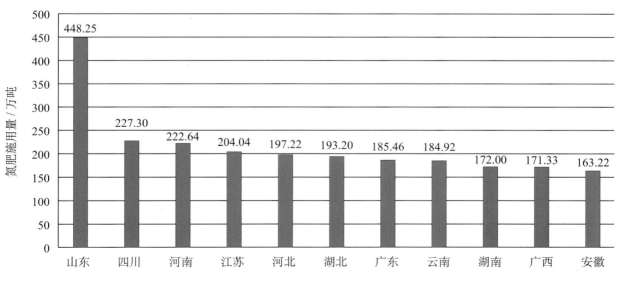

图 5-2-3　种植业氮肥施用超过 150 万吨的地区

从 2007 年全国种植业磷肥施用的地区分布来看，施用磷肥最多的是山东省，共施用 218.77 万吨，其次为河北省和河南省；施用总量最小的是西藏自治区，其次为上海市。施用磷肥总量超过 70 万吨的省共有 11 个省，这 11 个省的磷肥施用量合计为 1084.21 万吨，占到全国施用总量的 59.87%，其施用情况和排序如图 5-2-4 所示。种植业化肥施用情况见表 5-2-2。

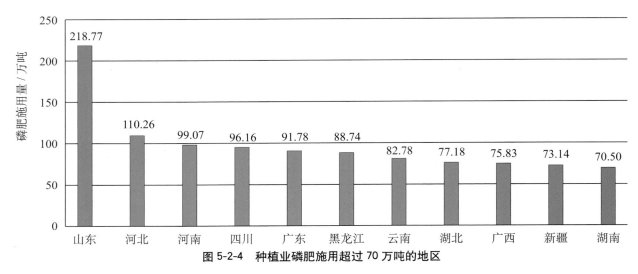

图 5-2-4　种植业磷肥施用超过 70 万吨的地区

5.2.2　污染物流失（排放）情况

5.2.2.1　总氮流失情况

根据普查结果，2007 年，全国农业源种植业总氮流失总量为 159.78 万吨，其中乡镇种植业总氮流失量为 155.5 万吨，占流失总量的 97.33%，规模化农场总氮流失量为 4.27 万吨，占总量的 2.67%。

从种植业总氮流失量的地区分布来看，流失量最大的是山东省，为 26.05 万吨，其次为河南省和河北省；流失量最小的是青海省，为 1540.94 吨，其次为西藏自治区。2007 年，种植业总氮流失量超过 4 万吨的省份共有 13 个，其流失量占到全国流失总量的 76.91%，这 13 个省份的总氮流失情况如图 5-2-5 所示。全国各地区种植业总氮流失量见表 5-2-3。

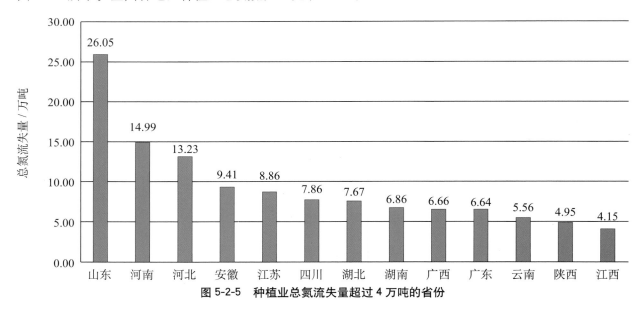

图 5-2-5　种植业总氮流失量超过 4 万吨的省份

表 5-2-2　种植业化肥施用情况

地 区	种植业合计 / 吨	氮肥 / 吨	磷肥 / 吨
北 京	196175.68	127102.57	69073.11
天 津	210050.82	126697.99	83352.82
河 北	3074718.53	1972161.61	1102556.92
山 西	1133488.01	773905.75	359582.25
内蒙古	1724505.04	1054519.14	669985.9
辽 宁	1568190.59	1018630.58	549560.01
吉 林	1459899.33	940190.49	519708.84
黑龙江	2121621.82	1234190.7	887431.12
上 海	205731	154737.12	50993.89
江 苏	2673013.58	2040394.94	632618.64
浙 江	1276982.25	923312.26	353669.98
安 徽	2268237.28	1632183.9	636053.38
福 建	1273073.03	847818.85	425254.18
江 西	1415825.71	977857.94	437967.77
山 东	6670198.29	4482454.48	2187743.82
河 南	3217159.22	2226437.58	990721.65
湖 北	2703795.69	1932024.62	771771.07
湖 南	2424994.56	1719981.67	705012.9
广 东	2772406.87	1854568.93	917837.94
广 西	2471571.5	1713271.88	758299.62
海 南	884882.51	579430.16	305452.35
重 庆	961630.47	664344.25	297286.21
四 川	3234574.68	2272995.97	961578.71
贵 州	1241875.03	844093.46	397781.57
云 南	2676980.66	1849193.35	827787.31
西 藏	87380.05	59385.3	27994.75
陕 西	1924681.35	1253790.59	670890.76
甘 肃	1521111.44	944761.43	576350
青 海	114983.65	61514.35	53469.3
宁 夏	358674.03	207342.57	151331.46
新 疆	1867511.21	1136158.39	731352.82
合 计	55735923.88	37625452.83	18110471.06

　　种植业总氮的流失包括基础流失量和本年流失量两部分，分别为 107.03 万吨和 52.75 万吨。基础流失量与土壤本身氮含量和过去施用的氮肥等有关，本年流失量主要与当年人工施用氮肥有关。根据

种植业总氮本年流失量和当年施用氮肥的情况，可以计算得到各地区 2007 年施用氮肥的流失情况（见表 5-2-7）。2007 年全国总的氮肥施用量和总氮流失量的比例为 2.91%，各地区间存在着较大的差异，最高的是江苏省，为 5.1%，其次是上海市和河南省，比例最低的是黑龙江省，仅为 0.84%，其次为青海省，比例超过 3% 的省份共有 11 个，这 11 个省份施用氮肥和总氮流失的比例如图 5-2-6 所示。

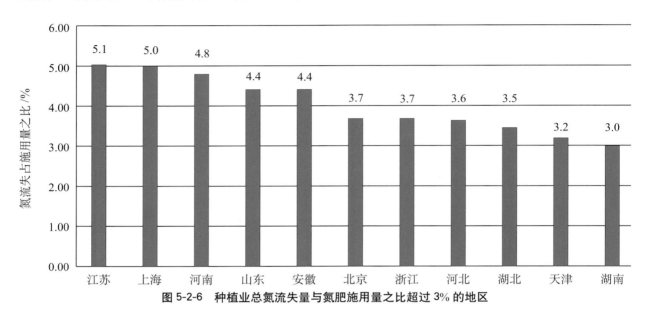

图 5-2-6　种植业总氮流失量与氮肥施用量之比超过 3% 的地区

各地种植业总氮流失量的差异与各地种植面积的多少也存在很大的关系，根据国家统计局公布的 2007 年各地区的耕地总面积，可以计算出各地单位种植面积的总氮流失量。从计算结果来看，2007 年，全国单位耕地面积的总氮流失量为 4.33 千克／公顷，山东省单位耕地总氮的流失强度最高，达到 12.91 千克／公顷，其次为北京市和上海市，流失强度最低的是黑龙江省，为 0.63 千克／公顷，其次为青海省，超过 6 千克／公顷的省份共有 11 个，这 11 个省份的情况如图 5-2-7 所示。

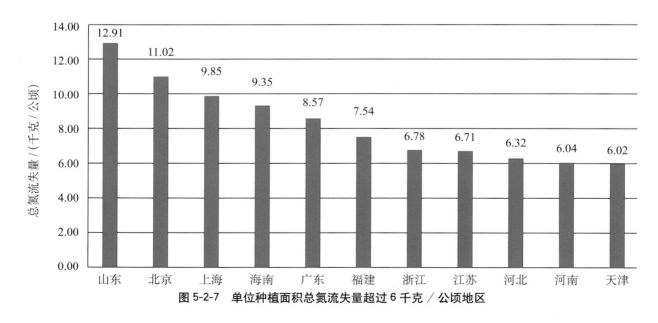

图 5-2-7　单位种植面积总氮流失量超过 6 千克／公顷地区

表 5-2-3　种植业总氮流失情况

地　区	种植业合计／吨	乡镇种植业／吨	规模化农场／吨	本年流失量／吨	氮肥流失比例／%	单位耕地面积流失量／（千克／公顷）
北　京	8262.31	8247.9	14.41	2558.67	3.70	11.02
天　津	9097.78	9013.13	84.65	2671.41	3.20	6.02
河　北	132319.03	132188.6	130.43	39890.49	3.62	6.32
山　西	36908.64	36764.11	144.53	9631.23	2.68	2.38
内蒙古	26931.44	24811.59	2119.85	8194.33	1.22	1.15
辽　宁	18140.1	17916.94	223.16	6822.99	1.24	1.67
吉　林	20126.05	19588.21	537.84	6013.70	1.16	1.09
黑龙江	38225.93	30068.35	8157.58	7441.36	0.84	0.63
上　海	5884.91	5586.2	298.71	2557.35	5.02	9.85
江　苏	88579.96	86747.63	1832.33	31987.39	5.06	6.71
浙　江	39750.45	39458.29	292.16	12995.36	3.67	6.78
安　徽	94064.3	93948.35	115.95	27885.00	4.38	4.87
福　建	28143.47	27872.22	271.25	10053.86	2.36	7.54
江　西	41510	40745.61	764.39	11609.91	2.65	4.11
山　东	260474.03	260121.08	352.95	96947.06	4.43	12.91
河　南	149892.51	149121.23	771.28	47859.89	4.83	6.04
湖　北	76668.67	73486.6	3182.07	26824.86	3.48	5.75
湖　南	68584.11	68270.64	313.47	21233.66	3.01	5.60
广　东	66402.89	64687.22	1715.67	24411.74	2.66	8.57
广　西	66648.51	65011.33	1637.18	20839.51	2.75	4.94
海　南	20387.25	14573.15	5814.1	6803.04	2.23	9.35
重　庆	22088.84	22086.69	2.15	7050.62	2.37	3.15
四　川	78593.66	78529.52	64.14	26115.70	2.72	4.39
贵　州	31025.16	30876.32	148.84	9273.28	2.33	2.07
云　南	55604.83	54083.78	1521.05	21214.11	2.56	3.49
西　藏	4897.04	4870.36	26.68	799.26	2.86	2.21
陕　西	49540.26	49275.05	265.21	16760.01	2.50	4.14
甘　肃	20493.5	19836.22	657.28	8121.29	1.41	1.74
青　海	1540.94	1407.03	133.91	486.16	0.91	0.90
宁　夏	5430.83	5012.56	418.27	2014.57	1.33	1.82
新　疆	31554.26	20829.01	10725.25	10424.79	1.43	2.53
合　计	1597771.66	1555034.91	42736.72	527492.60	2.91	4.33

5.2.2.2　总磷流失情况

根据普查结果，2007 年全国农业源种植业总磷流失总量为 10.87 万吨，其中乡镇种植业总磷流失量为 10.57 万吨，占流失总量的 97.29%，规模化农场总磷流失量为 2941.82 吨，占总量的 2.71%。

从种植业总磷流失量的地区分布来看，流失量最大的是山东省，为 1.36 万吨，其次为河南省和广东省；流失量最小的是青海省，流失量为 85.53 吨，其次为宁夏回族自治区。2007 年，种植业总磷流失量超过 4000 吨的省份共有 12 个，其流失量占到全国流失总量的 72.98%，这 12 个省份的总磷流失情况如图 5-2-8 所示。全国各地区种植业总磷流失量见表 5-2-4。

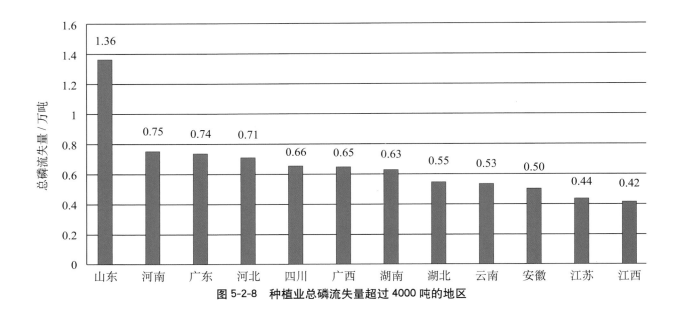

图 5-2-8　种植业总磷流失量超过 4000 吨的地区

种植业总磷的流失量也包括基础流失量（4.84 万吨）和本年流失量（6.03 万吨）两部分，其中本年流失量与当年施用磷肥的量密切相关。根据全国及各地区施用磷肥的总量与种植业总磷流失量的比例可以看出，2007 年全国磷肥流失的比例为 0.16%，其中最高的省份是西藏自治区，其次是天津市和广东省；流失比例最低的省份是新疆维吾尔自治区，其次为吉林省。2007 年总磷流失比例超过 0.2% 的省份共有 11 个，这 11 个省份的总磷流失情况见图 5-2-9。

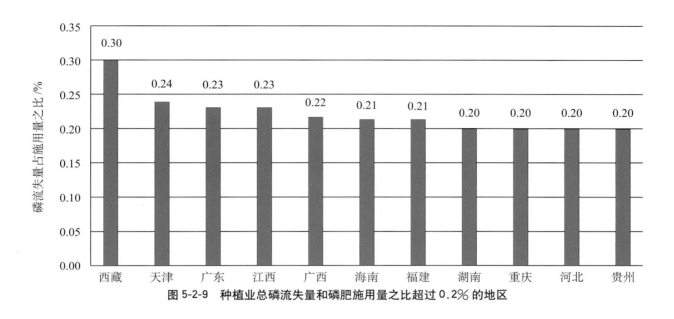

图 5-2-9　种植业总磷流失量和磷肥施用量之比超过 0.2% 的地区

此外，各地区种植业总磷流失量与各地种植面积之间也存在着很强的正相关性，根据国家统计局公布的 2007 年各地种植面积的情况，可以计算得到各地单位种植面积的总磷流失量，从计算结果来看，2007 年全国的单位种植面积总磷流失强度为 8.93 千克／公顷，其中最高的是海南省，其次为广东省和福建省；流失强度最低的是青海省，其次为吉林省。单位种植面积总磷流失强度超过 10 千克／公顷的省份共有 14 个，见图 5-2-10。

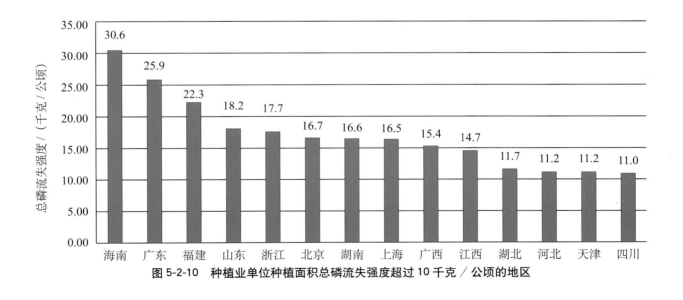

图 5-2-10　种植业单位种植面积总磷流失强度超过 10 千克／公顷的地区

表 5-2-4　种植业总磷流失情况

地　区	种植业合计/吨	乡镇种植业/吨	规模化农场/吨	本年流失量/吨	磷肥流失比例/%	单位耕地面积流失量/（千克/公顷）
北　京	387.99	387.56	0.43	234.61	0.18	16.71
天　津	498.42	493.43	4.99	303.47	0.24	11.23
河　北	7100.61	7092.4	8.21	3917.1	0.20	11.24
山　西	2038.42	2034	4.42	1085.4	0.14	5.03
内蒙古	1410.76	1232.71	178.05	862.58	0.08	1.97
辽　宁	1176.36	1165.02	11.33	735.58	0.07	2.88
吉　林	1053.82	1031.85	21.97	638.57	0.07	1.90
黑龙江	2413.74	1840.17	573.57	1256.27	0.10	2.04
上　海	427.41	403.25	24.16	233.55	0.15	16.46
江　苏	4353.33	4263.44	89.89	2168	0.11	9.14
浙　江	3386.76	3352.4	34.36	1576.67	0.17	17.66
安　徽	5020.93	5014.03	6.9	2345.42	0.14	8.77
福　建	2974.59	2944.82	29.77	1768.88	0.21	22.31
江　西	4157.52	4079.89	77.62	2242.63	0.23	14.71
山　东	13635.2	13618.99	16.21	7743.2	0.17	18.16
河　南	7529.52	7485.29	44.23	3648.72	0.16	9.50
湖　北	5472.7	5279.35	193.35	2910.62	0.15	11.74
湖　南	6286.77	6258.13	28.64	3428.04	0.20	16.59
广　东	7383.46	7225.99	157.46	4278.71	0.23	25.93
广　西	6491.15	6324.72	166.43	3721.95	0.22	15.40
海　南	2223.99	1605.46	618.53	1238.95	0.21	30.57
重　庆	2178.05	2177.62	0.43	1323	0.20	9.73
四　川	6550.29	6544.49	5.8	3849.68	0.17	11.01
贵　州	2727.66	2714.1	13.55	1665.57	0.20	6.08
云　南	5338.47	5146.8	191.68	3284.6	0.18	8.79
西　藏	329.5	327	2.5	178.44	0.30	9.12
陕　西	3202.45	3189.82	12.62	1855.89	0.15	7.91
甘　肃	1387.94	1366.65	21.29	925.17	0.10	2.98
青　海	85.53	83.55	1.99	62.78	0.10	1.58
宁　夏	300.41	282.5	17.9	186.19	0.09	2.72
新　疆	1162.21	778.69	383.52	637.98	0.06	2.82
合　计	108685.93	105744.12	2941.82	60308.2	0.16	8.93

5.2.2.3　氨氮流失情况

根据普查结果，2007 年全国农业源种植业中氨氮的流失量为 15.31 万吨，占农业源氨氮流失总量的 48.7%。种植业中，乡镇种植业的氨氮流失量为 14.68 万吨，占到种植业总流失量的 95.9%，规模化农场的氨氮流失量为 6273.55 吨，占到全部种植业流失量的 4.1%。在种植业总的流失量中，基础流失量为 7.55 万吨，占到总流失量的 49.33%，当年流失量为 7.76 万吨，占到总流失量的 50.67%。

从 2007 年全国农业源种植业氨氮流失量的地区分布来看，流失量最大的为湖北省，其流失总量为 1.37 万吨，其次为江苏省和四川省；流失量最小的为青海省，流失量为 153.93 吨。种植业氨氮流失量超过 5000 吨的共有 13 个省份，这 13 个省份氨氮的流失量占到总流失量的 75.15%，这 13 个省份的种植业氨氮流失量如图 5-2-11 所示。各地区种植业氨氮的流失量见表 5-2-5。

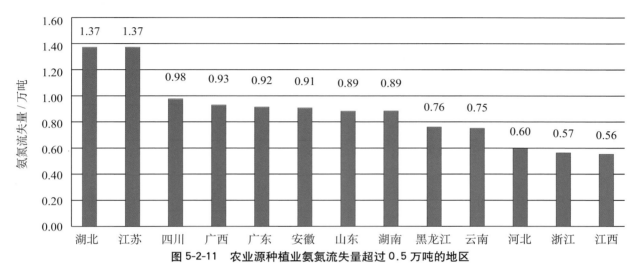

图 5-2-11　农业源种植业氨氮流失量超过 0.5 万吨的地区

从种植业单位耕地面积的氨氮流失量来看，2007 年全国单位耕地面积的氨氮流失量为 1.25 千克／公顷，最高的省份是海南省，达到 3.54 千克／公顷，其次为上海市和广东省，最低的是青海省，仅为 0.28 千克／公顷。全国共有 9 个省份的单位耕地面积氨氮流失量超过 2.0 千克／公顷，具体情况如图 5-2-12 所示。

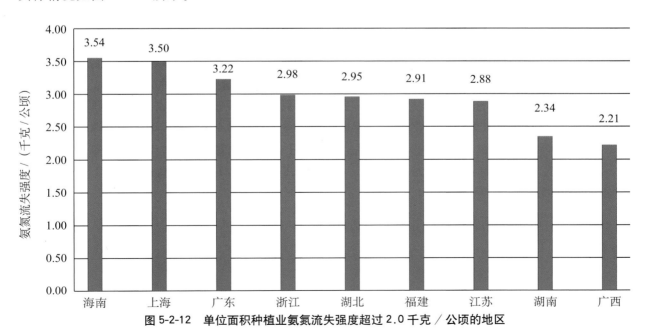

图 5-2-12　单位面积种植业氨氮流失强度超过 2.0 千克／公顷的地区

从种植业氨氮流失流域分布情况看，十个流域中，长江流域农业源氨氮的流失量最高，为 6.04 万吨，占到重点流域排放（流失）总量的 39.44%，其次为珠江流域和淮河流域，分别占 16.08% 和 13.22%。各流域种植业氨氮的流失情况如图 5-2-13 所示。

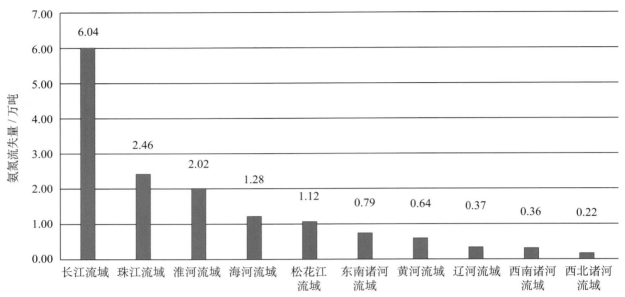

图 5-2-13 各流域种植业氨氮流失情况

5.2.2.4 农药流失情况

农业种植业农药的普查种类以农药有效成分包括毒死蜱、阿特拉津、氟虫腈、吡虫啉、克百威、2,4-D 丁酯、涕灭威、丁草胺和乙草胺等十二种为主要普查种类。按照第一次全国污染源普查技术规定的要求，种植业农药的填报是根据各地农药使用的实际情况，选择 1～2 种施用量大、残留量大的种类填报，且有些地区的数据也不全，因此，普查结果只是部分反映了我国农药使用和残留情况。

根据普查结果，2007 年种植业中，农药总的流失量为 30804.47 千克，其中毒死蜱的流失量为 231.79 千克，阿特拉津的流失量为 22.47 千克，2,4-D 丁酯的流失量为 13.12 千克，丁草胺的流失量为 613.58 千克，乙草胺的流失量为 23966.51 千克，氟虫腈 2767.21 千克，吡虫啉 3189.78 千克。各类农药的流失比例如图 5-2-14 所示。

表 5-2-5 种植业氨氮流失情况

地 区	种植业合计 / 吨	乡镇种植业 / 吨	规模化农场 / 吨	本年流失量 / 吨	单位耕地面积流失量 / （千克 / 公顷）
北 京	372.13	371.00	1.13	149.93	1.73
天 津	488.41	478.37	10.04	176.28	1.10
河 北	6010.55	6003.12	7.44	2024.38	0.92
山 西	2867.86	2860.31	7.55	1166.80	0.73
内蒙古	3359.54	2942.27	417.27	477.21	0.45
辽 宁	2487.21	2439.04	48.16	715.18	0.61
吉 林	2716.79	2614.86	101.93	749.87	0.45
黑龙江	7643.35	5106.59	2536.77	1001.47	0.64
上 海	908.36	840.64	67.72	643.37	3.56
江 苏	13723.02	13329.54	393.48	10564.87	2.82
浙 江	5718.98	5679.52	39.45	3195.33	2.96
安 徽	9107.63	9104.03	3.60	5677.05	1.58
福 建	3876.45	3846.49	29.97	2231.64	3.01
江 西	5589.80	5492.89	96.90	2296.10	1.93
山 东	8865.38	8832.84	32.54	2795.57	1.19
河 南	4899.88	4876.38	23.50	1442.57	0.62
湖 北	13742.85	13094.09	648.75	9843.34	2.97
湖 南	8855.52	8812.32	43.19	4131.26	2.39
广 东	9165.06	8942.59	222.47	5248.79	3.25
广 西	9332.55	9133.74	198.81	5348.43	2.21
海 南	2577.32	1944.25	633.06	1358.90	3.56
重 庆	2425.09	2424.63	0.46	965.83	1.08
四 川	9757.97	9751.62	6.36	5524.69	1.64
贵 州	3899.07	3876.15	22.92	2298.39	0.88
云 南	7528.98	7377.14	151.84	4749.99	1.25
西 藏	406.59	404.63	1.96	192.38	1.12
陕 西	3263.14	3252.01	11.12	1498.93	0.81
甘 肃	1639.73	1604.24	35.50	607.15	0.32
青 海	153.93	142.99	10.93	24.75	0.28
宁 夏	411.85	391.83	20.02	82.56	0.38
新 疆	1297.16	848.46	448.71	382.98	0.32
合 计	153092.14	146818.58	6273.55	77565.98	1.25

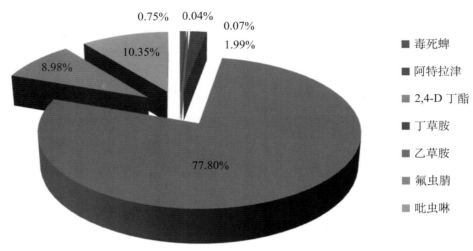

图 5-2-14　种植业各类农药流失情况

2007 年，我国农药使用量为 162.3 万吨[①]，据此推算，2007 年我国农药总的流失比例为 1.9%。从农药使用的地区分布来看，2007 年，使用农药超过 10 万吨的省有 4 个，分别是山东省、湖北省、河南省和湖南省，使用量超过 8 万吨的省份共有 10 个，这 10 个省的农药使用总量占到全国的 66.4%，见图 5-2-15。

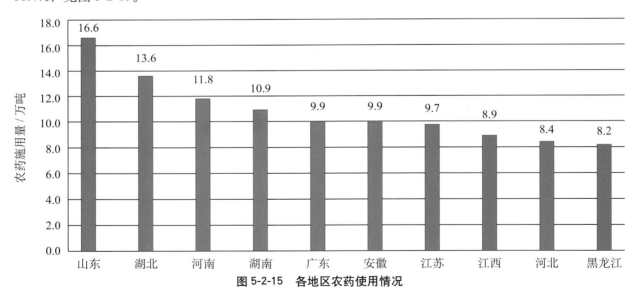

图 5-2-15　各地区农药使用情况

从农药流失量最大的乙草胺的地区分布来看，流失量最大的是黑龙江省，为 6487.59 千克，接近全国流失总量的 27.07%，其次为吉林省和辽宁省。乙草胺的流失主要集中在排名前几位的几个省，

---

①数据来源于 2008 年《中国农村统计年鉴》。

流失量超过 1000 千克的共有 5 个省，这 5 个省份的乙草胺流失量占到全国流失总量的 83.4%。流失量超过 200 千克的省共有 10 个，这 10 个省份的乙草胺流失量占到全国流失总量的 94.87%，其乙草胺流失量的分布如图 5-2-16 所示。全国农药流失量的情况见表 5-2-6。

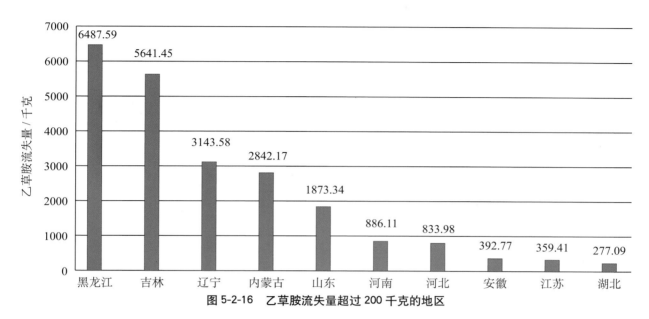

图 5-2-16　乙草胺流失量超过 200 千克的地区

从单位耕地面积农药的流失情况来看，根据 2007 年国家统计局公布的各地耕地面积，计算得到 2007 年全国单位耕地面积农药的流失量为 0.25 克 / 公顷，最高的是吉林省，单位面积流失量为 1.02 克 / 公顷，其次为辽宁省和黑龙江省；单位种植面积流失量最小的是宁夏回族自治区，流失量为 0.005 克 / 公顷，其次为新疆维吾尔自治区。单位面积流失量超过全国平均水平的共有 10 个省份，这 10 个省份的单位种植面积的农药流失量如图 5-2-17 所示。

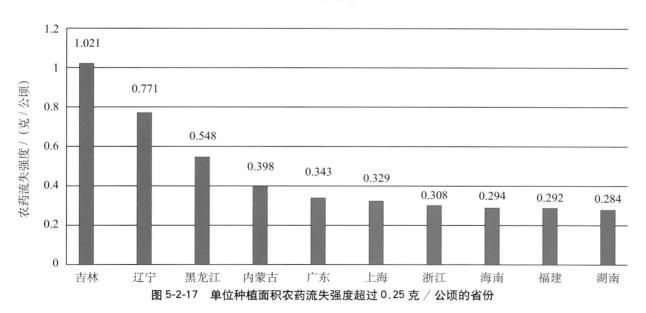

图 5-2-17　单位种植面积农药流失强度超过 0.25 克 / 公顷的省份

表 5-2-6　各地区种植业农药流失情况

地　区	毒死蜱/千克	阿特拉津/千克	2,4-D 丁酯/千克	丁草胺/千克	乙草胺/千克	氟虫腈/千克	吡虫啉/千克
北　京	0.14	0	0	0	23.55	0	0
天　津	0.15	0	0	0	15.35	0	0
河　北	12.03	0	0.02	0	833.98	0	0
山　西	1.26	0	0.04	0	163.1	0	0
内蒙古	0.7	1.5	2	0	2842.17	0	0
辽　宁	2.35	4.95	0.04	0	3143.58	0	0
吉　林	0.18	11.4	0.01	0	5641.45	0	0
黑龙江	0.97	4.56	0.04	0	6487.59	0	0
上　海	1.96	0	0	1.76	9.82	22.76	49.05
江　苏	29.49	0.01	0	14.77	359.41	167.46	240.42
浙　江	8.06	0	0	20.12	32.25	330.08	199.31
安　徽	17.34	0.01	0	28.34	392.77	135.63	117.34
福　建	4.3	0	0	99.15	39.91	113.13	132.52
江　西	8.47	0	0	12.31	73.16	271.35	297.08
山　东	12.91	0	0.07	0	1873.34	0	0
河　南	3.04	0	0.04	0	886.11	0	0
湖　北	27.74	0.01	0	28.34	277.09	273.23	228.28
湖　南	26.86	0	0	26.61	86.28	488.34	448.18
广　东	14.06	0	0	186.92	126.62	226.99	421.23
广　西	9.37	0	0	20.61	133.62	134.55	268.52
海　南	3.79	0	0	30.15	31.96	52.09	96.04
重　庆	4.39	0	0	14.83	30.31	71.66	69.98
四　川	20.94	0.02	0	42.92	125.07	241.98	288.51
贵　州	5.79	0	0	12.96	37.13	54.02	72.22
云　南	9.67	0.01	0	62.61	70.01	124.1	194.95
西　藏	0.47	0	0	1.05	3.42	6.75	7.17
陕　西	3.44	0	0.47	8.23	112.75	43.32	47.86
甘　肃	1.25	0	5.42	1.83	55.95	9.03	10.4
青　海	0.25	0	0.99	0.06	9.68	0.74	0.69
宁　夏	0.03	0	0.82	0	4.53	0	0
新　疆	0.39	0	3.18	0	44.54	0	0
合　计	231.80	22.47	13.12	613.58	23966.51	2767.21	3189.78

5.2.2.5　地膜残留情况

　　普查结果表明，2007 年，全国种植业地膜使用量为 61.28 万吨，残留量为 12.1 万吨，地膜回收比例为 80.25%。

从种植业地膜残留量的地区分布来看，残留量最高的是山东省，为 2.9 万吨，其次为新疆维吾尔自治区和河北省。2007 年，共有 11 个省份的地膜残留量超过 3000 吨，这 11 个省份的残留总量占到全国的 81.4%，其残留情况如图 5-2-18 所示。各地区地膜使用量和残留量的情况见表 5-2-7。

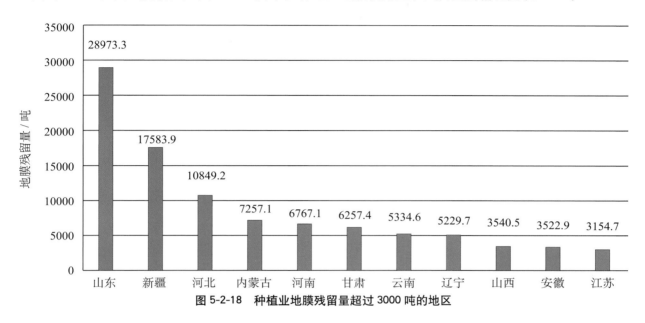

图 5-2-18　种植业地膜残留量超过 3000 吨的地区

从单位种植面积地膜使用和残留情况来看，使用量和残留量最高的均为新疆维吾尔自治区，其次为山东省、北京市和天津市等地区，单位面积地膜使用和残留量最低的均为西藏自治区。图 5-2-19 给出了全国各省份单位种植面积地膜使用量和残留量的情况。

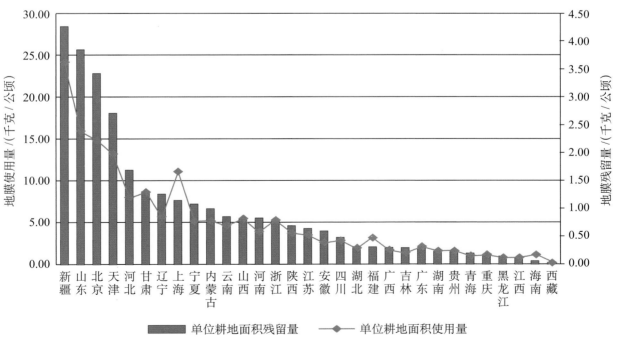

图 5-2-19　各地区单位种植面积地膜使用量和残留量

表 5-2-7　各地区种植业地膜使用量和残留量情况

地　区	使用量 / 吨	残留量 / 吨	回收比例 /%	单位耕地面积使用量 /（千克 / 公顷）	单位耕地面积残留量 /（千克 / 公顷）
北　京	3458.82	797.36	76.95	14.90	3.43
天　津	5880.06	1212.48	79.38	13.25	2.73
河　北	50825.85	10849.17	78.65	8.05	1.72
山　西	22388.42	3540.53	84.19	5.52	0.87
内蒙古	37209.41	7257.06	80.5	5.21	1.02
辽　宁	23789.64	5229.73	78.02	5.82	1.28
吉　林	7866.71	1780.03	77.37	1.42	0.32
黑龙江	9850.11	2113.53	78.54	0.83	0.18
上　海	2901.28	302.94	89.56	11.17	1.17
江　苏	16748.07	3154.67	81.16	3.52	0.66
浙　江	10233.01	1533.02	85.02	5.34	0.80
安　徽	15035.05	3522.88	76.57	2.62	0.62
福　建	4359.95	445.3	89.79	3.27	0.33
江　西	2294.41	355.74	84.5	0.81	0.13
山　东	120779.44	28973.26	76.01	16.09	3.86
河　南	31086.08	6767.08	78.23	3.92	0.85
湖　北	9508.68	1671.51	82.42	2.04	0.36
湖　南	6364.63	1101.27	82.7	1.68	0.29
广　东	6281.52	889.03	85.85	2.21	0.31
广　西	7520.74	1395.22	81.45	1.78	0.33
海　南	878.95	57.02	93.51	1.21	0.08
重　庆	2648.67	440.72	83.36	1.18	0.20
四　川	16908.4	2982.56	82.36	2.84	0.50
贵　州	7574.89	1296.46	82.88	1.69	0.29
云　南	28882.19	5334.57	81.53	4.76	0.88
西　藏	87.36	6.94	92.06	0.24	0.02
陕　西	15028.84	2849.17	81.04	3.71	0.70
甘　肃	40771.02	6257.43	84.65	8.75	1.34
青　海	567.56	122.38	78.44	1.05	0.23
宁　夏	5677.58	1217.68	78.55	5.13	1.10
新　疆	99365.8	17583.92	82.3	24.15	4.27
合　计	612773.14	121040.66	80.25	5.03	0.99

5.2.2.6 秸秆处置情况

普查结果显示，2007 年全国种植业秸秆产生量为 88913.31 万吨，丢弃量为 2680.66 万吨，田间焚烧量为 12548.7 万吨，这两项合计占总产生量的 17.13%。

从种植业秸秆产生量的地区分布来看，2007 年产生量最大的是山东省，为 13167.5 万吨，其次为河南省和黑龙江省，秸秆产生量最小的是西藏自治区，为 100.31 万吨。全国秸秆产生量超过 3000 万吨的省份共有 12 个，这 12 个省份的秸秆产生量为 67031.52 万吨，占全国秸秆产生量的 75.39%，其产生情况及排序如图 5-2-20 所示。

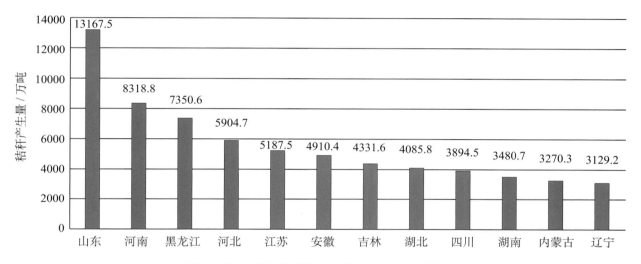

图 5-2-20 种植业秸秆产生量超过 3000 万吨的地区

从全国种植业秸秆使用的情况来看，主要的秸秆处置方式有燃烧和还田，分别占到产生总量的 33.56% 和 31.57%，其次是用做饲料量和田间焚烧量，分别占到产生总量的 15.35% 和 14.11%，上述四种利用方式占到秸秆使用总量的 94.58%。各地区种植业秸秆产生及处置情况见表 5-2-8。

从种植业秸秆丢弃量的地区分布来看，2007 年全国秸秆丢弃量最大的是河南省，为 548.5 万吨，其次为山东省和安徽省，秸秆丢弃量最小的是青海省，仅为 1.14 万吨。全国秸秆丢弃量超过 80 万吨的省份共有 11 个，这 11 个省份的秸秆丢弃量为 2097.88 万吨，占全国秸秆丢弃量的 78.26%，其丢弃情况及排序如图 5-2-21 所示。

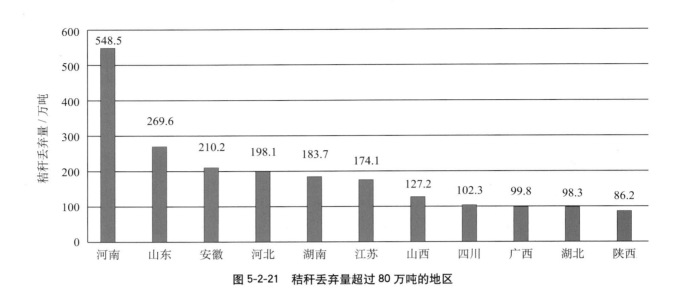

图 5-2-21　秸秆丢弃量超过 80 万吨的地区

从单位耕地面积秸秆的产生和丢弃情况来看，2007 年，全国平均单位耕地面积的秸秆产生量为 7.30 吨 / 公顷，丢弃量为 0.22 吨 / 公顷。单位耕地面积产生量最多的是山东省，达到 17.54 吨 / 公顷，其次为北京市和江苏省，最小的是海南省。单位耕地面积秸秆丢弃量最大的省份是河南省，丢弃量为 0.69 吨 / 公顷，其次为天津市和湖南省，最小的是青海省，如图 5-2-22 所示。

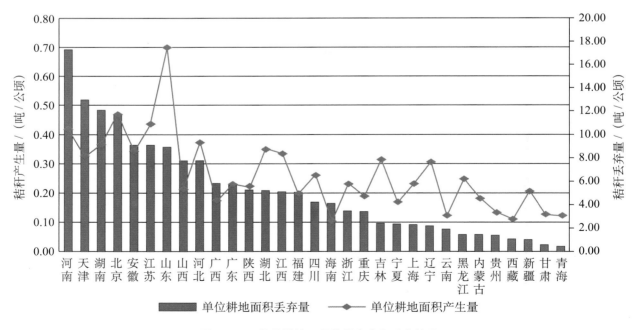

图 5-2-22　单位耕地面积秸秆产生和丢弃情况

表 5-2-8　种植业秸秆使用情况

地 区	产生量/万吨	丢弃量/万吨	田间焚烧量/万吨	还田量/万吨	堆肥量/万吨	饲料/万吨	燃烧/万吨	原料/万吨	其他/万吨
北 京	272.92	10.81	18.53	142.11	6.33	26.05	88.21	10.49	6.9
天 津	364.24	22.99	33.18	82.97	1.69	84.23	116.2	17.4	6.9
河 北	5904.73	198.13	80.86	3452.06	103.2	678.96	1029.62	269.34	107.77
山 西	2159.34	127.21	327.33	812.26	62.86	611.86	169.63	24.35	22.98
内蒙古	3270.27	42.8	110.62	345.22	40.45	1684.6	969.65	34.74	42.12
辽 宁	3129.18	37.19	174.2	66.12	14.82	514.24	2159.83	122.41	51.08
吉 林	4331.56	54.7	516.3	75.16	21.37	639.82	2946.71	43.16	34.36
黑龙江	7350.56	71.92	940.26	1584.17	14.65	781.52	3849.22	39.18	69.72
上 海	151.73	2.47	42.03	37.22	4.14	6.47	48.65	5.68	5.06
江 苏	5187.51	174.08	1515.61	1039.17	86.53	166.8	1919.37	146.03	150.21
浙 江	1114.02	27.25	271.43	360.55	65.73	37.51	254.52	33.32	65.24
安 徽	4910.38	210.17	1988.84	729.73	75.91	320.87	1434.45	68.84	84.02
福 建	662.9	27.45	177	184.02	43.96	44.21	32.96	110.8	43.41
江 西	2371.22	58.86	463.49	834.78	102.65	339.57	432.01	34.5	102.73
山 东	13167.52	269.6	193.61	8972.96	137.15	886.58	6530.61	481.21	388.53
河 南	8318.77	548.46	356.58	4134.45	427.19	600.59	1675.14	366.58	226.58
湖 北	4085.81	98.25	1379.89	723.96	274.12	519.86	984.5	45.24	64.77
湖 南	3480.69	183.74	1147.79	1007.85	314.37	307.14	393.87	32.45	95.22
广 东	1638.84	64.98	545.48	309.29	78.19	229.18	340.27	18.4	59.7
广 西	1854.9	99.76	672.42	406.88	478.67	385.95	378.54	22.32	41.13
海 南	189.3	12.2	83.4	29.91	18.86	21.36	15.09	2.6	7.48
重 庆	1072.95	31.3	130.34	156.43	70.84	144.53	529.6	4	8.97
四 川	3894.54	102.33	487.71	581.28	208.37	578.87	1781.05	88.06	71.48
贵 州	1511.26	25.89	242.75	105.93	316.19	582.98	215.53	3.43	19.81
云 南	1879.13	48.29	366.9	145.54	304.33	810.98	177.68	10.12	21.64
西 藏	100.31	1.61	10.42	7.84	10.35	54.98	13.21	0.68	3.22
陕 西	2279.02	86.15	124.26	685.73	126.32	537.48	616.96	82.84	22.56
甘 肃	1479.99	12.74	45.7	38.23	10.16	873.27	425.2	36.23	38.94
青 海	167.65	1.14	6.59	5.19	1.44	70.18	76.28	1.41	5.43
宁 夏	472.37	10.62	43.7	60.57	1.4	262.58	26.08	50.95	16.46
新 疆	2139.68	17.54	51.48	947.94	20.03	842.81	206.87	8.65	45.06
合 计	88913.31	2680.66	12548.7	28065.53	3442.29	13646.02	29837.53	2215.42	1929.5

5.3 畜禽养殖业普查结果及分析

5.3.1 普查总体情况

5.3.1.1 普查对象数量

此次普查，畜禽养殖业主要调查规模化畜禽养殖场、养殖小区和养殖专业户，普查对象总数为 1963624 家，其中规模化畜禽养殖场 81717 家，占普查对象总数的 4.2%，养殖小区 15556 个，占普查对象总数的 0.79%，养殖专业户为 1866351 家，占调查对象总数的 95.05%。不同类型畜禽养殖业普查对象数量的比例如图 5-3-1 所示。

从此次普查畜禽养殖业普查对象的地区分布来看，畜禽养殖业普查对象最多的是河南省，共计 222221 个，其次为河北省和辽宁省，最少的是西藏自治区，其次为青海省，共计 2096 个。普查对象总数超过 6 万家的省份共计有 12 个，这 12 个省份的普查对象总数合计为 147.04 万家，占畜禽养殖业普查对象总数的 74.9%，这 12 个省份的普查对象数及排序情况如图 5-3-2 所示。各地区畜禽养殖业普查对象数量见表 5-3-1。

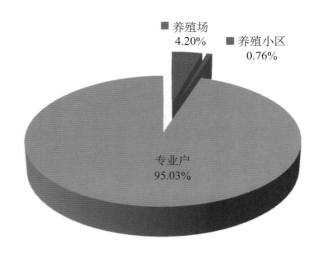

图 5-3-1　不同畜禽养殖业普查对象比例

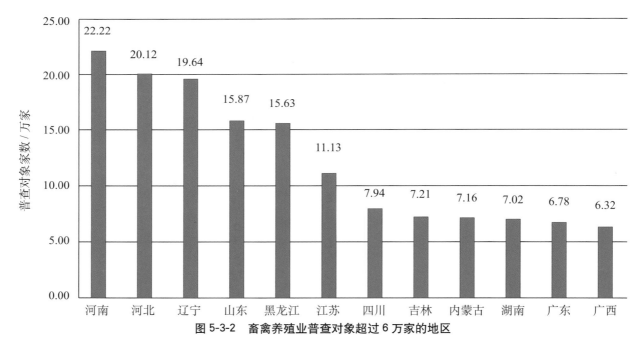

图 5-3-2　畜禽养殖业普查对象超过 6 万家的地区

从规模化畜禽养殖场的情况来看，河南省最多，为 12858 个，其次为广东省和福建省，全国超过 5000 家的省份共有 5 个，除了上述 3 个省外，还有浙江省和河北省，这 5 个省份的规模化畜禽养殖场的数量占到全国总数的 48.9%。

各地规模化畜禽养殖小区的情况也存在一定的差别，山东省量最大，达到3112家，其次为河南省和河北省，全国超过800家的还有辽宁省、甘肃省和内蒙古自治区，这6个省份的规模化畜禽养殖小区的数量占到全国的57.4%。

畜禽养殖专业户是占畜禽养殖普查对象最大的部分，其中尤以河南省、河北省和辽宁省为最，全国超过10万户的省份共有6个，这6个省份的畜禽养殖专业户的数量占到全国的53.9%。

表 5-3-1　畜禽养殖业普查对象数量

地　区	合计／个	养殖场	养殖小区	养殖专业户
北　京	11457	938	323	10196
天　津	15933	642	347	14944
河　北	201228	4872	1287	195069
山　西	43770	1260	291	42219
内蒙古	71567	655	856	70056
辽　宁	196395	3128	1054	192213
吉　林	72101	1811	341	69949
黑龙江	156300	1860	667	153773
上　海	3734	549	0	3185
江　苏	111280	3125	306	107849
浙　江	52620	5095	89	47436
安　徽	52313	2154	173	49986
福　建	56954	7372	13	49569
江　西	25555	3369	144	22042
山　东	158724	5767	3112	149845
河　南	222222	12858	1744	207620
湖　北	40305	2675	274	37356
湖　南	70211	1749	337	68125
广　东	67768	8873	10	58885
广　西	63196	4141	326	58729
海　南	6356	655	12	5689
重　庆	15924	919	67	14938
四　川	79375	3049	512	75814
贵　州	12041	487	489	11065
云　南	24786	1165	634	22987
西　藏	321	8	10	303
陕　西	45037	851	493	43693
甘　肃	27469	661	878	25930
青　海	2096	67	19	2010
宁　夏	16998	296	228	16474
新　疆	39588	666	520	38402
合　计	1963624	81717	15556	1866351

5.3.1.2 畜禽养殖业饲养量情况

此次普查，分别普查了全国生猪、奶牛、肉牛、蛋鸡和肉鸡的饲养数量。从普查结果来看，2007年全国生猪的存栏量和出栏量分别为13890.95万头和25618.57万头，奶牛的饲养量为527.65万头，肉牛的存栏量为313.63万头，出栏量为494.39万头，蛋鸡的饲养量为136831.0万只，肉鸡的存栏量为139716.77万只，出栏量为383653.58万只。

从各种牲畜饲养量的地区分布来看，生猪存栏量最大的是河南省，达到2347.3万头，其次为广东省和福建省，这三个省的生猪存栏量均超过了1000万头，2007年全国生猪存栏量超过800万头的还有河北省、山东省和湖南省，上述6个省的生猪存栏量占到2007年全国的51.47%。

2007年，全国生猪出栏量最多的省份是河南省，共出栏4089万头，是排在第二位的广东省的1.73倍，全年出栏量超过1600万头的共有5个省，除河南省和广东省外，依次为福建省、湖南省和山东省，这5个省份的生猪出栏量占到全国的45.0%。

2007年，全国奶牛饲养量最大的是省份是黑龙江省，达到86.9万头，全国奶牛饲养量超过30万头的共有5个省份，依次为黑龙江省、河北省、内蒙古自治区、新疆维吾尔自治区和山东省，这5个省份的奶牛饲养量占到全国的61.0%。

2007年，全国肉牛存栏量最大的是黑龙江省，达到43.99万头，其后依次为辽宁省、内蒙古自治区、吉林省、河南省和河北省，这6个省份的肉牛存栏量均超过20万头，占到全国2007年肉牛存栏量的62.96%。

2007年，全国肉牛出栏量最高的省为辽宁省，达到72.25万头，其后依次为黑龙江省、吉林省、河北省、内蒙古自治区和河南省，这6个省份的肉牛出栏量均超过40万头，其合计数占到2007年全国肉牛出栏量的65.58%。

2007年，全国蛋鸡饲养量最大的省份是河北省，达到19885.42万只，其次为辽宁省、河南省、山东省、江苏省和黑龙江省，这6个省份的蛋鸡饲养量均超过了8000万只，6省合计占到全国蛋鸡饲养量的68.43%。

2007年，全国肉鸡存栏量最大的省是辽宁省，达到45022.28万只，肉鸡存栏量主要集中在超过6000万只的7个省份，这7个省份除辽宁省外，依次为山东省、广东省、江苏省、河南省、安徽省和广西壮族自治区，7个省份的肉鸡存栏量占到全国的79.68%。

2007年，全国肉鸡出栏量最大的省是山东省，达到74175.49万只，其次为广东省和辽宁省，出栏量超过2000万只的共有7个省份，除上述3个省外，依次为安徽省、江苏省、河南省和广西壮族自治区，这7个省份的肉鸡出栏量占到全国的67.7%。

为了便于比较不同畜禽养殖总量在各地区之间的差异，需要将不同的养殖品种换算成可比较的类型，国内外通常的做法是将散养的牲畜换算成标准羊单位或者牛单位，这里借鉴这种换算方式，参考国内外有关专家的换算方法，将畜禽统一换算成标准牛单位，按照1头猪=0.3头牛，1只鸡=0.01头牛计算，分别将生猪存栏、奶牛、肉鸡存栏、蛋鸡和肉鸡存栏换算成标准牛单位，则2007年全国的饲养量为7774万只标准牛单位，见表5-3-2，其中最多的是河南省，达到1002.51万个牛单位，其次分别为辽宁、山东、河北、广东、江苏、福建和黑龙江，这8个省份的畜禽饲养量均超过了300万个牛单位，8省合计占到全国总量的61.6%。

表 5-3-2　畜禽养殖业不同饲养种类的饲养量

地　区	生　猪		奶牛	肉　牛		蛋鸡	肉　鸡		折标准牛单位
	存栏量	出栏量		存栏量	出栏量		存栏量	出栏量	
北　京	1346017	1966431	140029	28759	53619	11318755	9834938	51033990	784130
天　津	1278625	2390163	131301	22739	28909	9378889	11054270	54069523	741959
河　北	8379457	14654996	822124	216742	448721	198854202	24524243	140856661	5786488
山　西	1761525	2877254	183909	81027	103650	49994311	3269944	14378353	1326036
内蒙古	717197	1236176	768412	358771	420206	21008821	4270326	20625029	1595134
辽　宁	5752145	12252900	198005	362753	722476	185053402	450222818	375359940	8639164
吉　林	3337141	6418951	80951	327387	588047	42645785	27249453	161864496	2108433
黑龙江	4086875	7964769	868743	439868	646718	89524258	13016951	57622148	3560086
上　海	1010997	1725159	49638	77	12	1720136	5077789	21366735	420993
江　苏	5583873	9873965	141421	31742	36741	130023449	72363949	281850009	3872199
浙　江	7112192	12409950	61999	4934	4542	15172660	41122794	169861433	2763545
安　徽	3217560	6571701	35802	47453	71429	35937419	62843712	329246557	2036334
福　建	11627061	18454942	36145	12942	14313	10999593	19596348	97820681	3843165
江　西	5115898	8882467	15295	20506	25295	8644724	9241347	33543727	1749431
山　东	8187778	16106708	349987	158322	245451	148516746	272388995	741754868	7173700
河　南	23473130	40894940	239073	269096	416145	184303011	63194282	281074014	10025081
湖　北	5490103	10874953	37351	36360	42526	38993454	22027397	60096455	2330950
湖　南	8136174	16129713	11957	51469	54407	12363452	20882925	71611058	2836742
广　东	11688926	23709585	43081	6296	10095	11937114	131202951	382980742	4987455
广　西	6309576	12397024	18171	9686	10214	10230422	61077953	204997508	2633814
海　南	1823131	2304452	516	16027	7144	1114133	13012604	39324022	704750
重　庆	1362593	2318494	15033	32647	29362	17063282	10208099	43009568	729172
四　川	5214003	10970772	86185	64579	89962	42954478	20193919	84083921	2346449
贵　州	708580	1551323	9167	34344	56271	5660156	5802671	25006119	370713
云　南	1420415	2341210	91103	73860	75405	25697982	12902484	54650890	977092
西　藏	2219	1331	3108	348	277	33152	377654	298474	8230
陕　西	2050897	3714998	144578	43181	49433	27103899	2497852	8401247	1099046
甘　肃	1005643	2108776	66023	137849	206934	14833855	1694011	7426504	670844
青　海	117957	304874	10851	58956	31320	239033	63176	156420	108216
宁　夏	200399	436562	206608	39900	89688	5013105	1411069	6492806	370869
新　疆	1391411	2340125	409916	147661	364540	11976293	4540811	15671937	1140171
合计（万）	13890.95	25618.57	527.65	313.63	494.39	136831.0	139716.77	383653.58	7774

5.3.2　污染物产生和排放情况

5.3.2.1　废水产生和处理利用情况

根据普查结果，2007 年，全国畜禽养殖业废水产生量 13.21 亿米^3，其中畜禽养殖场的废水产生量占全国总量的 24.71%，养殖小区占全国的 8.5%，养殖专业户占全国总量的 66.79%，可见，养殖专业户是畜禽养殖业废水产生量的主要来源。

2007 年，全国畜禽养殖业的废水处理和利用总量为 7.56 亿米^3，占到废水产生总量的 57.25%，总体来看，我国畜禽养殖业的废水处理利用比例还是比较低的。在废水处理利用总量中，养殖场占到 27.5%，养殖小区占到 3.99%，养殖专业户占 65.81%，比例基本与废水产生量的比例相当。各地区 2007 年畜禽养殖业废水产生和处理利用情况见表 5-3-3。

从畜禽养殖业废水产生量各地区的情况来看，最高的是山东省，其次为广东省和河南省，全国 2007 年畜禽养殖业废水产生量超过 4000 万米^3 的省份共有 9 个，这 9 个省份的畜禽废水产生量占到全国的 73.38%。

2007 年，畜禽废水处理利用量最大的省是山东省，其次为广东省和河南省，有 8 个省份的畜禽养殖废水的处理利用量超过 1800 万米^3，这 8 个省份的处理利用量占到全国的 78.92%。

表 5-3-3　畜禽养殖业废水产生量和处理利用量

地　区	污水产生量 /（万米^3/年）				污水处理利用量 /（万米^3/年）			
	合计	养殖场	养殖小区	养殖专业户	合计	养殖场	养殖小区	养殖专业户
北　京	477.74	256.41	45.56	175.77	267.71	153.97	28.45	85.29
天　津	1026.19	204.49	370.62	451.08	175.47	52.45	49.58	73.44
河　北	4263.87	802.87	315.15	3145.85	1894.85	496.65	176.38	1221.82
山　西	1284.62	319.70	58.71	906.22	597.34	182.41	93.96	320.98
内蒙古	3602.48	198.53	397.37	3006.58	3242.25	118.51	167.97	2955.77
辽　宁	4504.85	834.34	631.01	3039.50	1450.93	434.94	71.38	944.61
吉　林	1474.99	313.11	108.49	1053.39	347.23	95.14	18.95	233.14
黑龙江	6599.84	629.77	3205.78	2764.30	630.15	169.87	47.81	412.47
上　海	218.54	186.39	0.00	32.16	185.69	165.01	0.00	20.67
江　苏	3149.83	688.35	136.67	2324.80	1687.21	436.50	45.73	1204.98
浙　江	2299.08	1152.99	30.72	1115.37	1547.73	1019.07	22.84	505.82
安　徽	5243.14	604.29	67.14	4571.72	1120.22	375.85	36.12	708.26
福　建	7493.05	4290.33	9.08	3193.64	5645.90	3350.51	7.32	2288.06
江　西	2586.18	1531.49	96.86	957.83	1648.14	1031.92	67.81	548.41
山　东	33964.42	2029.45	1334.85	30600.12	27016.12	1638.17	851.21	24526.74
河　南	14130.75	3693.60	2343.65	8093.50	7314.57	2449.61	618.25	4246.71
湖　北	3559.71	954.21	785.34	1820.16	1595.28	541.65	185.45	868.17
湖　南	3946.09	494.74	123.90	3327.45	1869.53	310.73	81.91	1476.89
广　东	15040.02	9885.65	54.66	5099.72	10010.62	5215.66	51.74	4743.22
广　西	3570.20	1456.81	35.44	2077.95	2689.15	1084.46	12.98	1591.72
海　南	598.66	407.24	3.68	187.74	490.53	352.58	3.31	134.64
重　庆	776.99	265.13	59.48	452.37	413.39	142.46	33.97	236.97
四　川	2114.39	536.59	133.48	1444.32	1571.38	409.07	89.76	1072.54
贵　州	436.64	70.51	131.76	234.37	287.52	51.63	99.14	136.75
云　南	519.49	146.28	38.92	334.28	329.13	104.79	24.92	199.43
西　藏	2.21	1.74	0.00	0.47	2.21	1.74	0.00	0.47
陕　西	2695.36	305.84	132.23	2257.30	829.08	216.07	83.78	529.23
甘　肃	269.53	63.05	12.34	194.15	137.38	32.68	7.58	97.12
青　海	14.60	10.24	0.00	4.36	7.57	5.93	0.00	1.64
宁　夏	540.18	91.62	116.78	331.78	68.07	24.25	10.77	33.05
新　疆	5694.25	218.53	448.56	5027.16	555.46	135.81	28.66	390.99
合　计	132097.91	32644.30	11228.21	88225.40	75627.79	20800.07	3017.75	51809.96

从 2007 年全国十大流域畜禽养殖业废水的产生和处理利用情况来看，废水产生量最大的是淮河流域，其产生量占到全国的 34.29%，其次为珠江流域和长江流域，这三个流域的畜禽废水产生量占到全国的 63.04%。

表 5-3-4　畜禽养殖业废水产生和处理利用量

流　域	污水产生量/（万米³/年）				污水处理利用量/（万米³/年）			
	合　计	养殖场	养殖小区	养殖专业户	合　计	养殖场	养殖小区	养殖专业户
松 花 江	9506.17	864.10	5321.85	3320.22	923.79	246.94	611.32	65.53
辽　河	5659.88	948.28	3832.19	879.41	4622.98	491.64	3900.73	230.60
海　河	11446.60	2591.74	7872.97	981.88	4995.04	1732.75	2747.76	514.53
黄　河	8389.65	1054.28	5264.18	2071.20	3361.07	619.52	2441.35	300.20
淮　河	45298.37	4585.44	38860.91	1852.03	31392.44	3187.50	27076.03	1128.91
长　江	16605.89	5136.34	9990.15	1479.40	9199.82	3340.97	5218.53	640.31
东南诸河	7595.64	4435.43	3124.57	35.64	5466.06	3520.07	1918.91	27.08
珠　江	21374.85	12712.91	8556.65	105.30	14884.62	7466.73	7343.89	74.01
西南诸河	223.27	48.00	167.99	7.28	147.06	38.60	103.57	4.89
西北诸河	5997.58	267.77	5233.94	495.86	634.92	155.35	447.87	31.69
合　计	132097.91	32644.30	88225.40	11228.21	75627.79	20800.07	51809.96	3017.75

5.3.2.2　化学需氧量产生和排放情况

根据普查结果，2007 年全国畜禽养殖业化学需氧量产生量和排放量分别为 5097.74 万吨和 1268.26 万吨，总的削减率为 75.12%。有 10 个省的削减率超过了 85%，分别是北京市、内蒙古、上海市、天津市、云南省、河北省、山西省、甘肃省、青海省和吉林省，其中北京市、内蒙古和上海市的削减率超过了 90%。

从畜禽养殖业化学需氧量排放量的地区分布来看，排放量最大的是山东省，2007 年排放量为 357.73 万吨，其次为河南省和广东省，排放量最小的是西藏自治区，其次为青海省，排放量为 1.14 万吨。畜禽养殖业化学需氧量排放量超过 40 万吨的省份共有 10 个，其排放总量为 975.88 万吨，占到排放总量的 76.95%，这 10 个省份的排放情况如图 5-3-3 所示，图中同时给出了这 10 个省份的化学需氧量的产生量。畜禽养殖业各地区化学需氧量的产生量和排放量见表 5-3-5。

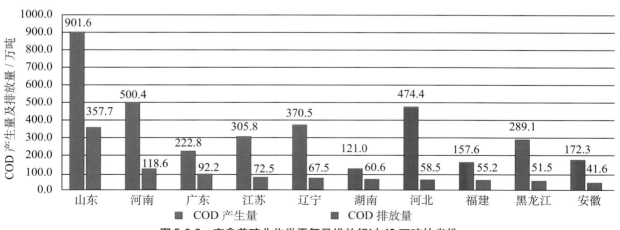

图 5-3-3　畜禽养殖业化学需氧量排放超过 40 万吨的省份

根据本章确定的各地区畜禽饲养量的标准牛单位，可以计算得到各地区饲养一头标准牛单位所排放的化学需氧量强度。从分析结果来看，2007年，全国标准牛单位排放化学需氧量为163.14千克/头标牛，超过全国平均水平的共有5个省，分别是山东省、河南省、安徽省、江苏省和广东省，牛单位排放化学需氧量最多的是山东省，达到498.67千克/头标牛。

表5-3-5 畜禽养殖业化学需氧量产生量和排放量

地 区	COD 产生量 / 吨	COD 排放量 / 吨	削减率 /%	牛单位排放强度 /（千克 / 头标牛）
北 京	596035.43	50690.26	91.50	64.65
天 津	588211.43	65307.38	88.90	88.02
河 北	4744304	585020.12	87.67	101.10
山 西	1116363.02	154695.61	86.14	116.66
内蒙古	2130638.8	198272.54	90.69	124.30
辽 宁	3705494.48	674807.22	81.79	78.11
吉 林	1577430.92	236160.27	85.03	112.01
黑龙江	2890720.02	514512.39	82.20	144.52
上 海	272727.15	25662.12	90.59	60.96
江 苏	3057902.15	724524.09	76.31	187.11
浙 江	1539720.49	314769.19	79.56	113.90
安 徽	1723371.51	416411.89	75.84	204.49
福 建	1576102.75	551634.01	65.00	143.54
江 西	762216.49	255692.28	66.45	146.16
山 东	9016107.76	3577282.31	60.32	498.67
河 南	5004021.01	1186479.74	76.29	118.35
湖 北	1151832.41	319773.44	72.24	137.19
湖 南	1210130.97	605865.11	49.93	213.58
广 东	2228436.08	922245.02	58.61	184.91
广 西	1034108.66	298897.46	71.10	113.48
海 南	211898.22	58160.17	72.55	82.53
重 庆	411125.14	85061.53	79.31	116.66
四 川	1259403.27	334732.94	73.42	142.66
贵 州	187137.82	39938.03	78.66	107.73
云 南	642134.03	77934.12	87.86	79.76
西 藏	6338.93	431.14	93.80	47.74
陕 西	650916.08	136634.9	79.01	124.32
甘 肃	433878.26	63447.35	85.38	94.58
青 海	76742.9	11360	85.20	104.98
宁 夏	335397.18	59930.39	82.13	161.59
新 疆	836550.63	136271.91	83.71	119.52
合 计	50977397.99	12682604.93	75.12	163.14

从 2007 年全国十大流域畜禽养殖业化学需氧量排放的情况来看，海河流域排放量最大，为 369.5 万吨，占全国排放量的 29.14%，其次为淮河流域和长江流域，这三个流域排放量占全国的 65.07%。各流域畜禽养殖业化学需氧量排放如图 5-3-4 所示。

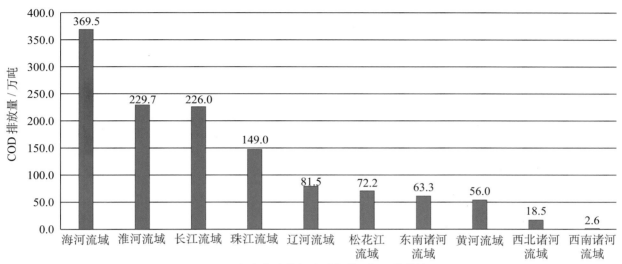

图 5-3-4 畜禽养殖业各流域化学需氧量排放情况

5.3.2.3 总氮产生和排放情况

普查结果显示，2007 年全国畜禽养殖业总氮产生量和排放量分别为 301.93 万吨和 102.48 万吨，总的削减率为 66.06%。

从畜禽养殖业总氮排放量的地区分布来看，排放量最大的是河南省，2007 年排放量为 14.16 万吨，其次为山东省和广东省，排放量最小的是西藏自治区，其次为青海省，为 2148.93 吨。畜禽养殖业总氮排放量超过 3 万吨的省份共有 12 个，其排放总量为 79.57 万吨，占排放总量的 77.65%，这 12 个省份的排放情况如图 5-3-5 所示，图中同时给出了各省份总氮的产生情况。各地区畜禽养殖业总氮产生量、排放量及削减情况见表 5-3-6。

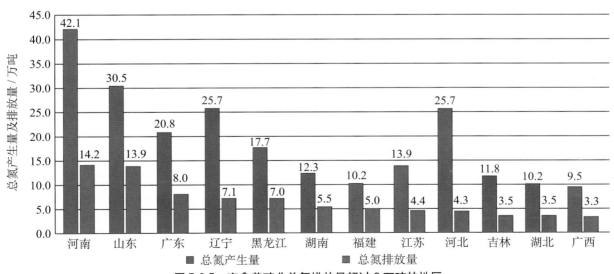

图 5-3-5 畜禽养殖业总氮排放量超过 3 万吨的地区

从单位标准牛单位的畜禽养殖业总氮排放量来看，2007 年全国的平均排放强度为 13.18 千克/头标牛，有 12 个省份的排放强度超过了全国平均水平，其中最高的是宁夏回族自治区，达到了 24.01 千克/头标牛。

表 5-3-6　畜禽养殖业总氮产生量和排放量

地　区	总氮产生量/吨	总氮排放量/吨	削减率/%	牛单位排放强度/（千克/头标牛）
北　京	33157.77	5486.89	83.45	7.00
天　津	33309.82	5915.9	82.24	7.97
河　北	256503.31	42852.82	83.29	7.41
山　西	59140.87	10419.37	82.38	7.86
内蒙古	90514.06	21116.48	76.67	13.24
辽　宁	256655.57	71296.74	72.22	8.25
吉　林	117834.31	35086.71	70.22	16.64
黑龙江	176875.36	69799.48	60.54	19.61
上　海	13324.24	3880.79	70.87	9.22
江　苏	139075.05	44051.71	68.33	11.38
浙　江	78619.3	29794.72	62.10	10.78
安　徽	71767.54	25432.85	64.56	12.49
福　建	102006.67	49618.71	51.36	12.91
江　西	47950.63	21823.26	54.49	12.47
山　东	305429.81	138981.99	54.50	19.37
河　南	421237.66	141557.93	66.39	14.12
湖　北	101574.4	35042.08	65.50	15.03
湖　南	123235.96	54504.84	55.77	19.21
广　东	208001.33	80248.89	61.42	16.09
广　西	94524.09	32681.52	65.43	12.41
海　南	19049.53	6314.06	66.85	8.96
重　庆	20840.43	5527.47	73.48	7.58
四　川	63077.59	20364.87	67.71	8.68
贵　州	9559.43	2631.25	72.47	7.10
云　南	31033.92	5717.97	81.58	5.85
西　藏	260.3	53.43	79.47	6.49
陕　西	44235.95	19327.22	56.31	17.59
甘　肃	27558.84	11572.11	58.01	17.25
青　海	4376.83	2148.93	50.90	19.86
宁　夏	18441.35	8902.78	51.72	24.01
新　疆	50146.92	22610.51	54.91	19.83
合　计	3019318.84	1024764.28	66.06	13.18

2007 年，在全国 10 大流域中，长江流域排放量最大，为 19.16 万吨，占全国排放量的 18.7%，其次为淮河流域和海河流域，这 3 个流域的畜禽养殖业总氮排放占到全国的 52.79%。各流域畜禽养殖业总氮排放如图 5-3-6 所示。

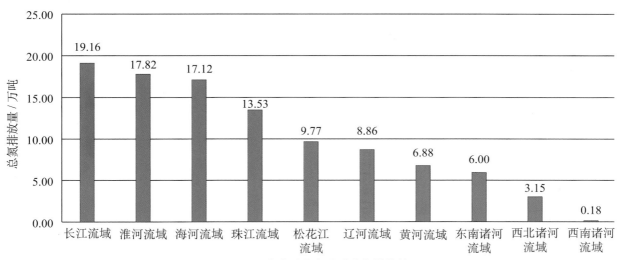

图 5-3-6　畜禽养殖业各流域总氮排放情况

5.3.2.4　总磷产生和排放情况

普查结果表明，2007 年全国畜禽养殖业总磷产生量和排放量分别为 59.74 万吨和 16.04 万吨，总的削减率为 73.15%。

从畜禽养殖业总磷排放量的地区分布来看，排放量最大的是山东省，2007 年排放量为 4.49 万吨，其次为河南省和广东省，排放量最小的是西藏自治区，其次为青海省，为 111.88 吨。畜禽养殖业总氮排放量超过 5000 吨的省份共有 9 个，其排放总量为 12.06 万吨，占到排放总量的 75.17%，这 9 个省份的总磷产生及排放情况如图 5-3-7 所示。各地区畜禽养殖业总磷产生量、排放量及削减情况见表 5-3-7。

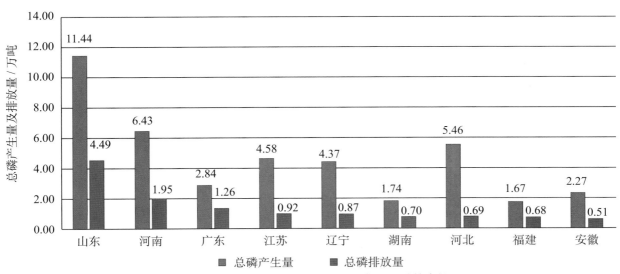

图 5-3-7　畜禽养殖业总磷排放量超过 5000 吨的省份

2007年，全国畜禽养殖业标准牛单位的总磷排放量为2.06千克/头标牛，山东省、广东省、安徽省、湖南省和江苏省的排放强度超过了全国平均水平，标准牛单位排放总磷最高的山东省达到6.26千克/头标牛。

表5-3-7　畜禽养殖业总磷产生量和排放量

地　区	总磷产生量/吨	总磷排放量/吨	削减率/%	牛单位排放强度/（千克/头标牛）
北　京	6397.04	695.49	89.13	0.89
天　津	6431.71	798.49	87.59	1.08
河　北	54620.3	6873.41	87.42	1.19
山　西	12694.02	1869.18	85.28	1.41
内蒙古	14876.91	2227.51	85.03	1.40
辽　宁	43650.73	8674.30	80.13	1.00
吉　林	17895.53	2970.30	83.40	1.41
黑龙江	28448.98	4881.67	82.84	1.37
上　海	2715.78	327.49	87.94	0.78
江　苏	45785.53	9167.94	79.98	2.37
浙　江	17404.51	3750.81	78.45	1.36
安　徽	22655.19	5088.70	77.54	2.50
福　建	16670.37	6807.11	59.17	1.77
江　西	8455.88	3209.67	62.04	1.83
山　东	114410.41	44887.25	60.77	6.26
河　南	64335.51	19466.07	69.74	1.94
湖　北	15048.27	4515.48	69.99	1.94
湖　南	17448.75	6983.40	59.98	2.46
广　东	28402.23	12637.18	55.51	2.53
广　西	13123.25	3797.38	71.06	1.44
海　南	2584.37	785.59	69.60	1.11
重　庆	4037.88	1163.66	71.18	1.60
四　川	12814.82	4286.55	66.55	1.83
贵　州	1740.64	481.44	72.34	1.30
云　南	5643.27	1226.78	78.26	1.26
西　藏	40.35	4.80	89.52	0.51
陕　西	6354.02	1254.25	80.26	1.14
甘　肃	3829.86	537.73	85.96	0.80
青　海	489.7	111.88	77.15	1.03
宁　夏	2172.66	233.16	89.27	0.63
新　疆	6231	699.01	88.78	0.61
合　计	597409.47	160413.70	73.15	2.06

2007 年，在全国 10 大流域中，海河流域总磷排放量最大，为 4.7 万吨，占全国排放量的 29.31%，其次为淮河流域和长江流域，这 3 个流域的畜禽养殖业总磷排放占到全国的 66.84%。各流域畜禽养殖业总磷排放如图 5-3-8 所示。

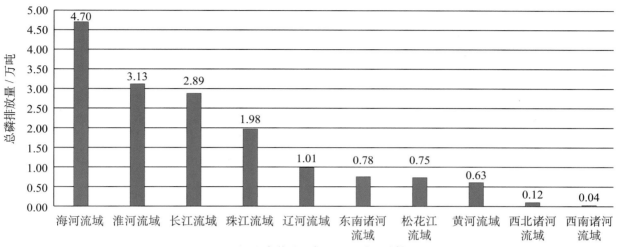

图 5-3-8　畜禽养殖业各流域总磷排放情况

5.3.2.5　铜产生和排放情况

根据普查结果，2007 年全国畜禽养殖业铜的产生量和排放量分别为 9029.87 吨和 2397.23 吨，总的削减率为 73.45%。

从畜禽养殖业铜排放量的地区分布来看，排放量最大的是河南省，2007 年排放量为 270.6 吨，其次为山东省和广东省，排放量最小的是西藏自治区，其次为青海省，排放量为 1766.59 千克。畜禽养殖业铜排放量超过 80 吨的省份共有 11 个，其排放总量为 1798.4 吨，占到排放总量的 75.02%，这 11 个省份按照排放量的排序情况如图 5-3-9 所示，图中同时给出了其铜的产生量。各地区畜禽养殖业铜的产生和排放情况见表 5-3-8。

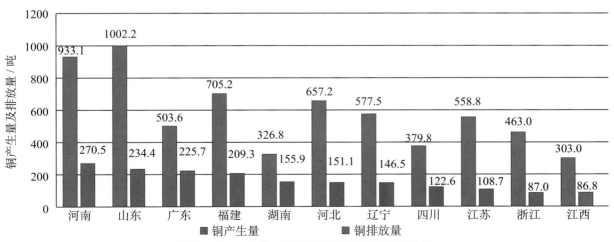

图 5-3-9　畜禽养殖业铜排放量超过 80 吨的省份

表 5-3-8　畜禽养殖业铜产生量和排放量

地　区	铜产生量 / 千克	铜排放量 / 千克	削减率 /%
北　京	95388.88	11645.58	87.79
天　津	95881.62	18915.55	80.27
河　北	657242.57	151068.94	77.01
山　西	150625.97	40012.36	73.44
内蒙古	125965.73	13300.9	89.44
辽　宁	577528.6	146508.1	74.63
吉　林	286717.48	52610.94	81.65
黑龙江	353938.52	51275.44	85.51
上　海	68499.02	7085.54	89.66
江　苏	558827.25	108744.18	80.54
浙　江	463041.67	86995.46	81.21
安　徽	310663.52	77884.37	74.93
福　建	705246.11	209259.29	70.33
江　西	302978.39	86775.78	71.36
山　东	1002240.88	234398.52	76.61
河　南	933121.91	270545.42	71.01
湖　北	234716.45	75028	68.03
湖　南	326839.7	155886.35	52.30
广　东	503586.55	225669.43	55.19
广　西	225917.87	71768.25	68.23
海　南	47336.83	13132.52	72.26
重　庆	108957.05	31108.04	71.45
四　川	379815.94	122559.56	67.73
贵　州	45261.64	12483.44	72.42
云　南	110775.41	21971.97	80.17
西　藏	424.61	47.25	88.42
陕　西	143840.3	55306.73	61.55
甘　肃	75726.56	17294.12	77.16
青　海	8577.58	1765.45	79.42
宁　夏	24825.51	4128.31	83.37
新　疆	105361.49	22055.65	79.07
合　计	9029871.61	2397231.43	73.45

2007 年，在全国 10 大流域中，长江流域铜排放量最大，为 613.9 吨，占全国排放量的 25.61%，其次为淮河流域和珠江流域，这 3 个流域的畜禽养殖业铜排放占到全国的 58.61%。各流域畜禽养殖业铜排放如图 5-3-10 所示。

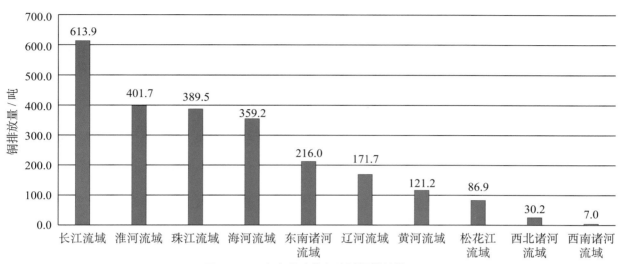

图 5-3-10　畜禽养殖业各流域铜排放情况

5.3.2.6　锌产生和排放情况

根据普查结果，2007 年全国畜禽养殖业锌的产生量和排放量分别为 22677.26 吨和 4756.94 吨，总的削减率为 79.02%。

从畜禽养殖业锌排放量的地区分布来看，排放量最大的是山东省，2007 年排放量为 946.8 吨，其次为河南省和广东省，排放量最小的是西藏自治区，其次为青海省，青海省的排放量为 1499.61 千克。畜禽养殖业锌排放量超过 180 吨的省份共有 10 个，其排放总量为 3645.64 吨，占到排放总量的 76.64%，这 10 个省份按照排放量的排序情况如图 5-3-11 所示，图中同时给出了其锌产生量。各地区畜禽养殖业锌的产生和排放情况见表 5-3-9。

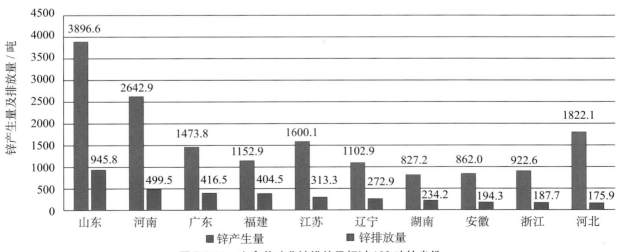

图 5-3-11　畜禽养殖业锌排放量超过 180 吨的省份

表 5-3-9　畜禽养殖业锌产生量和排放量

地　区	锌产生量 / 千克	锌排放量 / 千克	削减率 /%
北　京	233946.65	14915.35	93.62
天　津	231612.23	19257.58	91.69
河　北	1822063.93	175938.47	90.34
山　西	421658.33	49496.97	88.26
内蒙古	580210.14	26259.35	95.47
辽　宁	1102942.34	272937.64	75.25
吉　林	484121.82	95055.08	80.37
黑龙江	691366.63	111104.92	83.93
上　海	141934.66	13005.05	90.84
江　苏	1600080.41	313263.73	80.42
浙　江	922569.77	187678.29	79.66
安　徽	861984.42	194292.79	77.46
福　建	1152902.73	404476.19	64.92
江　西	532199.2	174270.45	67.25
山　东	3896593.66	946799.75	75.70
河　南	2642915.5	499522.96	81.10
湖　北	650686.41	135170.88	79.23
湖　南	827163.31	234185.37	71.69
广　东	1473778.62	416539.92	71.74
广　西	672079.56	122077.41	81.84
海　南	137348.47	24900.25	81.87
重　庆	191916.92	41838.02	78.20
四　川	617374.75	163843.13	73.46
贵　州	86426.18	18543.34	78.54
云　南	241987.51	32134.83	86.72
西　藏	1722.84	102.79	94.34
陕　西	145246.66	33392.78	77.01
甘　肃	87327.88	11470.12	86.87
青　海	12209.89	1499.61	87.72
宁　夏	55594.82	5529.16	90.05
新　疆	157297.32	17439.70	88.91
合　计	22677263.56	4756941.88	79.02

2007 年，在全国 10 大流域中，长江流域锌排放量最大，为 1040.7 吨，占全国排放量的 21.88%，其次为淮河流域和海河流域，这 3 个流域的畜禽养殖业锌排放占到全国的 61.66%。各流域

畜禽养殖业锌排放如图 5-3-12 所示。

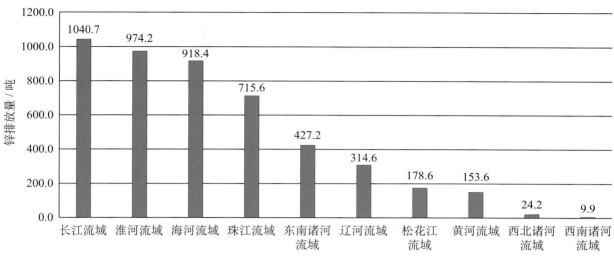

图 5-3-12　畜禽养殖业各流域锌排放情况

5.3.2.7　氨氮产生与排放情况

根据普查结果，2007 年全国畜禽养殖业氨氮产生量和排放量分别为 36.4 万吨和 13.83 万吨，总的削减率为 62.0%。

畜禽养殖业氨氮排放量最大的是河南省，2007 年排放量为 2.32 万吨，其次为广东省和辽宁省，排放量最小的是西藏自治区，其次为青海省，为 193.67 吨。畜禽养殖业氨氮排放量超过 4000 吨的省份共有 12 个，其排放总量为 10.63 万吨，占到排放总量的 76.85%，这 12 个省份的排放情况如图 5-3-13 所示，图中同时给出了各省份氨氮的产生情况。各地区畜禽养殖业氨氮产生量、排放量及削减情况见表 5-3-10。

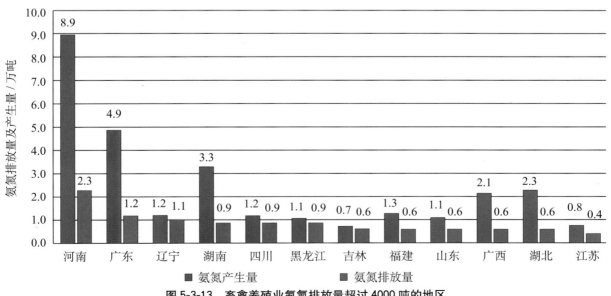

图 5-3-13　畜禽养殖业氨氮排放量超过 4000 吨的地区

从单位标准牛单位的畜禽养殖业氨氮排放量来看，2007 年全国的平均排放强度为 1.78 千克 / 头标牛，有 15 个省的排放强度超过了全国平均水平，其中最高的是四川省，达到了 3.83 千克 / 头标牛。

表 5-3-10　畜禽养殖业氨氮产生量和排放量

地　区	氨氮产生量 / 吨	氨氮排放量 / 吨	削减率 /%	牛单位排放强度 / （千克 / 头标牛）
北　京	2203.14	531.03	75.90	0.68
天　津	2196.58	498.16	77.32	0.67
河　北	14120.89	2973.62	78.94	0.51
山　西	3252.79	727.15	77.65	0.55
内蒙古	3769.23	1986.26	47.30	1.25
辽　宁	12353.92	10562.92	14.50	1.22
吉　林	7478.66	6308.39	15.65	2.99
黑龙江	10728.29	8778.79	18.17	2.47
上　海	1279.34	597.55	53.29	1.42
江　苏	7824.13	4233.28	45.89	1.09
浙　江	8086.81	3991.83	50.64	1.44
安　徽	4524.96	2404.36	46.86	1.18
福　建	12998.64	6274.86	51.73	1.63
江　西	5879.30	2764.66	52.98	1.58
山　东	11496.73	6167.68	46.35	0.86
河　南	89317.02	23197.07	74.03	2.31
湖　北	22984.95	5561.16	75.81	2.39
湖　南	33136.61	9006.15	72.82	3.17
广　东	48840.38	11650	76.15	2.34
广　西	21484.63	5565.89	74.09	2.11
海　南	4366.24	1004.44	77.00	1.43
重　庆	3392.57	2486.02	26.72	3.41
四　川	11980.88	8984.66	25.01	3.83
贵　州	1503.82	1104.87	26.53	2.98
云　南	3494.16	2413.93	30.92	2.47
西　藏	14.60	8.08	44.64	0.98
陕　西	5920.88	3596.23	39.26	3.27
甘　肃	3137.93	1885.83	39.90	2.81
青　海	397.72	193.67	51.30	1.79
宁　夏	1115.16	463.24	58.46	1.25
新　疆	4683.93	2385	49.08	2.09
合　计	363964.88	138306.77	62.00	1.78

2007 年，在全国 10 大流域中，长江流域氨氮排放量最大，为 3.73 万吨，占全国排放量的 26.94%，其次为淮河流域和珠江流域，这 3 个流域的畜禽养殖业氨氮排放量占到全国的 58.07%。各流域畜禽养殖业氨氮排放量如图 5-3-14 所示。

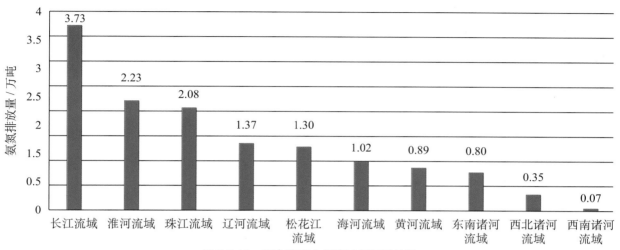

图 5-3-14　畜禽养殖业各流域氨氮排放量

5.3.2.8　粪便产生和处理情况

畜禽粪便是畜禽养殖业污染物产生和排放的主要来源之一，根据普查结果，2007 年全国畜禽养殖业畜禽粪便的产生量为 24344.19 万吨。

从畜禽养殖业粪便产生量的地区分布来看，产生量最大的是山东省，2007 年产生量为 4743.51 万吨，其次为河北省和河南省，产生量最小的是西藏自治区，其次是青海省，为 39.15 万吨。畜禽养殖业粪便产生量超过 700 万吨的省份共有 10 个，其产生总量为 17714.78 万吨，占到产生总量的 72.77%，这 10 个省份按照产生量的排序情况如图 5-3-15 所示。各地区畜禽养殖业粪便产生量的情况见表 5-3-11。

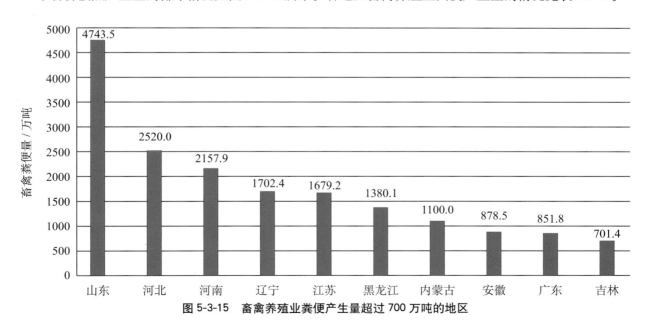

图 5-3-15　畜禽养殖业粪便产生量超过 700 万吨的地区

2007 年，在全国 10 大流域中，海河流域粪便产生量最大，为 6616.75 万吨，占全国排放量的 27.18%，其次为淮河流域和长江流域，这 3 个流域的畜禽养殖业粪便产生量占到全国的 61.23%。各流域畜禽养殖业粪便产生量如图 5-3-16 所示。

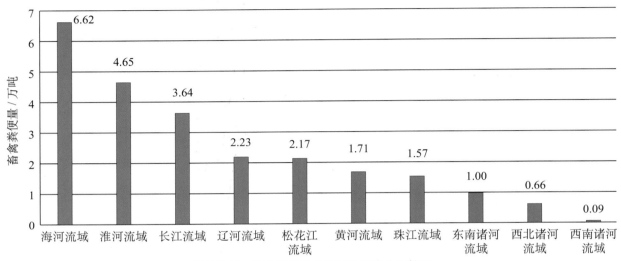

图 5-3-16　畜禽养殖业各流域粪便产生量情况

5.3.2.9　尿液产生情况

畜禽尿液是畜禽养殖业污染物产生和排放的又一主要来源，从普查结果来看，2007 年全国畜禽养殖业畜禽尿液的产生总量为 16255.35 万吨。

从畜禽养殖业尿液产生量的地区分布来看，产生量最大的是河南省，2007 年产生量为 2622.27 万吨，其次为广东省和黑龙江省，产生量最小的是西藏自治区，其次为青海省，青海省的产生量为 32.2 万吨。畜禽养殖业尿液产生量超过 600 万吨的省份共有 10 个，其产生总量为 10770.67 万吨，占到产生总量的 66.26%，这 10 个省份按照产生量的排序情况如图 5-3-17 所示。各地区畜禽养殖业尿液产生量的情况见表 5-3-11。

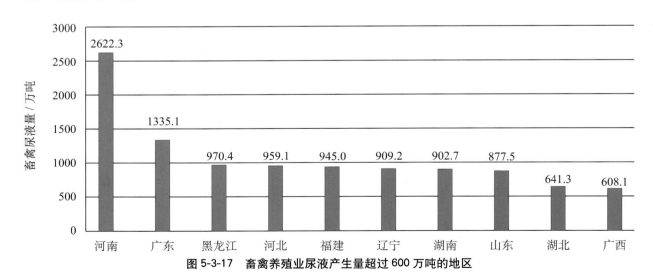

图 5-3-17　畜禽养殖业尿液产生量超过 600 万吨的地区

表 5-3-11　畜禽养殖业粪便和尿液产生量

地　区	粪便产生量／万吨	尿液产生量／万吨
北　京	304.86	149.82
天　津	300.85	146.34
河　北	2520.01	959.11
山　西	595.74	222.61
内蒙古	1100.01	453.8
辽　宁	1702.4	909.15
吉　林	701.36	530.94
黑龙江	1380.1	970.43
上　海	127.4	102.08
江　苏	1679.17	569.09
浙　江	687.69	588.86
安　徽	878.54	323.36
福　建	616.03	944.95
江　西	312.15	425.07
山　东	4743.51	877.52
河　南	2157.89	2622.27
湖　北	482.63	641.33
湖　南	445.73	902.72
广　东	851.79	1335.08
广　西	399.3	608.11
海　南	82.09	126.56
重　庆	184.83	162.2
四　川	551.7	570.58
贵　州	83.99	79.71
云　南	314.53	202.1
西　藏	3.42	1.59
陕　西	299.28	234.12
甘　肃	207.01	156.01
青　海	39.15	32.2
宁　夏	172.81	106.17
新　疆	418.22	301.47
合　计	24344.19	16255.35

2007 年，在全国 10 大流域中，长江流域尿液产生量最大，为 3685.09 万吨，占全国排放量的 22.67%，其次为淮河流域和珠江流域，这 3 个流域的畜禽养殖业粪便产生量占到全国的 54.04%。各流域畜禽养殖业尿液产生量如图 5-3-18 所示。

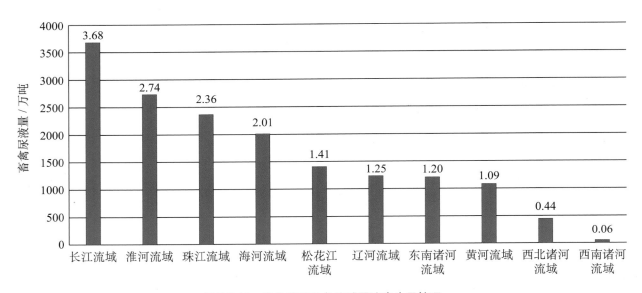

图 5-3-18　畜禽养殖业各流域尿液产生量情况

5.4 水产养殖业普查结果及分析

5.4.1 污染源普查总体情况

5.4.1.1 分地区普查对象数量

普查结果显示，此次普查涵盖的 2007 年全国的水产养殖场和养殖专业户数量共计 883891 个，其中淡水养殖场和专业户数量 804734 个，占普查对象总数的 91.04%，海水 79157 个，占总数的 8.96%。

从水产养殖业普查对象数的地区统计上来看，普查对象最多的是湖北省，为 152632 个，其次为江苏省和广东省，最少的为青海省，仅有 33 个。普查对象总数超过 3 万家的共有 9 个省份，这 9 个省份的水产养殖业普查对象总数为 695132 家，占全国的 78.64%，具体情况如图 5-4-1 所示。各地区水产养殖业普查对象总数见表 5-4-1。

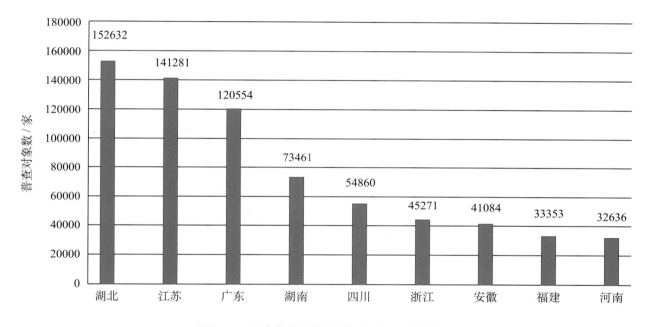

图 5-4-1　水产养殖业普查对象超过 3 万家的省份

5.4.1.2 分区域普查对象数量

根据普查结果，水产养殖业不同区域的普查对象总数为 883108 个（因苗种未按照区域统计，因此分区域总量较分地区总量要少），其中四个淡水养殖区淡水养殖普查对象数为 804071 个，占普查总量的 91.05%，三个海水养殖区普查对象总数为 79037 个，占普查对象总数的 8.95%。不同养殖区域普查对象数量见表 5-4-2。

表 5-4-1　水产养殖业普查对象数量

地 区	合 计	淡 水 养 殖			海 水 养 殖		
		小计	养殖场	专业户	小计	养殖场	专业户
北 京	3207	3207	128	3079	0	0	0
天 津	5282	4955	20	4935	327	56	271
河 北	10623	8148	101	8047	2475	95	2380
山 西	298	298	22	276	0	0	0
内蒙古	1869	1869	87	1782	0	0	0
辽 宁	16047	14592	253	14339	1455	406	1049
吉 林	6450	6450	183	6267	0	0	0
黑龙江	13806	13806	134	13672	0	0	0
上 海	9846	9845	189	9656	1	1	0
江 苏	141281	140254	796	139458	1027	127	900
浙 江	45271	36294	685	35609	8977	379	8598
安 徽	41084	41084	281	40803	0	0	0
福 建	33353	16350	335	16015	17003	212	16791
江 西	21512	21512	194	21318	0	0	0
山 东	20855	15657	93	15564	5198	326	4872
河 南	32636	32636	237	32399	0	0	0
湖 北	152632	152632	1134	151498	0	0	0
湖 南	73461	73461	109	73352	0	0	0
广 东	120554	92725	195	92530	27829	109	27720
广 西	26387	16022	53	15969	10365	1	10364
海 南	9564	5091	12	5079	4473	42	4431
重 庆	17510	17510	126	17384	0	0	0
四 川	54860	54860	214	54646	0	0	0
贵 州	2784	2784	37	2747	0	0	0
云 南	13795	13795	114	13681	0	0	0
西 藏	—	0	—	0	0	0	0
陕 西	2907	2907	56	2851	0	0	0
甘 肃	790	790	48	742	0	0	0
青 海	33	33	0	33	0	0	0
宁 夏	3736	3736	59	3677	0	0	0
新 疆	1458	1453	112	1341	5	2	3
合 计	883891	804734	6006	798728	79157	1757	77400

表 5-4-2　不同区域水产养殖业普查对象数量

名　称	合　计	淡　水		海　水	
		养殖场	专业户	养殖场	专业户
东北区	34832	569	34263	0	0
北部区	43002	725	42277	0	0
中部区	579861	3958	575903	0	0
南部区	146376	746	145630	0	0
黄渤海区	9454	0	0	883	8571
东海区	26966	0	0	719	26247
南海区	42617	0	0	152	42465
合　计	883108	5998	798073	1754	77283

从水产养殖业不同分区的普查对象数量来看，在淡水养殖的四个区域中，普查对象最多的是中部区域，共计 579861 家，三个海水养殖区域中，普查对象最多的是南海区，共计 42617 家。不同区域水产养殖业普查对象数量占全国的比例如图 5-4-2 所示。

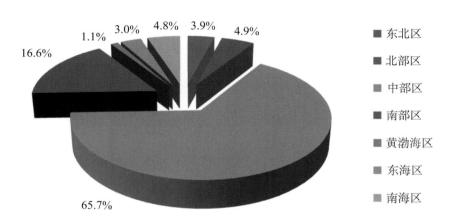

图 5-4-2　不同区域水产养殖业普查对象数量分布情况

5.4.2　污染物产生和排放情况

5.4.2.1　废水排放和处理情况

2007 年，全国水产养殖业废水的产生量为 1677.74 亿米^3，普查水产养殖业的废水按照排水去向分为排入外部水体量、排入农田量和循环利用量三个部分，其中排入外部水体量占到总数的 89.8%，循环利用量只占到 2.85%。

水产养殖业废水排入外部水体量为 1506.64 亿米^3，其中排放量最大的是福建省，达到 400.57 亿米^3，全国 2007 年水产养殖业废水排入外部水体量超过 100 亿米^3 的共有 6 个省份，这 6 个省份的废水排入外部水体量合计为 1124.71 亿米^3，占到全国的 74.65%。

表 5-4-3　水产养殖业废水排放情况

地　区	总计／万米³	排入外部水体量／万米³	排入农田量／万米³	循环使用量／万米³
北　京	12621.84	12479.05	133.49	9.30
天　津	138747.64	126434.15	1289.97	11023.52
河　北	472790.44	469262.03	2369.60	1158.82
山　西	4583.10	4206.59	318.22	58.29
内蒙古	6522.15	5062.10	1247.34	212.71
辽　宁	1280179.16	1273123.81	5712.41	1342.93
吉　林	21245.03	17761.58	3396.31	87.14
黑龙江	124865.65	105940.82	7809.78	11115.05
上　海	40807.67	40574.43	0.91	232.33
江　苏	650566.87	644384.94	3184.46	2997.47
浙　江	1196734.90	1172053.51	23819.42	861.97
安　徽	418292.60	375011.01	40551.82	2729.76
福　建	4045164.20	4005674.66	37954.07	1535.47
江　西	421856.88	274435.61	146132.14	1289.13
山　东	686024.95	663474.51	15382.44	7168.00
河　南	233365.67	185637.60	45155.28	2572.80
湖　北	1908561.22	1779810.74	107191.97	21558.51
湖　南	1736236.32	1487500.01	242847.79	5888.52
广　东	2083558.20	1528910.66	151099.07	403548.47
广　西	437619.55	290955.66	146248.81	415.08
海　南	97712.92	81037.48	16292.77	382.66
重　庆	113765.90	79340.11	34381.54	44.25
四　川	287828.55	166236.48	121037.52	554.55
贵　州	90761.32	88067.90	2672.05	21.37
云　南	196190.14	131564.67	64166.49	458.98
陕　西	28313.46	20725.32	7177.41	410.73
甘　肃	6719.52	5172.09	1474.83	72.60
青　海	123.32	121.22	0.00	2.10
宁　夏	18422.60	18214.99	56.80	150.81
新　疆	17226.49	13224.34	3914.53	87.62
合　计	16777408.26	15066398.09	1233019.24	477990.93

注：水产养殖业废水排放量包括池塘养殖和工厂化养殖两部分。

2007 年水产养殖业废水的循环使用量在地区间存在着很大的差异，循环使用量最大的是广东省，达到 40.35 亿米³，其次是湖北省和黑龙江省。从各地区废水循环使用量占总废水排放量的比例来看，循环使用率最高的是广东省，达到 19.37%，其次是黑龙江省和天津市，废水循环使用率最低的是贵州省，只有 0.02%，其次是福建省和重庆市。各地区水产养殖业废水的排放情况见表 5-4-3。

5.4.2.2 化学需氧量产生和排放情况

根据普查结果，2007 年全国水产养殖业化学需氧量产生量 70.18 万吨，排放量 55.83 万吨，其中淡水养殖业化学需氧量排放量为 51.19 万吨，占排放总量的 91.7%，海水养殖业化学需氧量排放量 4.64 万吨，占排放总量的 8.3%。

从水产养殖业化学需氧量排放的地区分布来看，产生量最大的是广东省，排放量最大的是湖北省，排放量为 14.33 万吨，其次为广东省和江苏省。2007 年，全国水产养殖业化学需氧量排放量超过 1.4 万吨的省份共有 8 个，这 8 个省份的总排放量为 44.04 万吨，占到水产养殖业化学需氧量总排放量的 78.89%，其排放情况如图 5-4-3 所示。水产养殖业化学需氧量各地区的产生和排放情况见表 5-4-4。

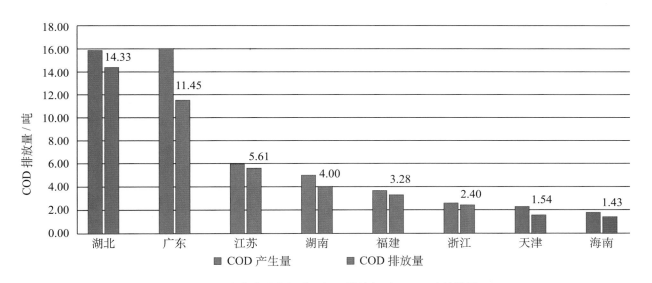

图 5-4-3 水产养殖业化学需氧量排放超过 1.4 万吨的地区

表 5-4-4　各地区水产养殖业化学需氧量产生和排放情况

地　区	总　量		淡　水		海　水	
	产生量 / 吨	排放量 / 吨	产生量 / 吨	排放量 / 吨	产生量 / 吨	排放量 / 吨
北　京	3958.47	3832.88	3958.47	3832.88	—	—
天　津	22596.94	15405.38	22037.64	14945.11	559.3	460.26
河　北	14800.53	9073.78	13986.24	8330.29	814.29	743.49
山　西	372.67	261.16	372.67	261.16	—	—
内蒙古	1263.9	769.58	1263.9	769.58	—	—
辽　宁	15316.37	13114.5	13953.69	11758.93	1362.68	1355.57
吉　林	1523.3	1021.88	1523.3	1021.88	—	—
黑龙江	6134.81	4743.31	6134.81	4743.31	—	—
上　海	5738.11	5561.22	5738.11	5561.22	0	0
江　苏	59177.64	56138.09	58320.86	55291.09	856.78	847
浙　江	26678.66	23961.35	23639.43	20924.03	3039.23	3037.32
安　徽	16667.93	13640.11	16667.93	13640.11	0	0
福　建	36506.77	32827.05	24932.46	21348.49	11574.31	11478.57
江　西	21386.6	12978.54	21386.6	12978.54	—	—
山　东	20225.83	9392.53	17344.65	6656.34	2881.18	2736.19
河　南	11628.17	8909.94	11628.17	8909.94	—	—
湖　北	158406.54	143273.45	158406.54	143273.46	—	—
湖　南	49615.13	39978.66	49615.13	39978.66	—	—
广　东	160350.03	114508.05	138503.3	95428.81	21846.73	19079.24
广　西	16891.82	12677.51	13817.88	9674.99	3073.94	3002.52
海　南	17736.6	14320.22	14092.63	10702.71	3643.97	3617.5
重　庆	4362.21	2820.83	4362.21	2820.83	—	—
四　川	16166.85	8570.69	16166.85	8570.69	—	—
贵　州	1102.19	1066.7	1102.19	1066.7	—	—
云　南	5149.27	3200.22	5149.27	3200.22	—	—
西　藏	0	0	—	—	—	—
陕　西	2501.85	1456.71	2501.85	1456.71	—	—
甘　肃	407.8	376.1	407.8	376.1	—	—
青　海	2.4	0.92	2.4	0.92	—	—
宁　夏	2601.88	2500.86	2601.88	2500.86	—	—
新　疆	2517.38	1895.43	2517.38	1895.43	—	—
合　计	701788.65	558277.65	652136.24	511919.98	49652.41	46357.66

从水产养殖业化学需氧量排放的流域分布来看,2007年,全国10大流域中,长江流域排放量最大,为25.63万吨,占到全国排放总量的45.9%,其次为珠江流域和淮河流域,这三个流域水产养殖业化

学需氧量排放量占到全国的 81.24%。各流域水产养殖业化学需氧量排放情况如图 5-4-4 所示。

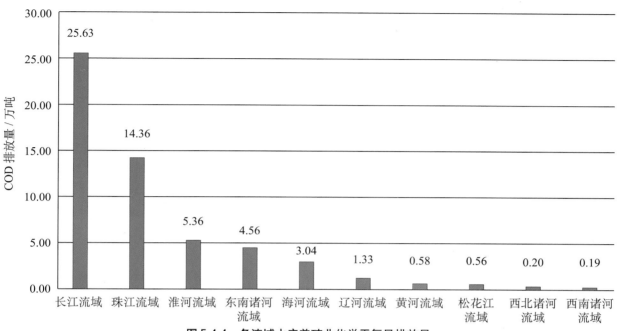

图 5-4-4　各流域水产养殖业化学需氧量排放量

从水产养殖业化学需氧量产生和排放量的区域分布来看，中部区最高，产生量为 36.59 万吨，排放量为 31.19 万吨，其次为南部区，均为淡水养殖区域，这两个区域的化学需氧量排放量占到全国的 81.2%。各大区水产养殖业化学需氧量的排放量分布如图 5-4-5 所示。各水产养殖区化学需氧量产生和排放情况见表 5-4-5。

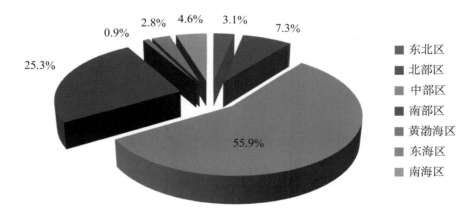

图 5-4-5　各水产养殖区域化学需氧量排放量比例

表 5-4-5　各水产养殖区化学需氧量产生和排放情况

区　域	合　计		淡　水		海　水	
	产生量/吨	排放量/吨	产生量/吨	排放量/吨	产生量/吨	排放量/吨
东北区	21611.8	17524.12	21611.8	17524.12	0	0
北部区	66994.88	41025.39	66994.88	41025.39	0	0
中部区	365931.81	311948.57	365931.81	311948.57	0	0
南部区	197597.74	141421.92	197597.74	141421.92	0	0
黄渤海区	5617.46	5295.51	0	0	5617.46	5295.51
东海区	15470.32	15362.89	0	0	15470.32	15362.89
南海区	28564.64	25699.25	0	0	28564.64	25699.25
合　计	701788.65	558277.65	652136.23	511920.00	49652.42	46357.65

5.4.2.3　总氮产生排放情况

根据普查结果，2007 年全国水产养殖业总氮产生量 9.72 万吨，排放量 8.21 万吨，其中淡水水产养殖业总氮排放量为 6.67 万吨，占排放总量的 81.24%，海水水产养殖业总氮排放量为 1.54 万吨，占排放总量的 18.76%。

从水产养殖业总氮排放的地区分布来看，产生量与排放量最大的是湖北省，排放量为 1.54 万吨，其次为广东省和福建省。2007 年，全国总氮排放量超过 2500 吨的省共有 8 个，这 8 个省份的排放量占到排放总量的 74.43%，其排放量情况如图 5-4-6 所示。各地区水产养殖业总氮产生和排放情况见表 5-4-6。

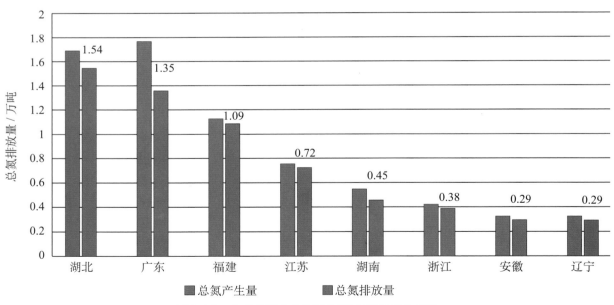

图 5-4-6　水产养殖业总氮排放超过 2500 吨的省份

表 5-4-6　各地区水产养殖业总氮产生和排放情况

地　区	总　量		淡　水		海　水	
	产生量/吨	排放量/吨	产生量/吨	排放量/吨	产生量/吨	排放量/吨
北　京	648.67	629.42	648.67	629.42		
天　津	3364.07	2297.89	3349.67	2286.37	14.4	11.52
河　北	3169.72	2373.89	3112.09	2318.94	57.63	54.94
山　西	112.82	97.45	112.82	97.45		
内蒙古	195.25	121.74	195.25	121.74		
辽　宁	3170.36	2869.83	2854.25	2554.03	316.11	315.8
吉　林	232.49	176.59	232.49	176.59		
黑龙江	765.41	578.22	765.41	578.22		
上　海	394.87	383.02	394.87	383.02	0	0
江　苏	7517.28	7214.78	7575.45	7274.94	−58.17	−60.17
浙　江	4150.3	3832.65	3171.28	2853.85	979.02	978.8
安　徽	3222.13	2891.99	3222.13	2891.99	0	0
福　建	11215.04	10872.56	3091.99	2763	8123.05	8109.56
江　西	2676.05	1649.39	2676.05	1649.39		
山　东	3766.73	2286.58	3475.42	1998.67	291.31	287.91
河　南	1891.15	1632.45	1891.15	1632.45		
湖　北	16867.82	15388.92	16867.82	15388.92		
湖　南	5398.79	4508.59	5398.79	4508.59		
广　东	17655.74	13511.65	13277.48	9476.22	4378.26	4035.43
广　西	2752.73	2324.73	2246.68	1827.43	506.05	497.3
海　南	2284.67	2036.45	1114.05	869.5	1170.62	1166.95
重　庆	511.48	355.27	511.48	355.27		
四　川	2629.85	1897.69	2629.85	1897.69		
贵　州	846.61	842.26	846.61	842.26		
云　南	532.47	357.56	532.47	357.56		
西　藏	0	0				
陕　西	364.8	214.36	364.8	214.36		
甘　肃	74.68	67.32	74.68	67.32		
青　海	0.2	0.11	0.2	0.11		
宁　夏	398.34	384.1	398.34	384.1		
新　疆	374.2	280.28	374.2	280.28		
合　计	97184.72	82077.74	81406.44	66679.69	15778.28	15398.04

从水产养殖业总氮排放的流域分布来看，2007 年，全国 10 大流域中，长江流域排放量最大，为 31279 吨，占到全国排放总量的 38.1%，其次为珠江流域和东南诸河流域，这三个流域水产养殖业总氮排放量占到全国的 76.8%。各流域水产养殖业总氮排放情况如图 5-4-7 所示。

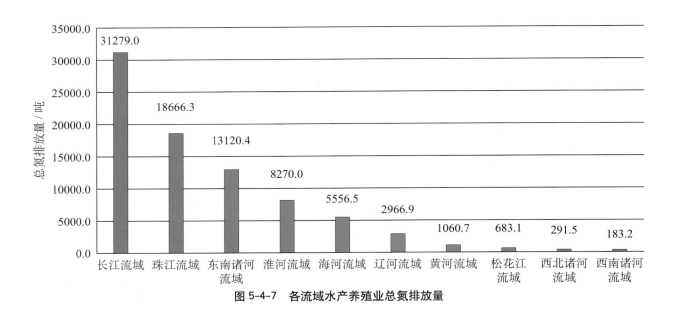

图 5-4-7　各流域水产养殖业总氮排放量

从水产养殖业总氮产生量和排放量的区域分布来看，中部区最高，产生量为 4.43 万吨，排放量为 3.88 万吨。各大区水产养殖业总氮的排放量分布如图 5-4-8 所示。各养殖区总氮产生和排放情况见表 5-4-7。

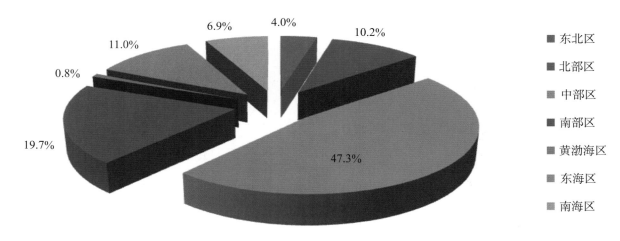

图 5-4-8　各水产养殖区域总氮排放量比例

表 5-4-7　各水产养殖区总氮产生和排放情况

区　域	合　计		淡　水		海　水	
	产生量/吨	排放量/吨	产生量/吨	排放量/吨	产生量/吨	排放量/吨
东北区	3852.15	3308.85	3852.15	3308.85		
北部区	12106.14	8398.76	12106.14	8398.76		
中部区	44338.87	38836.11	44338.88	38836.11		
南部区	21109.28	16135.98	21109.28	16135.98		
黄渤海区	679.45	670.17			679.45	670.17
东海区	9043.9	9028.2			9043.9	9028.2
南海区	6054.93	5699.67			6054.93	5699.67
合　计	97184.72	82077.74	81406.45	66679.71	15778.28	15398.04

5.4.2.4　总磷产生和排放情况

根据普查结果，2007 年全国水产养殖业总磷产生量 1.84 万吨，排放量 1.56 万吨，其中淡水水产养殖业总磷排放为 1.28 万吨，占排放总量的 81.7%，海水水产养殖业总磷排放量 0.29 万吨，占排放总量的 18.3%。

从水产养殖业总磷排放的地区分布来看，产生量最大的是广东省，排放量最大的是湖北省，排放量为 2999.95 吨，其次为广东省和福建省。2007 年，全国水产养殖业总磷排放量超过 500 吨的省共有 7 个省，这 7 个省的排放量为 1.14 万吨，占到全国排放总量的 72.69%，其排放量情况如图 5-4-9 所示。各地区水产养殖业总磷产生和排放情况见表 5-4-8。

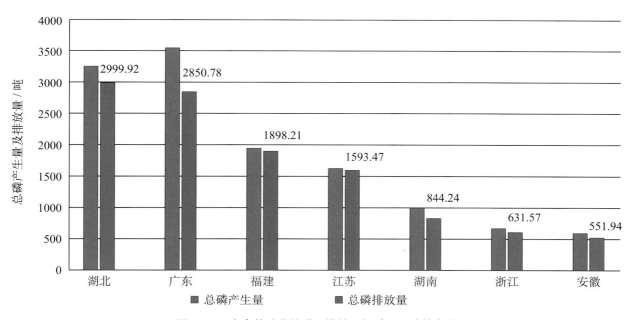

图 5-4-9　水产养殖业总磷量排放量超过 500 吨的省份

表 5-4-8 各地区水产养殖业总磷产生和排放情况

地 区	总 量		淡 水		海 水	
	产生量/吨	排放量/吨	产生量/吨	排放量/吨	产生量/吨	排放量/吨
北 京	127.9	124.05	127.9	124.05		
天 津	660.87	451.76	655.27	447.44	5.6	4.32
河 北	624.75	470.64	613.25	459.76	11.5	10.88
山 西	21.3	18.25	21.3	18.25		
内蒙古	39.17	24.44	39.17	24.44		
辽 宁	358.01	325.87	322.6	290.57	35.41	35.29
吉 林	34.67	27.37	34.67	27.37		
黑龙江	78.2	59.41	78.2	59.41		
上 海	77.5	75.73	77.5	75.73	0	0
江 苏	1648.71	1593.47	1648.52	1593.44	0.19	0.03
浙 江	683.77	631.57	522.82	470.67	160.95	160.91
安 徽	609.64	551.94	609.64	551.94	0	0
福 建	1967.59	1898.21	604.65	536.83	1362.94	1361.37
江 西	506.76	308.04	506.76	308.04		
山 东	777.1	489.62	706.67	420.79	70.43	68.83
河 南	341.49	293.29	341.49	293.29		
湖 北	3279.66	2999.92	3279.66	2999.92		
湖 南	1013.75	844.24	1013.75	844.24		
广 东	3564.56	2850.78	2555.01	1880.49	1009.55	970.3
广 西	516.01	434.38	449.56	368.93	66.45	65.45
海 南	347.71	313.87	161.77	128.33	185.94	185.54
重 庆	97.28	67.55	97.28	67.55		
四 川	490.99	352.99	490.99	352.99		
贵 州	177.72	176.75	177.72	176.75		
云 南	100.7	69.64	100.7	69.64		
西 藏	0	0				
陕 西	72.46	42.62	72.46	42.62		
甘 肃	15.98	14.07	15.98	14.07		
青 海	0.04	0.02	0.04	0.02		
宁 夏	78.55	75.73	78.55	75.73		
新 疆	74.39	55.94	74.39	55.94		
合 计	18387.23	15642.16	15478.27	12779.27	2908.96	2862.93

从水产养殖业总磷排放的流域分布来看，2007年，全国10大流域中，长江流域排放量最大，为5941.9吨，占到全国排放总量的38%，其次为珠江流域和东南诸河流域，这三个流域水产养殖业总磷排放量占到全国的76.4%。各流域水产养殖业总磷排放情况如图5-4-10所示。

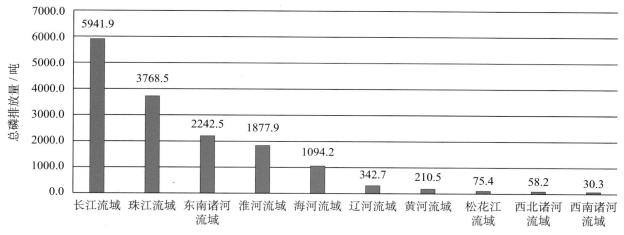

图5-4-10 各流域水产养殖业总磷排放量

从水产养殖业总磷产生量和排放量的区域分布来看，中部区最高，产生量为0.86万吨，排放量为0.76万吨，其次为南部区和北部区。各大区水产养殖业总磷的排放量分布如图5-4-11所示。各养殖区总磷产生和排放情况见表5-4-9。

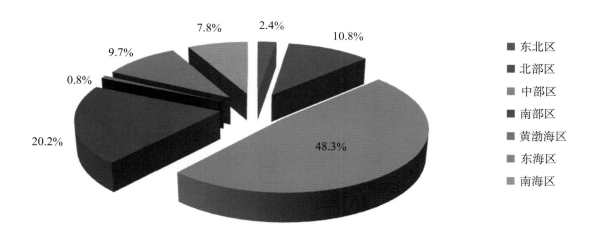

图5-4-11 各水产养殖区域总磷排放量比例

表 5-4-9　各水产养殖区总磷产生和排放情况

区　域	合　计		淡　水		海　水	
	产生量/吨	排放量/吨	产生量/吨	排放量/吨	产生量/吨	排放量/吨
东北区	435.48	377.35	435.48	377.35		
北部区	2404.97	1683.08	2404.99	1683.08		
中部区	8588.4	7557.84	8588.4	7557.84		
南部区	4049.41	3160.95	4049.41	3160.95		
黄渤海区	122.95	119.33			122.95	119.33
东海区	1524.08	1522.32			1524.08	1522.32
南海区	1261.94	1221.29			1261.94	1221.29
合　计	18387.23	15642.16	15478.28	12779.22	2908.97	2862.94

5.4.2.5　铜产生和排放情况

根据普查结果，2007 年全国水产养殖业铜的产生量 71.65 吨，排放量 54.85 吨，其中淡水水产养殖业铜的排放量为 41.3 吨，占排放总量的 75.29%，海水水产养殖业铜排放量为 13.55 吨，占排放总量的 24.71%。

从水产养殖业铜排放的地区分布来看，产生量最大的是湖北省，排放量最大的是江苏省，排放量为 16.8 吨，其次为湖北省和浙江省。2007 年，全国水产养殖业铜排放量超过 1 吨的省份共有 11 个，这 11 个省份水产养殖业铜的排放量占到全国的 59.2%，其排放情况如图 5-4-12 所示。各地区水产养殖业铜的产生和排放情况见表 5-4-10。

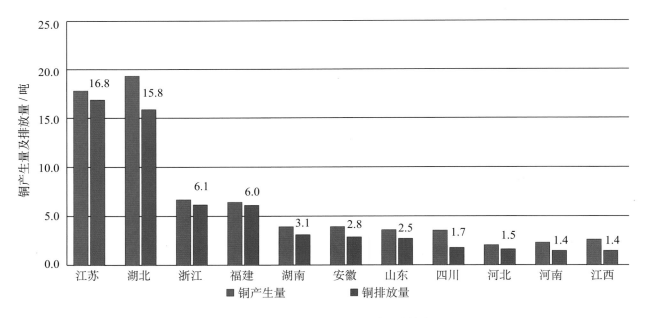

图 5-4-12　水产养殖业铜排放超过 1 吨的省份

表 5-4-10　各地区水产养殖业铜产生和排放情况

地　区	总　量		淡　水		海　水	
	产生量／千克	排放量／千克	产生量／千克	排放量／千克	产生量／千克	排放量／千克
北　京	407.22	388.86	407.22	388.86		
天　津	1236.97	825.42	1158.7	759.7	78.27	65.72
河　北	1992.06	1522.95	1277.55	828.73	714.51	694.22
山　西	69.36	61.55	69.36	61.55		
内蒙古	68.02	38.62	68.02	38.62		
辽　宁	147.22	293.63	−1041.59	−893.31	1188.81	1186.94
吉　林	−61.16	−24.83	−61.16	−24.83		
黑龙江	−562.63	−405.82	−562.63	−405.82		
上　海	756.01	739.05	756.01	739.05	0	0
江　苏	17802.09	16798.75	15931.86	14938.11	1870.23	1860.64
浙　江	6578.76	6142.96	3061.17	2626.05	3517.59	3516.91
安　徽	3898.3	2839.1	3898.3	2839.1	0	0
福　建	6370.4	6039.48	2044.14	1824.29	4326.26	4215.19
江　西	2539.48	1374.73	2539.48	1374.73		
山　东	3501.44	2508.04	1862.59	879.63	1638.85	1628.41
河　南	2191.75	1396.01	2191.75	1396.01		
湖　北	19267.93	15786	19267.93	15786		
湖　南	3921.17	3058.94	3921.17	3058.94		
广　东	−6489.21	−9205.09	−6918.72	−9686.3	429.51	481.21
广　西	1184.22	689.36	1268.56	772.18	−84.34	−82.82
海　南	749.19	536.91	761.75	549.98	−12.56	−13.07
重　庆	1309.67	794.21	1309.67	794.21		
四　川	3430.8	1731.19	3430.8	1731.19		
贵　州	118.44	112.44	118.44	112.44		
云　南	578.14	310.14	578.14	310.14		
西　藏	0	0				
陕　西	293.23	200.95	293.23	200.95		
甘　肃	37.5	31.36	37.5	31.36		
青　海	0.29	0.23	0.29	0.23		
宁　夏	148.67	138.55	148.67	138.55		
新　疆	169.66	130.46	169.66	130.46		
合　计	71654.99	54854.15	57987.86	41300.8	13667.13	13553.35

从水产养殖业铜排放的流域分布来看，2007年，全国10大流域中，长江流域排放量最大，为30161.3千克，其次为淮河流域和东南诸河流域，由于松花江流域和珠江流域水产养殖业铜的排放为负数，如不考虑这两个流域的影响，则上述三个水产养殖铜排放量最大的流域排放占到全国的93.5%。各流域水产养殖业铜排放情况如图5-4-13所示。

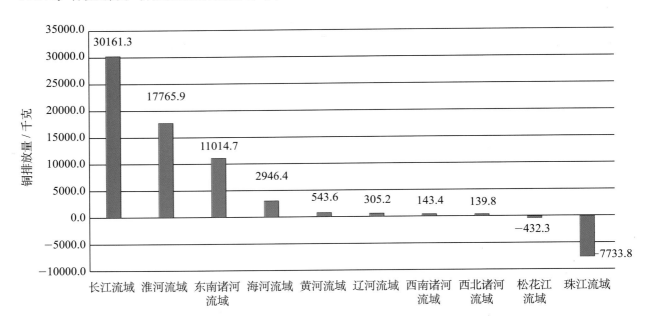

图 5-4-13　各流域水产养殖业铜排放量

从水产养殖业铜产生量和排放量的区域分布来看，中部区最高，产生量为56.31吨，排放量为45.28吨，其次为东海区和黄渤海区。七个大区中，有两个区域的排放量为负值，其他五个大区水产养殖业铜的排放量分布如图5-4-14所示。各水产养殖区铜的产生和排放情况见表5-4-11。

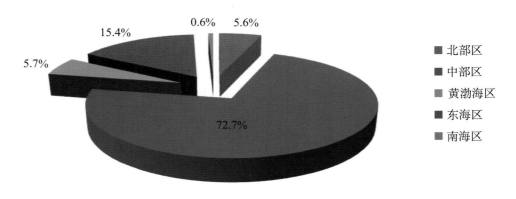

图 5-4-14　不同水产养殖区域铜排放量所占比例

表 5-4-11   各水产养殖区铜产生和排放情况

区　域	合　计		淡　水		海　水	
	产生量/千克	排放量/千克	产生量/千克	排放量/千克	产生量/千克	排放量/千克
东北区	−1665.38	−1323.96	−1665.38	−1323.96		
北部区	5492.8	3458.65	5492.8	3458.65		
中部区	56308.12	45283.38	56308.12	45283.38		
南部区	−2147.69	−6117.27	−2147.69	−6117.27		
黄渤海区	3620.44	3575.28			3620.44	3575.28
东海区	9714.08	9592.74			9714.08	9592.74
南海区	332.62	385.33			332.62	385.33
合　计	71654.99	54854.15	57987.85	41300.8	13667.13	13553.35

5.4.2.6　锌产生和排放情况

根据普查结果，2007 年全国水产养殖业锌产生量 112.09 吨，排放量 105.63 吨，其中淡水水产养殖业锌的排放量为 47.7 吨，占排放总量的 45.16%，海水水产养殖业的锌排放量为 57.93 吨，占排放总量的 54.84%。

从水产养殖业锌排放的地区分布来看，排放量最大的是福建省，排放量为 22.24 吨，其次为江苏省和浙江省。2007 年，全国水产养殖业中有 8 个省份的排放量超过 5 吨，这 8 个省份的排放量占到全国的 99.2%，其排放量情况如图 5-4-15 所示。各地区水产养殖业锌的产生和排放情况见表 5-4-12。

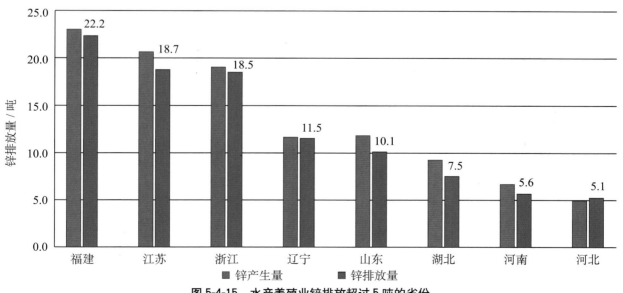

图 5-4-15　水产养殖业锌排放超过 5 吨的省份

表 5-4-12　各地区水产养殖业锌产生和排放情况

地　区	总　量		淡　水		海　水	
	产生量/千克	排放量/千克	产生量/千克	排放量/千克	产生量/千克	排放量/千克
北　京	−22.83	−25.63	−22.83	−25.63		
天　津	−1614.69	−1095.45	−1876.99	−1308.19	262.3	212.74
河　北	5032.87	5116.69	2182.83	2355.75	2850.04	2760.94
山　西	65.94	75.6	65.94	75.6		
内蒙古	46.88	53.65	46.88	53.65		
辽　宁	11625.8	11482.23	5416.61	5290	6209.19	6192.23
吉　林	577.69	423.15	577.69	423.15		
黑龙江	679.32	638.07	679.32	638.07		
上　海	1200.82	1211.2	1200.82	1211.2	0	0
江　苏	20522.79	18744.96	13209.72	11506.71	7313.07	7238.25
浙　江	18911.59	18458.24	3812.99	3358.79	15098.6	15099.45
安　徽	4347.7	3528.59	4347.7	3528.59	0	0
福　建	22960.92	22243.83	3818.81	3519.5	19142.11	18724.33
江　西	2629.08	1795.26	2629.08	1795.26		
山　东	11765.49	10068.66	4659.82	3080.14	7105.67	6988.52
河　南	6695.7	5579.73	6695.7	5579.73		
湖　北	9193.53	7479.02	9193.53	7479.02		
湖　南	4783.1	4111.05	4783.1	4111.05		
广　东	−11733.13	−7301.38	−12076.62	−8086.14	343.49	784.76
广　西	429.66	210.36	697.25	469.51	−267.59	−259.15
海　南	−2707.81	−1974.83	−2892.58	−2166.73	184.77	191.9
重　庆	637.3	398.59	637.3	398.59		
四　川	5307.79	3964.77	5307.79	3964.77		
贵　州	61.51	44.62	61.51	44.62		
云　南	889.89	577.52	889.89	577.52		
西　藏	0	0				
陕　西	28.15	32.3	28.15	32.3		
甘　肃	−24.44	−26.22	−24.44	−26.22		
青　海	0.3	−0.04	0.3	−0.04		
宁　夏	−126.44	−129.75	−126.44	−129.75		
新　疆	−73.02	−50.87	−73.02	−50.87		
合　计	112091.46	105633.92	53849.81	47699.95	58241.65	57933.97

从水产养殖业锌排放的流域分布来看，2007年，全国10大流域中，东南诸河流域排放量最大，为37660.8千克，其次为长江流域和淮河流域，由于西北诸河流域和珠江流域水产养殖业锌的排放为负数，如不考虑这两个流域的影响，则上述三个水产养殖业铜排放量最大的流域排放占到全国的83.5%。各流域水产养殖业总磷排放情况如图5-4-16所示。

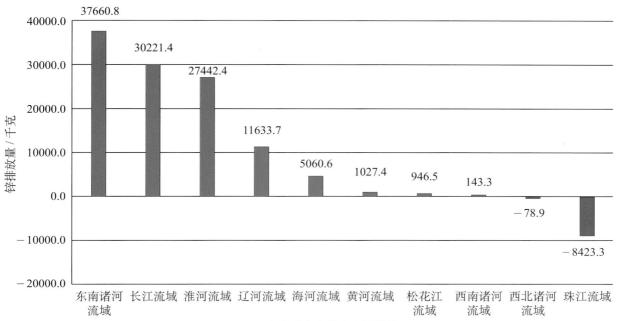

图5-4-16 各流域水产养殖业锌排放量

从水产养殖业锌产生量和排放量的区域分布来看，产生量和排放量主要集中在中部区和东海区，中部区最高，产生量为51.82吨，排放量为42.93吨，其次为东海区，产生量和排放量分别为41.55吨和41.06吨，这两个区域锌的产生量和排放量均占到各区域产生总量的83.3%。七个水产养殖区中锌的排放量分布如图5-4-17所示。各水产养殖区锌的产生和排放情况见表5-4-13。

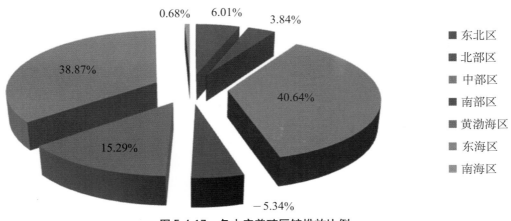

图5-4-17 各水产养殖区锌排放比例

表 5-4-13　各水产养殖区锌产生和排放情况

区　域	合　计		淡　水		海　水	
	产生量/千克	排放量/千克	产生量/千克	排放量/千克	产生量/千克	排放量/千克
东北区	6673.63	6351.22	6673.63	6351.22		
北部区	4860.2	4056.75	4860.2	4056.75		
中部区	51817.72	42933.71	51817.72	42933.71		
南部区	−9501.74	−5641.72	−9501.74	−5641.72		
黄渤海区	16427.2	16154.43			16427.2	16154.43
东海区	41553.77	41062.02			41553.77	41062.02
南海区	260.68	717.51			260.68	717.51
合　计	112091.46	105633.92	53849.83	47699.96	58241.65	57933.96

5.4.2.7　氨氮产生和排放情况

根据普查结果，2007 年全国水产养殖业氨氮产生量 2.67 万吨，排放量 2.29 万吨，其中淡水水产养殖业氨氮排放量为 1.35 万吨，占排放总量的 58.72%，海水水产养殖业氨氮排放量为 9469.22 吨，占排放总量的 41.28%。

从水产养殖业氨氮排放的地区分布来看，产生量与排放量最大的是福建省，排放量为 6982.01 吨，其次为广东省和江苏省。2007 年，全国氨氮排放量超过 750 吨的省份共有 9 个，这 9 个省份的排放量占到排放总量的 80.37%，其排放量情况如图 5-4-18 所示。各地区水产养殖业总氮产生和排放情况见表 5-4-14。

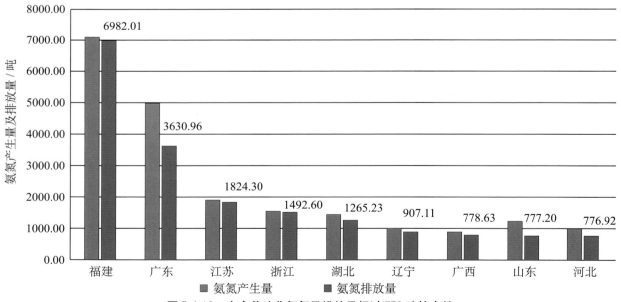

图 5-4-18　水产养殖业氨氮量排放量超过 750 吨的省份

表 5-4-14　各地区水产养殖业氨氮产生和排放情况

地 区	总 量		淡 水		海 水	
	产生量/吨	排放量/吨	产生量/吨	排放量/吨	产生量/吨	排放量/吨
北 京	193.91	188.36	193.91	188.36		
天 津	1043.05	712.85	1038.51	709.13	4.54	3.72
河 北	1030.34	776.92	1000.63	748.46	29.71	28.46
山 西	36.26	31.40	36.26	31.40		
内蒙古	61.80	39.25	61.80	39.25		
辽 宁	1011.08	907.11	881.07	777.28	130.01	129.83
吉 林	85.86	65.06	85.86	65.06		
黑龙江	268.87	202.02	268.87	202.02		
上 海	55.92	53.50	55.92	53.50	0.00	0.00
江 苏	1880.60	1824.30	1798.98	1743.51	81.62	80.79
浙 江	1535.22	1492.60	656.67	614.08	878.55	878.52
安 徽	517.95	472.16	517.95	472.16	0.00	0.00
福 建	7074.99	6982.01	721.11	634.46	6353.88	6347.55
江 西	265.98	163.83	265.98	163.83		
山 东	1239.87	777.20	1044.72	583.53	195.15	193.67
河 南	480.24	437.09	480.24	437.09		
湖 北	1423.72	1265.23	1423.72	1265.23		
湖 南	475.39	409.69	475.39	409.69		
广 东	4999.64	3630.96	3560.56	2313.27	1439.08	1317.69
广 西	890.29	778.63	716.98	608.46	173.31	170.17
海 南	850.04	729.50	529.97	410.68	320.07	318.82
重 庆	81.27	60.38	81.27	60.38		
四 川	378.25	298.13	378.25	298.13		
贵 州	239.47	238.93	239.47	238.93		
云 南	163.58	107.45	163.58	107.45		
西 藏	0.00	0.00				
陕 西	115.68	68.13	115.68	68.13		
甘 肃	21.33	19.64	21.33	19.64		
青 海	0.07	0.04	0.07	0.04		
宁 夏	124.17	119.74	124.17	119.74		
新 疆	115.90	86.64	115.90	86.64		
合 计	26660.74	22938.75	17054.82	13469.52	9605.92	9469.22

从水产养殖业氨氮排放的流域分布来看，2007年，全国10大流域中，东南诸河流域排放量最大，为8103.7吨，占到全国排放总量的35.3%，其次为珠江流域和长江流域，这三个流域水产养殖业氨氮排放量占到全国的76.3%。各流域水产养殖业氨氮排放情况如图5-4-19所示。

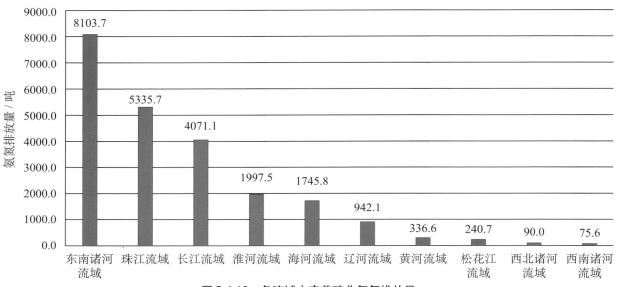

图5-4-19　各流域水产养殖业氨氮排放量

从水产养殖业氨氮产生量和排放量的区域分布来看，淡水养殖中部区最高，产生量为6134.35吨，排放量为5517.59吨。各大区水产养殖业氨氮的排放量分布如图5-4-20所示。各养殖区氨氮产生和排放情况见表5-4-15。

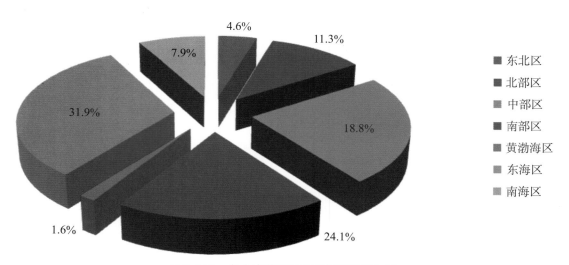

图5-4-20　各水产养殖区域总氮排放量比例

表 5-4-15　各水产养殖区氨氮产生和排放情况

区　域	合　计		淡　水		海　水	
	产生量/吨	排放量/吨	产生量/吨	排放量/吨	产生量/吨	排放量/吨
东北区	1235.8	1044.36	1235.80	1044.36		
北部区	3752.99	2594.32	3752.99	2594.32		
中部区	6134.35	5517.59	6134.35	5517.59		
南部区	5931.68	4313.25	5931.68	4313.25		
黄渤海区	359.41	355.68			359.41	355.68
东海区	7314.05	7306.87			7314.05	7306.87
南海区	1932.46	1806.68			1932.46	1806.68
合　计	26660.74	22938.75	17054.82	13469.52	9605.92	9469.23

5.5　农业源小结

本章总结和分析了第一次全国污染源普查农业污染源普查的有关情况，农业污染源普查在我国还是第一次，这次普查，较为全面地调查了农业种植业、畜禽养殖业和水产养殖业污染源分布和污染物的排放情况，通过分析，得到以下主要结论：

（1）此次普查农业源普查对象总数为 289.96 万个，其中畜禽养殖业普查对象占到总数的 67.95%，占农业源普查对象的绝大多数。

从普查对象的地区分布来看，河南省、江苏省和河北省位居前列，这三个省的普查对象总数占到全国的 25.1%，长江流域、淮河流域和海河流域在十大流域中位居前列，这三个流域的农业源普查对象总数占到全国的 57.24%，上述地区和流域是农业源普查对象集中的地区。

（2）2007 年，全国农业源化学需氧量排放量为 1324.1 万吨，其中畜禽养殖业排放量占到 95.78%，是农业源化学需氧量的主要来源，也是农业源水污染控制的重点。

从地区分布来看，山东省、河南省和广东省农业源化学需氧量排放量位居各省前列，其排放量占到全国的 43.95%，是农业源化学需氧量排放控制的重点地区，海河流域、长江流域和淮河流域则是农业源化学需氧量控制的重点流域，这三个流域的排放量占到全国的 64.89%。

（3）2007 年，全国农业源总氮的流失（排放量）为 270.46 万吨，种植业是农业源总氮流失的主要来源，占到全国农业源总量的 59.08%，是我国农业源总氮控制的重点。

山东省、河南省和河北省是农业源总氮流失（排放）最大的三个省，其流失量占到全国的 32.25%，是农业源总氮控制的重点省份，长江、淮河和海河流域则是流域农业源总氮控制的重点流域，这三个流域的流失（排放）量占到全国的 61.68%。

（4）2007 年，全国农业源总磷的流失（排放）总量为 28.47 万吨，其中畜禽养殖业占到流失（排放）总量的 56.34%，是农业源总磷控制的重点。

山东省、河南省和广东省也是农业源总磷流失（排放）的重点省份，其流失（排放）总量占到全国的 38.34%，长江、海河和淮河流域则是农业源总磷控制的重点流域，其流失（排放）量占到全国的 63.41%。

（5）2007 年，全国农业源铜的排放量为 2452.09 吨，其中 97.76% 来源于畜禽养殖业。河南省、广东省和山东省是排放的大户，长江流域、淮河流域和珠江流域是排放的重点流域。

（6）2007年，全国农业源锌的排放量为4862.58吨，其中97.83%来源于畜禽养殖业。山东省、河南省和福建省是排放的大户，长江流域、淮河流域和海河流域是排放的重点流域。

（7）2007年，全国农业源氨氮的流失（排放）总量为31.43万吨，其中种植业占到48.7%，畜禽养殖业占到44.0%，是农业源氨氮控制的重点。

河南省、广东省和湖北省是农业源氨氮流失（排放）的重点省份，其流失（排放）总量占到全国的23.4%，长江、珠江和海河流域则是农业源氨氮控制的重点流域，其流失（排放）量占到全国的62.66%。

（8）从全国总体来看，水产养殖业排放污染物量占全国农业源污染物排放量的比例很小，但在局部水域，水产养殖依然可能是其水体污染的主要来源，不应予以忽视。

第6章 生活源普查结果分析

6.1 生活源普查对象基本情况

根据普查技术规定要求，本次普查的生活源普查对象包括：第三产业中具有一定规模的住宿业、餐饮业、居民服务和其他服务业（包括洗染服务业、理发及美容保健服务业、洗浴服务业、摄影扩印服务业和汽车、摩托车维护与保养业）、医院、有独立燃烧设施的单位（除第二产业中纳入工业源普查对象以外）和机动车，城镇居民生活污染源普查对象为设区城市的区、县城（县级市）、建制镇（不包括村庄和集镇）。本章 6.1 ~ 6.8 节所述普查情况均不包括重点流域农村生活源，其相关情况详见本章 6.9 节。

从普查对象数量总体情况分析，本次普查的各类生活源（不含机动车）共 1445644 个。其中，住宿业 100084 个，餐饮业 749023 个，居民服务和其他居民服务业 486552 个 [包括：洗染服务业 10363 个、理发及美容保健服务业 339911 个、洗浴服务业 65198 个、摄影扩印服务业 9848 个、汽车摩托车维护与保养业（以下简称洗车业）61232 个]，医院 32000 个，独立燃烧设施 56654 家，城镇居民生活源共普查设区城市的区、县城（县级市）、建制镇（不包括村庄和集镇）合计 21331 个。

本次普查的城镇居民生活源所覆盖的区域城镇常驻人口数为 56895.34 万人。普查锅炉数量 161457 台。普查机动车 1.43 亿辆。

本次普查各类生活源数量见表 6-1-1。

表 6-1-1 生活源普查对象基本情况表（不含机动车）

生 活 源 类 别	年 实 际
1. 住宿业单位数 / 个	100084
2. 餐饮业单位数 / 个	749023
3. 居民服务和其他服务业单位数 / 个	486552
（1）其中：洗染服务业	10363
（2）其中：理发及美容保健服务业	339911
（3）其中：洗浴服务业	65198
（4）其中：摄影扩印服务业	9848
（5）其中：汽车、摩托车维护与保养业（洗车业）	61232
4. 医院 / 个	32000
5. 有独立燃烧设施单位 / 家	56654
6. 城镇居民生活普查的市区、县城、建制镇 / 个	21331

全国生活污染源普查对象主要集中在餐饮业、理发及美容保健服务业和住宿业三大类中，分别占生活源普查对象的51.81%、23.51%及6.92%。其他如洗浴服务业占4.51%，洗车业占4.24%，独立燃烧设施占3.92%，医院占2.21%，城镇居民生活占1.48%，洗染服务业占0.72%，摄影扩印服务业占0.68%。见图6-1-1。

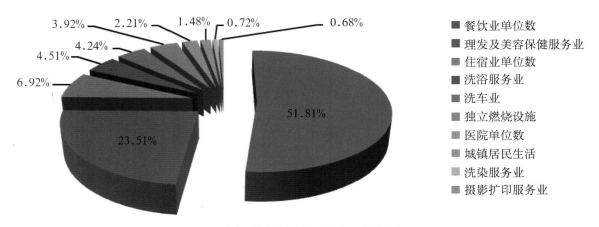

图 6-1-1　生活源分类别普查对象数比例

从区域分布图6-1-2来看，广东和四川的生活源数量（不含机动车）较多，都超过了10万家，普查对象数量和占全国生活源普查对象总量的比例分别为广东143056家、占9.9，四川103669家、占7.17%。而天津、宁夏、海南、青海和西藏5省生活源数量均小于2万家，占全国生活源比重也均小于1%，分别是：天津12908家、占0.89%，宁夏10609家、占0.73%，海南9160家、占0.63%，青海8441家、占0.58%，西藏3205家、占0.22%。

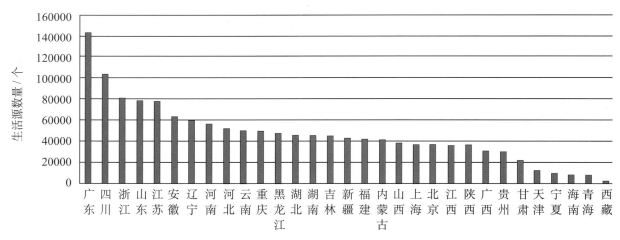

图 6-1-2　全国各地区生活源数量分布图

全国各地区各类生活源数量分布情况详见表 6-1-2。

表 6-1-2　全国各地区各类生活源数量分布表　　　　　　　　　　单位：个

地　区	合计	住宿业	餐饮业	居民服务和其他服务业					医院	独立燃烧设施	城镇居民生活	辖区内城镇常住人口／万人
				洗染业	理发业	洗浴业	扩印业	洗车业				
北　京	37386	4548	17483	242	8403	1536	382	1704	488	2555	45	1302.721
天　津	12908	538	6507	113	3026	1032	115	565	277	602	133	759.137
河　北	52591	3233	24203	326	8312	2746	363	2326	1680	8406	996	2592.608
山　西	38271	2346	16217	231	7071	1492	284	1333	1095	7609	593	1383.355
内蒙古	41571	2275	23113	103	8301	1762	144	1339	502	3536	496	1184.903
辽　宁	59552	2692	30660	711	10768	5972	469	2476	1188	3944	672	2504.620
吉　林	45648	1794	26220	335	8049	3034	154	1734	610	3252	466	1455.073
黑龙江	48110	1542	26903	221	7913	3223	190	1224	860	5406	628	2086.303
上　海	37417	2688	16455	515	12556	2402	222	1737	517	275	50	1750.276
江　苏	78269	5715	37128	850	15464	11396	636	3422	2210	365	1083	3866.370
浙　江	81449	7521	34178	816	27136	4228	498	4954	920	347	851	3039.033
安　徽	63325	2836	36170	361	13230	5442	250	2302	1517	245	972	2264.992
福　建	42037	2731	22721	344	11840	685	392	1931	708	25	660	1772.365
江　西	36748	2671	20506	185	9103	634	150	1684	805	174	836	1456.502
山　东	78656	5085	45436	556	12579	4247	689	3468	2376	2738	1482	3920.448
河　南	56481	3387	28006	484	13634	4366	360	1801	2613	854	976	3044.402
湖　北	46082	3274	23644	421	12745	1068	204	1930	1378	537	881	2686.109
湖　南	45778	4164	23273	390	11220	831	249	2490	1430	563	1168	2455.064
广　东	143056	10293	72610	864	45012	2271	1778	7248	1663	58	1259	5858.372
广　西	31307	3606	14527	160	9409	176	267	1526	832	63	741	1397.772
海　南	9160	1106	4754	62	2408	36	45	356	187	1	205	391.407
重　庆	50112	2238	29484	368	13861	585	166	1743	814	228	625	1158.487
四　川	103669	6579	60221	687	26407	825	442	3847	2313	517	1831	2563.236
贵　州	30416	1717	17124	251	6605	1114	213	1737	767	111	777	975.468
云　南	50307	6531	30956	259	7433	480	371	2268	1280	125	604	1383.651
西　藏	3205	566	1819	5	437	50	26	11	86	16	189	100.673
陕　西	36406	2784	17329	181	7702	1666	174	1517	936	3156	961	1347.524
甘　肃	23067	1787	10909	92	4544	631	190	897	543	3000	474	796.485
青　海	8441	768	3956	14	1426	159	73	180	138	1587	140	226.830
宁　夏	10609	514	5156	22	2796	243	36	456	175	1102	109	272.097
新　疆	43610	2555	21355	194	10521	866	316	1026	1092	5257	428	899.060
全　国	1445644	100084	749023	10363	339911	65198	9848	61232	32000	56654	21331	56895.339

本次普查所划定的 10 个重点流域覆盖了全部行政区划，从全国各流域的生活源数量来看，长江流域、珠江流域、淮河流域、海河流域、黄河流域和东南诸河流域的生活源数量较大，这六大流域的生活源之和为 119.67 万个，占本次普查的 82.78%。其中，长江区的比重最大，占 32.64%，见图 6-1-3。

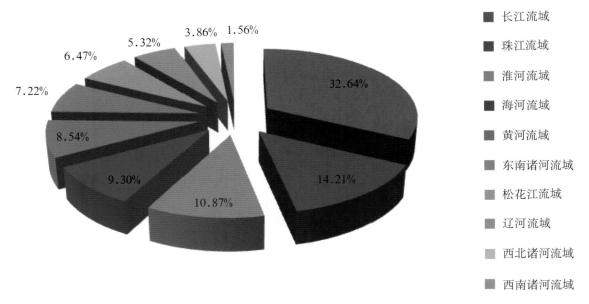

图 6-1-3　全国各流域生活源数量比例图

全国各流域各类生活源数量详见表 6-1-3。

表 6-1-3　全国各流域各类生活源数量分布表　　　　　　　　　　　单位：个

地　区	合计	住宿业	餐饮业	居民服务和其他服务业					医院	独立燃烧设施	城镇居民生活	辖区内城镇常住人口／万人
				洗染业	理发业	洗浴业	扩印业	洗车业				
松花江区	93559	3352	53340	510	15695	5960	349	2894	1436	8953	1070	3484.65
辽河区	76916	3457	40682	800	13718	7061	523	2926	1471	5340	938	3038.56
海河区	134452	10054	63524	914	25843	7029	1058	5554	3505	15182	1789	6110.83
黄河区	123522	8077	59970	539	25677	4906	756	4728	2979	13946	1944	4317.20
淮河区	157091	8938	84947	1117	29595	14592	1070	5995	5487	2491	2859	7818.69
长江区	471795	33774	251609	3916	119250	18147	2482	21044	10604	3357	7612	17835.63
东南诸河区	104409	8473	48341	1050	33960	3271	768	5553	1388	248	1357	4175.16
珠江区	205479	17070	105485	1190	60244	2849	2254	10344	3215	195	2633	8284.14
西南诸河区	22597	3233	13800	90	3197	176	186	842	600	38	435	540.11
西北诸河区	55824	3656	27325	237	12732	1207	402	1352	1315	6904	694	1290.36
合　计	1445644	100084	749023	10363	339911	65198	9848	61232	32000	56654	21331	56895.34

6.2 生活源能源消费情况

6.2.1 总体情况

本次普查生活源能源消费量中，煤炭消费量为 1.88 亿吨，燃料油消费量为 1250.09 万吨，锅炉燃气消费量为 27.84 亿米^3，锅炉生物质燃料消费量为 177.97 万吨标煤。

全国各地区生活源能源消耗情况详见表 6-2-1。

表 6-2-1　全国各地区生活源能源消耗情况

地　区	煤炭消费量 / 万吨	燃料油消费量 / 万吨	锅炉燃气消费量 / 万米^3	锅炉生物质燃料消费量 / 万吨标煤
北　京	563.86	16.23	102926.70	0.64
天　津	218.00	15.96	4743.95	87.24
河　北	1599.82	76.74	2717.17	0.00
山　西	1369.25	15.24	12970.59	0.00
内蒙古	1282.17	48.02	3191.72	4.89
辽　宁	1031.67	19.48	475.18	1.97
吉　林	883.53	28.79	1467.85	1.05
黑龙江	1681.39	72.35	2708.58	9.04
上　海	21.13	58.47	23066.93	3.48
江　苏	451.36	59.53	8423.83	14.01
浙　江	140.55	89.60	4807.99	2.03
安　徽	644.50	21.19	1677.57	7.80
福　建	285.19	48.33	37.60	0.92
江　西	265.75	32.45	1023.17	16.28
山　东	1571.09	120.35	4160.93	3.78
河　南	1497.66	31.72	3862.70	16.70
湖　北	545.79	87.62	4901.70	0.39
湖　南	749.08	63.48	6006.37	2.92
广　东	98.39	120.22	799.75	2.04
广　西	103.39	53.06	228.81	1.80
海　南	1.30	0.30	798.40	0.03
重　庆	161.13	3.97	3259.86	0.00
四　川	422.43	20.32	12250.46	0.56
贵　州	342.68	6.52	3768.81	0.03
云　南	315.66	56.52	284.34	0.36
西　藏	10.25	1.49	0	0
陕　西	774.45	55.13	19867.28	0.02
甘　肃	636.30	8.72	13697.50	0
青　海	127.59	3.45	27286.47	0
宁　夏	247.95	2.96	1621.06	0
新　疆	713.98	11.89	5368.22	0
全　国	18757.28	1250.09	278401.47	177.97

6.2.2 城镇居民生活燃气消费情况

城镇居民生活管道煤气消费量为 58.19 亿米^3，天然气消费量为 96.12 亿米^3，石油液化气消费量为 2382.40 万吨。

全国各地区城镇居民生活能源消费量详见表 6-2-2。

表 6-2-2　全国各地区城镇居民生活能源消费量

地　区	管道煤气消费量／万米^3	天然气消费量／万米^3	液化石油气消费量／万吨
北　京	0.00	85891.06	20.39
天　津	4633.45	34822.68	144.61
河　北	32418.65	13931.44	156.36
山　西	56204.49	10326.75	22.90
内蒙古	3000.57	6338.74	43.88
辽　宁	59591.92	14742.07	126.39
吉　林	11316.06	8404.49	22.35
黑龙江	16262.54	4467.42	89.73
上　海	175431.01	126657.12	27.96
江　苏	28458.28	74454.31	301.76
浙　江	7960.45	26503.34	106.55
安　徽	4394.24	18980.58	79.34
福　建	4009.83	140.24	104.88
江　西	12705.94	3323.01	53.60
山　东	11043.42	51990.66	109.64
河　南	52675.61	66459.38	102.11
湖　北	8555.54	31402.94	60.86
湖　南	7230.37	28355.73	72.18
广　东	24984.51	32920.18	281.20
广　西	3872.31	1003.59	74.84
海　南	1065.68	854.75	8.54
重　庆	1968.93	70695.86	16.61
四　川	2931.47	149094.35	103.87
贵　州	34449.47	1224.17	17.25
云　南	13343.11	681.20	42.76
西　藏	0.00	0.00	3.42
陕　西	47.11	49967.17	28.27
甘　肃	2935.09	6843.18	11.30
青　海	0.00	10364.96	4.47
宁　夏	446.26	6809.72	2.81
新　疆	8.06	23541.93	141.56
全　国	581944.37	961193.02	2382.39

表 6-2-3　全国各地区各类生活源锅炉数及额定出力

地 区	住宿业		餐饮业		居民服务和其他服务业		医　院		独立燃烧设施	
	锅炉数／个	额定出力／兆瓦	锅炉数／个	额定出力／兆瓦	锅炉数／个	额定出力／兆瓦	锅炉数／个	额定出力／兆瓦	锅炉数／个	额定出力／兆瓦
北 京	1366	2377.76	451	244.33	959	580.24	428	991.46	5277	14117.58
天 津	119	151.77	250	122.09	443	995.26	206	460.40	745	1628.96
河 北	840	2481.77	1104	824.12	2162	1746.12	1141	2169.45	9927	24533.30
山 西	1474	1547.84	1354	1113.08	1201	819.69	717	1135.48	8960	16384.68
内蒙古	865	776.31	3618	635.74	2186	792.60	352	673.17	4715	9967.61
辽 宁	532	743.84	968	885.74	4296	3010.91	735	1212.80	4561	12412.62
吉 林	488	569.97	480	226.48	2697	1907.81	429	1839.06	3756	7647.42
黑龙江	483	1598.94	1666	482.25	3330	1693.67	529	2290.13	6368	12084.99
上 海	1109	2765.00	175	14947.83	1753	3128.81	243	649.47	548	1707.75
江 苏	893	996.41	1072	391.99	7352	3031.95	317	640.01	558	1059.07
浙 江	2282	1742.59	535	606.86	2205	1773.25	336	748.09	468	575.61
安 徽	447	797.01	304	677.65	4368	2706.84	217	421.30	312	673.90
福 建	154	195.83	33	25.64	64	52.10	58	53.53	35	43.34
江 西	342	281.43	62	31.68	245	105.51	68	821.66	196	210.97
山 东	570	746.92	323	280.67	2991	1988.27	883	1684.67	3144	6671.08
河 南	702	1467.01	246	443.98	3339	4208.64	636	2046.33	1023	2809.27
湖 北	496	518.28	154	157.18	381	188.81	252	575.48	681	1225.15
湖 南	1230	1248.43	208	205.36	329	1187.41	280	542.24	608	687.05
广 东	721	3960.68	448	1103.59	288	432.48	184	571.79	70	165.86
广 西	509	2341.84	60	28.62	25	22.02	177	158.94	67	62.65
海 南	82	93.80	8	4.20	2	1.20	12	11.59	1	1.40
重 庆	388	227.07	44	14.06	79	29.01	107	84.93	270	252.48
四 川	1043	1642.95	129	407.54	219	1322.43	315	764.88	610	642.73
贵 州	159	141.92	33	28.04	718	886.46	113	169.00	130	227.21
云 南	501	336.20	214	59.60	187	118.96	129	112.19	156	189.02
西 藏	27	34.32	3	52.20	16	23.16	2	2.30	18	17.18
陕 西	911	9840.10	432	650.20	868	6126.04	503	952.95	4067	21296.42
甘 肃	659	7304.69	373	168.89	383	236.88	382	754.38	4097	10474.48
青 海	419	474.20	148	87.22	106	70.68	138	278.43	2111	4084.92
宁 夏	177	192.89	115	53.12	164	112.71	133	301.62	1419	4482.40
新 疆	898	739.22	471	217.28	591	298.10	420	722.62	5803	9474.18
全 国	20886	48336.97	15481	25177.21	43947	39598.05	10442	23840.34	70701	165811.25

6.2.3　锅炉

普查生活源锅炉数量为161457个，总额定出力为302763.82兆瓦。其中独立燃烧设施锅炉（即非营业性锅炉）数70701个，额定出力165811.25兆瓦；医院中锅炉10442个，23840.34兆瓦；居民服务及其他居民服务业中锅炉 43947 个，额定出力 39598.05 兆瓦；住宿业中锅炉 20885 个，48336.27 兆瓦；餐饮业中锅炉 15482 个，25177.91 兆瓦。全国各地区各类生活源锅炉数及锅炉总额定出力情况详见表 6-2-3。

6.3 生活源用水、污水及污染物产生与排放情况

6.3.1 用水及污水排放情况

本次普查生活源用水总量 398.53 亿吨，污水排放量 343.3 亿吨，污水实际处理量 5.07 亿吨，污水处理设施总投资 275.02 亿元，年运行费用 62.43 亿元。

6.3.1.1 用水总量

本次普查全国生活源用水总量为 398.53 亿吨。其中，广东省的生活源用水总量达到了 56.05 亿吨，占全国生活源用水总量的 14.06%，明显高于全国其他省份。此外，江苏、浙江、山东、湖南、湖北、河南、上海、安徽、四川、辽宁、河北、福建、黑龙江、江西和广西的生活源用水量也都超过了 10 亿吨，以上 16 个省的用水总量占全国生活源用水总量的比重达到了 79.19%。

海南、青海、宁夏、西藏的用水量最少，四省（自治区）之和仅占全国生活源用水总量的 1.73%。图 6-3-1 为生活源用水总量排名前 16 位的省份的用水情况。

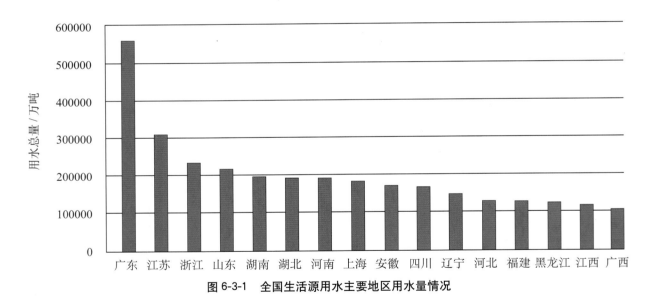

图 6-3-1　全国生活源用水主要地区用水量情况

从各类生活源用水量分析，生活源 91.90% 的用水来自于城镇居民生活，用水量达 366.24 亿吨。此外，餐饮业占 3.39%，为 13.53 亿吨；住宿业占 2.01%，为 8.03 亿吨；医院占 1.64%，为 6.54 亿吨。其余各类，如洗浴服务业、理发及美容保健服务业、洗车业、洗染服务业和摄影扩印服务业所占比例均不超过 1%。各类生活源用水量比例见图 6-3-2。

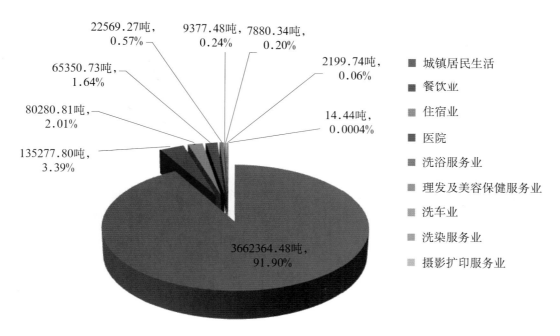

图 6-3-2　全国各类生活源用水比例图

在 10 大流域的生活源用水量中，长江流域用水量最大，为 137.35 亿吨，占全国各流域总量的 34.46%，珠江流域和淮河流域的用水量占各流域总量的比例也都超过了 10%，分别为 18.45% 和 12.18%，用水量为 73.51 亿吨和 48.55 亿吨。此外，用水量前五位的长江流域、珠江流域、淮河流域、海河流域和东南诸河流域用水总量之和达 326.59 亿吨，所占比例之和为各流域总用水量的 81.95%。全国各流域生活源用水量及所占比例如图 6-3-3 所示。

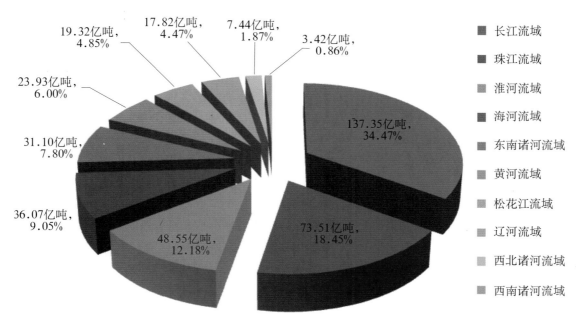

图 6-3-3　全国各流域生活源用水总量及所占比例图

6.3.1.2 污水排放情况

本次普查全国生活源污水排放总量为 343.3 亿吨。与生活源用水量相同，广东、江苏等用水大省在生活源污水排放量方面排名靠前，其中广东省生活污水排放量为 41.37 亿吨，占全国的 12.05%，江苏为 26.9 亿吨，占全国的 7.84%；山东、浙江、河南、湖北、湖南、四川、安徽、上海、辽宁、河北、福建、黑龙江、江西和广西的生活源污水排放量也达到或接近 10 亿吨，这 16 个省份的生活源污水排放总量之和占全国生活源污水排放总量的 79.71%。而宁夏、青海、西藏，其污水排放量之和也仅为 2.6 亿吨，占全国比重为 0.76%。图 6-3-4 为生活源污水排放量排名前 16 位的省份的污水排放情况。

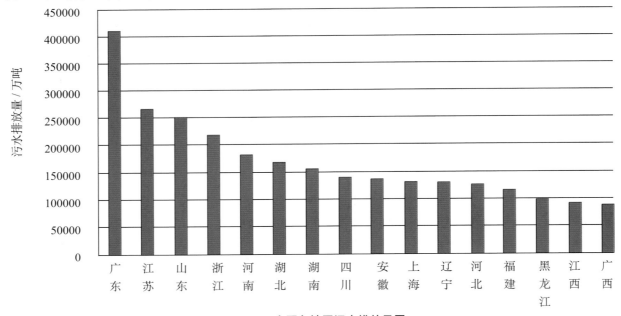

图 6-3-4 全国各地区污水排放量图

按生活源类别分析，城镇居民生活源的污水排放量占全国比重超过九成，为 91.56%，其他各类生活源的污水排放量的比重总和不超过 1 成，分别为：餐饮业 3.47%，住宿业 2.16%，医院 1.64%，洗浴服务业 0.63%，理发及美容保健业 0.26%，汽车、摩托车维护与保养业（洗车业）0.22%，洗染服务业 0.06%，摄影扩印服务业污水排放量仅占全国生活源污水排放总量的 0.0004%。见图 6-3-5。

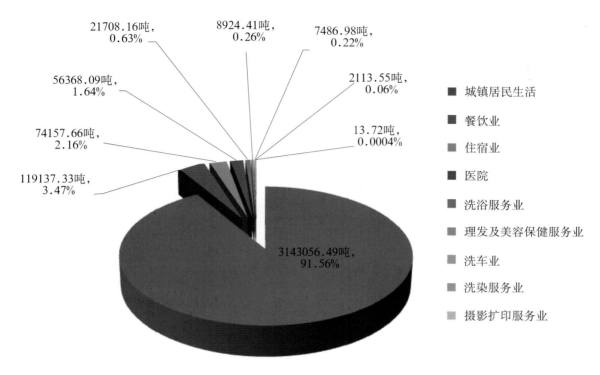

图 6-3-5 各类生活源污水排放量

从全国各流域的情况分析，长江流域、珠江流域和淮河流域的生活污水排放量排名前三，分别为 112.66 亿吨、56.22 亿吨和 49.30 亿吨，三大流域之和占各流域生活源污水排放总量的 63.55%。西北诸河区和西南诸河区的生活源污水排放量占各流域总量的比重较小，分别占 1.62% 和 0.82%。全国各流域生活源污水排放量及所占比例如图 6-3-6 所示。

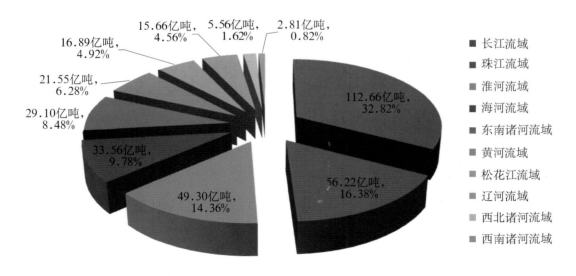

图 6-3-6 全国各流域生活源污水排放量及所占比例

全国各地区用水量、污水产生、处理与排放量详见表 6-3-1。

表 6-3-1　全国各地区用水量、污水产生、处理与排放量

地　区	用水总量 / 万吨	污水产生量 / 万吨	污水实际处理量 / 万吨	污水排放量 / 万吨
北　京	95360.56	81840.08	2342.00	81840.08
天　津	50342.24	42938.19	743.56	42938.19
河　北	129134.33	127069.21	1329.02	127069.21
山　西	80112.74	70636.78	1055.19	70636.78
内蒙古	54996.04	55819.08	307.38	55819.08
辽　宁	147202.97	131666.36	1597.17	131666.36
吉　林	78022.54	71947.43	515.12	71947.43
黑龙江	122680.63	99637.51	865.76	99637.51
上　海	181636.26	132471.12	3897.80	132471.12
江　苏	307940.73	269016.18	3807.62	269016.18
浙　江	233235.75	219790.20	3236.81	219790.20
安　徽	168269.43	139430.05	1260.84	139430.05
福　建	127731.58	117670.23	1394.55	117670.23
江　西	115650.24	93256.69	1085.68	93256.69
山　东	216517.23	254765.15	2482.80	254765.15
河　南	189599.62	182126.78	1679.94	182126.78
湖　北	192048.67	168471.87	1845.26	168471.87
湖　南	194963.96	157533.05	1632.76	157533.05
广　东	560531.57	413678.08	9799.19	413678.08
广　西	103385.82	89180.00	1343.34	89180.00
海　南	30212.73	24756.78	611.67	24756.78
重　庆	81735.51	63515.48	2013.68	63515.48
四　川	165474.02	140690.45	1887.37	140690.45
贵　州	58302.13	49702.78	610.80	49702.78
云　南	88840.44	75976.56	1031.47	75976.56
西　藏	5673.55	4165.52	44.43	4165.52
陕　西	74247.89	60521.40	804.02	60521.40
甘　肃	46530.02	34167.21	397.84	34167.21
青　海	16905.71	9961.91	176.53	9961.91
宁　夏	16096.33	11893.85	184.26	11893.85
新　疆	51933.85	38670.41	709.09	38670.41
全　国	3985315.08	3432966.40	50692.96	3432966.40

注：此表中的生活源污水处理量和排放量是指生活源污水经单位自身的污水处理设施处理的量和处理后排放的量，不包括生活源污水在城镇集中式污染治理设施处理的量和处理过程中的削减及回用量。本章下同。

全国各类生活源用水量、污水产生、处理与排放量详见表 6-3-2。

表 6-3-2　全国各类生活源用水量、污水产生、处理与排放量

行业类别	用水总量／万吨	污水产生量／万吨	污水处理设施处理能力／（吨／日）	污水处理设施总投资／万元	污水实际处理量／万吨	污水处理设施运行费用／万元	污水排放量／万吨
住宿业	80280.81	74157.66	831548.34	334796.29	9474.74	45804.39	74157.66
餐饮业	135277.80	119137.33	402588.01	194692.00	4635.29	60431.31	119137.33
洗染服务业	2199.74	2113.55	13393.45	3911.29	179.45	453.15	2113.55
理发及美容保健服务业	9377.48	8924.41	16514.32	267.21	33.70	55.65	8924.41
洗浴服务业	22569.27	21708.16	97790.54	24805.73	354.97	7054.52	21708.16
摄影扩印服务业	14.44	13.72	419.21	11.10	2.32	3.35	13.72
洗车业	7880.34	7486.98	39896.99	109004.40	196.09	5711.14	7486.98
医院	65350.73	56368.09	2887093.86	2082737.80	35816.41	524760.07	56368.09
城镇居民生活	3662364.48	3143056.49	0	0	0	0	3143056.49
合　计	3985315.08	3432966.40	4289244.72	2750225.81	50692.96	644273.59	3432966.40

注：此表中的生活源污水处理设施是指生活源单位自身拥有的污水处理设施，不包括城镇集中式污染治理设施。

全国各流域生活源用水量、污水产生、处理与排放量详见表 6-3-3。

表 6-3-3　全国各流域生活源用水量、污水产生、处理与排放量

行业类别	用水总量／万吨	污水产生量／万吨	污水实际处理量／万吨	污水排放量／万吨
松花江区	193231.24	168850.76	1336.13	168850.76
辽河区	178230.82	156568.86	1758.06	156568.86
海河区	360742.00	335643.11	5302.39	335643.11
黄河区	239293.99	215510.85	2706.06	215510.85
淮河区	485513.05	492951.96	4482.79	492951.96
长江区	1373507.74	1126623.10	17911.79	1126623.10
东南诸河区	311034.15	290972.15	3998.71	290972.15
珠江区	735118.59	562222.01	12121.48	562222.01
西南诸河区	34197.30	28068.34	220.76	28068.34
西北诸河区	74446.21	55555.26	854.80	55555.26
合　计	3985315.08	3432966.40	50692.96	3432966.40

6.3.2 污水污染物产生与排放情况

6.3.2.1 总体情况

表6-3-4给出了2007年全国生活源污水中各类主要污染物的产生与排放情况。从中可知，2007年全国生活源废水化学需氧量产生总量为1776.62万吨，排放量为1547.85万吨，平均削减率12.88%（此处的削减率是指生活源污水经单位自身的污水处理设施削减的量，不包括污水在城镇集中式污染治理设施中的削减量，下同）；五日生化需氧量产生总量为607.66万吨，排放总量为516.20万吨，平均削减率为15.05%；总磷产生总量为20.59万吨，排放总量为18.33万吨，平均削减率为10.96%；动植物油产生总量为81.02万吨，排放总量为75.78万吨，平均削减率为6.47%；氨氮产生总量为181.42万吨，排放总量为176.94万吨，平均削减率为2.47%；总氮产生总量为260.22万吨，排放总量为231.25万吨，平均削减率为11.13%；石油类产生总量为418.40吨，排放总量为408.95吨，平均削减率为2.26%；汞产生总量为71.31千克，排放总量为66.00千克，平均削减率为7.45%；铅、氰化物和总铬的削减率均为0，产生总量分别为827.04千克、14.57千克和5.04千克。

表6-3-4　生活源污水污染物产生与排放情况汇总表

污染物指标	计量单位	产生量	排放量	削减量	削减率/%
化学需氧量	吨	17766169.84	15478548.91	2287620.93	12.88
五日生化需氧量	吨	6076629.40	5162059.25	914570.15	15.05
总磷	吨	205868.23	183303.88	22564.34	10.96
动植物油	吨	810228.10	757834.64	52393.46	6.47
氨氮	吨	1814241.01	1769411.68	44829.33	2.47
总氮	吨	2602232.16	2312499.81	289732.35	11.13
石油类	吨	418.40	408.95	9.45	2.26
铅	千克	827.04	827.04	0.00	0.00
汞	千克	71.31	66.00	5.31	7.45
氰化物	千克	14.57	14.57	0.00	0.00
铬	千克	5.04	5.04	0.00	0.00

注：此表中的生活源污水污染物削减量是指生活源污水经企业或单位自身的污水处理设施削减的量，不包括生活源污水在城镇集中式污染治理设施中的削减量。本章下同。

6.3.2.2 化学需氧量

全国各省生活源污水 COD 排放量范围在 2.42 万～167.18 万吨，广东最多，为 167.18 万吨，占全部生活源 COD 排放量的 10.80%，最低的是西藏，仅 2.42 万吨。此外，江苏、山东、浙江、四川、河南、湖北、湖南、辽宁、河北、安徽、上海、黑龙江、福建、云南、北京、江西和广西等省的生活源 COD 排放量也排名靠前，这 18 个省的 COD 排放量之和占全国生活源 COD 排放总量的 81.52%。从 COD 的削减率来看，重庆最高，为 15.11%，云南最低，为 9.84%，其他省份均超过了 10%。生活源 COD 排放量占全国 80% 的省份的排放量见图 6-3-7。

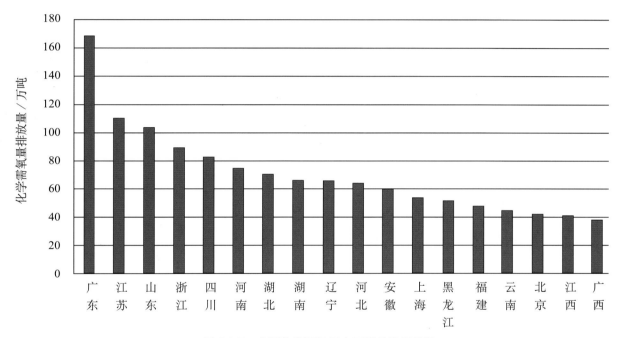

图 6-3-7　全国化学需氧量主要排放地区情况

在纳入普查的各类生活源中（不含机动车，下同），各类生活源的 COD 排放量高低顺序依次为：城镇居民生活源＞餐饮业 ＞住宿业＞医院＞居民服务业和其他服务业。其中，城镇居民生活源的 COD 排放量为 1226.42 万吨，占全国生活源 COD 排放总量的 79.23%；餐饮业的 COD 排放量为 256.40 吨，占全国生活源 COD 排放总量的 16.56%。如果不计算城镇居民生活的 COD 排放量，则在其他部分中，餐饮业排放的 COD 量的比重上升为 79.77%，在第三产业中占很大比重，见图 6-3-8。

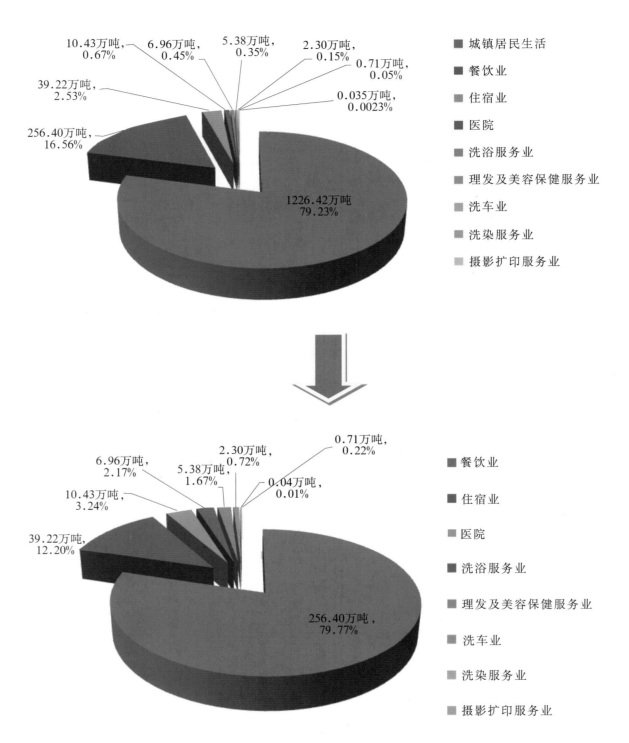

图 6-3-8　全国各类生活源化学需氧量排放量比例图

全国各流域生活源污水化学需氧量排放量范围在 17.09 万～ 509.53 万吨，排名前四位的长江区、珠江区、淮河区和海河区的生活源化学需氧量排放量之和占全国各流域生活源化学需氧量排放量的

71.42%，长江区最高，占32.92%。见图6-3-9。

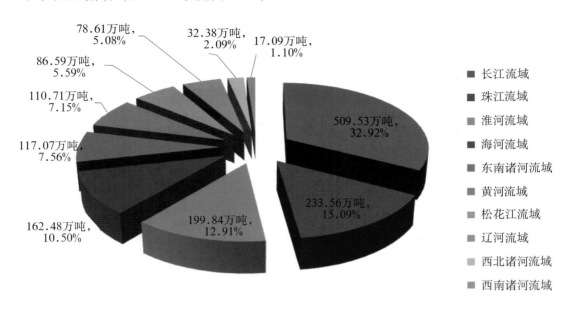

图 6-3-9　全国各流域化学需氧量排放量图

6.3.2.3　总磷

全国生活源污水总磷排放量范围在260.77～21440.49吨，广东最多，西藏最少。排名靠前的广东、江苏、山东、浙江、四川、河南、辽宁、河北、湖北、上海、湖南、福建、安徽、黑龙江、云南、广西和北京等17个省总磷排放量之和占全国生活源总磷排放量的79.72%。见图6-3-10。

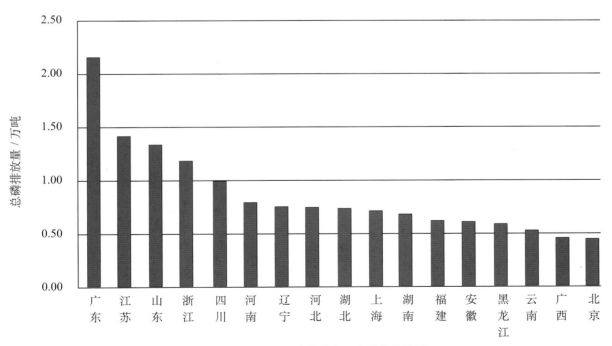

图 6-3-10　全国总磷排放主要省份排放量图

在纳入普查的各类生活源中，各类生活源的总磷产、排量高低顺序依次为：城镇居民生活源＞餐饮业＞住宿业＞医院＞居民服务业和其他服务业。其中，城镇居民生活源的总磷排放量为16.95万吨，占全国生活源总磷排放总量的92.46%；餐饮业的总磷排放量为0.88万吨，占全国生活源总磷排放总量的4.82%。如果减去城镇居民生活的总磷排放量，则在其他部分中，餐饮业排放的总磷量的比重上升为63.84%，在第三产业中占很大比重，住宿业和医院在除城镇居民生活的生活源中总磷排放量比重也超过了10%。见图6-3-11。

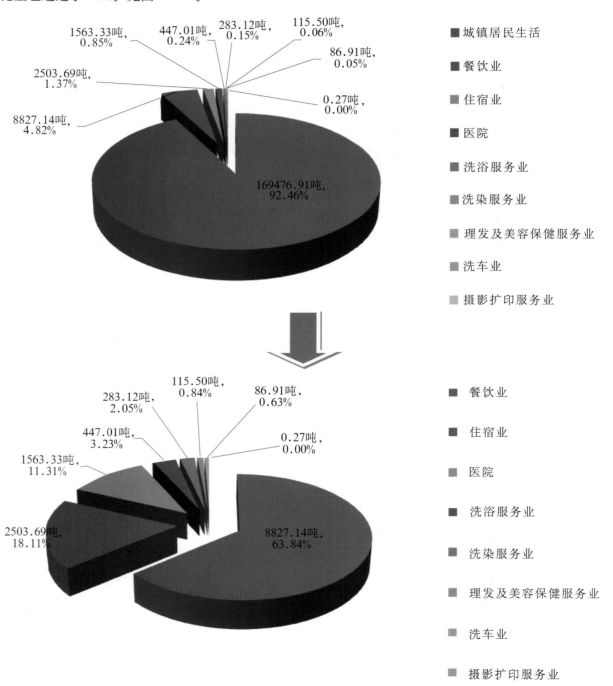

图 6-3-11　全国各类生活源总磷排放量情况

全国各流域生活源污水总磷排放量范围在 0.18 万～5.94 万吨，排序与产生量一致，排名前四位的流域总磷排放量占全国各流域生活源总磷排放的 71.52%，长江区最高，占 32.42%。见图 6-3-12。

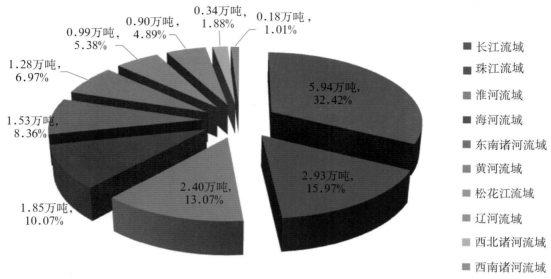

图 6-3-12　全国各流域总磷排放量情况

6.3.2.4　总氮

全国生活源污水总氮排放量范围在 0.37 万～25.25 万吨，广东最多，西藏最少。排名靠前的广东、江苏、山东、浙江、河南、四川、辽宁、湖北、河北、湖南、安徽、上海、黑龙江、福建、北京、吉林和云南等 17 个省总氮排放量之和占全国生活源总氮排放量的 79.14%。见图 6-3-13。

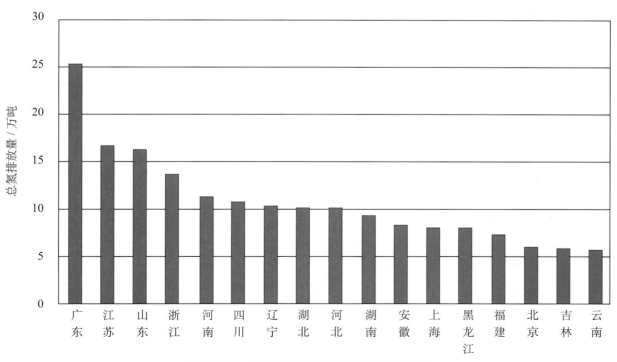

图 6-3-13　全国总氮主要排放地区排放量情况

在纳入普查的各类生活源中，各类生活源的总氮排放量高低顺序依次为：城镇居民生活源＞餐饮业＞医院＞住宿业＞居民服务业和其他服务业。其中，城镇居民生活源的总氮排放量为 220.72 万吨，占全国生活源总氮排放总量的 95.45%；餐饮业的总氮排放量为 5.73 万吨，占全国生活源总氮排放总量的 2.48%。如果减去城镇居民生活的总氮排放量，则在其他部分中，餐饮业排放的总磷量的比重上升为 54.45%，在第三产业中占很大比重，医院和住宿业在除城镇居民生活的生活源中总氮排放量比重也达到了近 20%。见图 6-3-14。

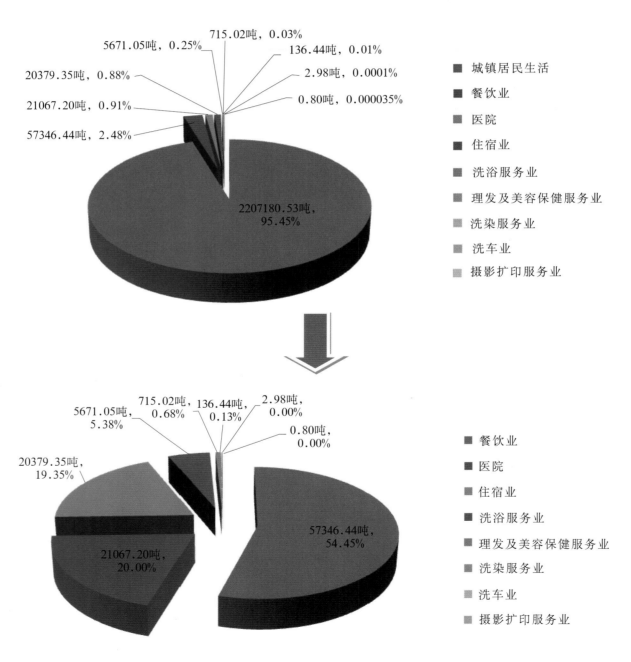

图 6-3-14　全国各类生活源总氮排放量情况

全国各流域生活源污水总氮排放量范围在 2.12 万～ 72.77 万吨，排序与产生量一致，排名前四位的流域总氮排放总量占全国各流域生活源总氮排放量的 70.67%，长江区最高，占 31.47%。见图 6-3-15。

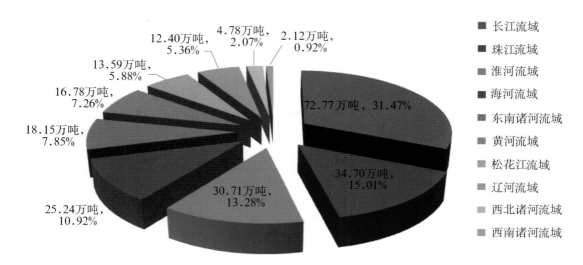

图 6-3-15　全国各流域总氮排放量情况

全国各地区废水污染物产生量与排放量情况详见表 6-3-5。

表 6-3-5　全国各地区废水污染物产生量与排放量

地　区	化学需氧量/吨		生化需氧量/吨		总磷/吨	
	产　量	排　量	产　量	排　量	产　量	排　量
北　京	484576.48	417983.84	153281.50	126240.40	5033.84	4477.68
天　津	245348.99	209418.03	87913.81	72592.27	2763.22	2447.09
河　北	727846.11	634863.99	241238.94	207729.39	8235.23	7358.10
山　西	411717.46	358115.64	136118.95	115969.89	4599.85	4101.32
内蒙古	347282.67	307968.75	105733.08	92007.22	3600.88	3246.39
辽　宁	752572.26	651566.31	256201.94	216608.33	8428.55	7509.16
吉　林	423653.04	371824.65	135943.81	117111.70	4690.19	4186.85
黑龙江	578916.53	505765.90	193043.69	166543.78	6522.35	5826.19
上　海	623098.04	534616.70	212639.82	176080.87	7972.61	7027.68
江　苏	1253480.24	1085477.97	442636.22	372444.42	15871.93	14056.72
浙　江	1029868.32	884228.75	359592.61	300105.63	13225.76	11671.34
安　徽	677500.07	596147.38	251692.15	215384.46	6708.32	6020.48
福　建	549972.00	476607.03	196486.63	166668.47	6883.75	6109.63
江　西	458403.87	401373.94	169411.44	143826.28	4563.10	4060.74
山　东	1185268.68	1028371.59	434854.61	368784.22	14907.19	13240.00
河　南	847483.47	741710.87	335100.93	288262.98	8674.54	7791.15
湖　北	801017.59	694788.98	310839.10	265099.28	8210.59	7329.60
湖　南	754742.58	656816.45	284278.78	241465.64	7652.31	6812.72
广　东	1941676.28	1671825.57	670236.43	563995.73	24226.33	21440.49
广　西	428188.07	376673.50	148400.30	126931.25	5030.43	4508.51
海　南	114807.44	101574.85	39039.08	33937.83	1300.64	1169.15
重　庆	421152.43	357517.34	116807.40	98850.82	5007.12	4396.88
四　川	915484.83	817728.05	260086.31	222863.37	10944.56	9823.60
贵　州	283216.34	253356.10	85141.90	74170.86	3560.00	3219.33
云　南	489779.64	441607.40	129155.69	112684.92	5699.98	5123.88
西　藏	26924.42	24202.36	7872.00	6865.39	288.87	260.77
陕　西	382617.78	334517.02	126934.48	108575.48	4513.22	4022.72
甘　肃	215745.47	190148.00	69916.50	60224.35	2495.82	2234.08
青　海	62581.09	55226.16	20101.62	17303.88	723.60	647.32
宁　夏	77049.23	68140.62	24118.15	20664.90	870.65	782.08
新　疆	254198.43	228385.15	71811.52	62065.25	2662.81	2402.25
全　国	17766169.84	15478548.91	6076629.40	5162059.25	205868.23	183303.88

地 区	动植物油/吨		氨氮/吨		总氮/吨	
	产 量	排 量	产 量	排 量	产 量	排 量
北 京	26752.83	24877.71	47654.99	46304.40	69571.88	61363.49
天 津	10729.82	9916.99	26792.47	26070.90	38759.61	34085.33
河 北	29889.41	28109.08	79390.56	77441.83	112845.02	100860.23
山 西	18105.23	16959.37	44104.17	42986.64	63122.49	56161.81
内蒙古	17631.22	16922.08	35260.61	34466.87	50433.30	45374.90
辽 宁	28201.75	26213.02	81247.49	79202.12	116808.24	103738.04
吉 林	16450.84	15469.66	44927.77	43811.75	64346.31	57364.52
黑龙江	20604.45	19239.71	63461.83	61890.72	90311.35	80629.97
上 海	27665.40	25389.00	63862.57	62067.87	92612.50	81595.85
江 苏	49471.92	46167.63	130575.14	127282.97	188466.72	166565.83
浙 江	42559.80	39084.45	107649.39	104770.13	155236.42	136961.79
安 徽	30434.59	28913.01	65063.65	63820.69	92841.41	83309.23
福 建	20993.28	19672.20	57751.97	56289.23	82598.27	73126.21
江 西	21208.14	20106.12	43436.65	42441.10	62390.75	55397.02
山 东	44909.88	42255.52	127542.43	124465.99	182706.39	162164.64
河 南	31040.24	29253.18	87637.20	85692.23	124753.00	111763.91
湖 北	31801.30	29739.30	79957.98	78277.08	113842.18	101465.97
湖 南	32529.20	30534.16	73120.34	71447.84	104727.80	93033.52
广 东	82095.35	73807.77	198628.40	193642.99	285727.58	252483.91
广 西	20266.51	19384.86	43333.18	42324.03	61650.31	55046.55
海 南	4746.19	4412.99	11496.97	11285.96	16342.79	14656.61
重 庆	30849.05	26844.39	37751.98	36601.33	54574.69	47559.30
四 川	64602.87	62209.32	83725.60	81676.35	120213.95	107165.73
贵 州	17003.43	16474.91	29338.66	28629.55	41569.97	37474.33
云 南	37068.18	35788.01	43842.36	42797.18	63293.19	56532.29
西 藏	1500.27	1441.68	2874.04	2811.81	4104.87	3694.60
陕 西	17612.66	16543.94	39952.65	38825.04	57218.51	50996.98
甘 肃	10549.32	9996.42	23189.97	22543.77	33112.18	29648.01
青 海	3161.83	3010.79	6638.95	6452.40	9476.70	8481.45
宁 夏	4204.95	4029.13	7989.92	7749.14	11426.40	10282.24
新 疆	15588.19	15068.24	26041.12	25341.76	37147.38	33515.53
全 国	810228.10	757834.64	1814241.01	1769411.68	2602232.16	2312499.81

地 区	铅/千克		汞/千克		氰化物/千克	
	产 量	排 量	产 量	排 量	产 量	排 量
北 京	22.88	22.88	2.13	1.95	0.70	0.70
天 津	7.08	7.08	0.94	0.85	0.26	0.26
河 北	18.06	18.06	3.14	2.89	0.40	0.40
山 西	16.56	16.56	1.84	1.71	0.47	0.47
内蒙古	16.84	16.84	1.30	1.22	0.24	0.24
辽 宁	20.45	20.45	3.31	3.06	0.56	0.56
吉 林	15.82	15.82	1.70	1.57	0.24	0.24
黑龙江	15.60	15.60	2.27	2.11	0.27	0.27
上 海	37.34	37.34	2.39	2.19	0.29	0.29
江 苏	42.67	42.67	4.45	4.07	0.99	0.99
浙 江	69.92	69.92	3.66	3.36	0.60	0.60
安 徽	31.15	31.15	2.53	2.36	0.30	0.30
福 建	31.90	31.90	1.75	1.62	0.63	0.63
江 西	25.53	25.53	1.74	1.61	0.22	0.22
山 东	26.34	26.34	5.09	4.73	0.90	0.90
河 南	29.49	29.49	4.11	3.83	0.42	0.42
湖 北	35.58	35.58	3.07	2.85	0.26	0.26
湖 南	32.14	32.14	3.03	2.81	0.35	0.35
广 东	130.47	130.47	5.69	5.27	2.43	2.43
广 西	23.09	23.09	2.00	1.84	1.40	1.40
海 南	6.29	6.29	0.39	0.37	0.09	0.09
重 庆	30.14	30.14	1.47	1.35	0.16	0.16
四 川	56.10	56.10	4.05	3.75	0.50	0.50
贵 州	15.08	15.08	1.34	1.24	0.25	0.25
云 南	15.85	15.85	2.23	2.10	0.55	0.55
西 藏	1.28	1.28	0.09	0.09	0.04	0.04
陕 西	17.37	17.37	1.97	1.83	0.21	0.21
甘 肃	9.20	9.20	1.17	1.08	0.27	0.27
青 海	2.73	2.73	0.32	0.29	0.11	0.11
宁 夏	5.43	5.43	0.39	0.36	0.05	0.05
新 疆	18.65	18.65	1.76	1.63	0.40	0.40
全 国	827.04	827.04	71.31	66.00	14.57	14.57

地 区	总铬 / 千克		石油类 / 吨	
	产 量	排 量	产 量	排 量
北 京	0.24	0.24	12.17	11.57
天 津	0.09	0.09	4.22	4.15
河 北	0.14	0.14	14.01	13.63
山 西	0.16	0.16	7.67	7.61
内蒙古	0.08	0.08	5.20	5.20
辽 宁	0.19	0.19	15.48	15.42
吉 林	0.08	0.08	7.66	7.61
黑龙江	0.09	0.09	6.96	6.91
上 海	0.10	0.10	12.41	12.20
江 苏	0.34	0.34	27.10	27.00
浙 江	0.21	0.21	38.87	38.40
安 徽	0.11	0.11	10.89	10.83
福 建	0.22	0.22	14.51	14.38
江 西	0.08	0.08	8.85	8.84
山 东	0.31	0.31	17.92	17.80
河 南	0.14	0.14	9.64	9.60
湖 北	0.09	0.09	13.07	13.05
湖 南	0.12	0.12	18.51	18.40
广 东	0.84	0.84	66.99	62.46
广 西	0.48	0.48	9.71	9.44
海 南	0.03	0.03	2.24	2.24
重 庆	0.06	0.06	12.69	12.40
四 川	0.17	0.17	31.16	30.67
贵 州	0.09	0.09	13.86	13.74
云 南	0.19	0.19	17.96	16.85
西 藏	0.01	0.01	0.14	0.14
陕 西	0.07	0.07	7.48	7.41
甘 肃	0.09	0.09	3.79	3.79
青 海	0.04	0.04	0.82	0.82
宁 夏	0.02	0.02	1.70	1.70
新 疆	0.14	0.14	4.71	4.71
全 国	5.04	5.04	418.40	408.95

注：此表中的生活源污水污染物排放量是经企业或单位自身的污水处理设施处理，但未经城镇集中式污染治理设施处
理后削减的量。本章同。

全国不同类别生活源污水污染物产生与排放情况详见表 6-3-6。

表 6-3-6　全国不同类别生活源污水污染物产生与排放情况

行业类别	化学需氧量 / 吨		生化需氧量 / 吨		总磷 / 吨	
	产量	排量	产量	排量	产量	排量
住宿业	426047.79	392159.91	0.00	0.00	2599.08	2503.69
餐饮业	2602002.82	2564012.50	0.00	0.00	8890.84	8827.14
洗染服务业	7791.51	7149.37	0.00	0.00	293.64	283.12
理发及美容保健服务业	53789.49	53789.03	0.00	0.00	115.51	115.50
洗浴服务业	69636.73	69598.42	0.00	0.00	447.75	447.01
摄影扩印服务业	352.81	352.81	0.00	0.00	0.27	0.27
汽车、摩托车维护与保养业（洗车业）	23368.65	23043.04	0.00	0.00	87.54	86.91
医院	154665.50	104255.94	58566.41	39470.18	1871.79	1563.33
城镇居民生活	14428514.54	12264187.89	6018062.99	5122589.07	191561.81	169476.91
全　国	17766169.84	15478548.91	6076629.40	5162059.25	205868.23	183303.88

行业类别	动植物油 / 吨		氨氮 / 吨		总氮 / 吨	
	产量	排量	产量	排量	产量	排量
住宿业	49266.25	44013.97	12288.76	11752.06	21046.86	20379.35
餐饮业	424534.19	415942.64	25886.78	25770.09	57637.38	57346.44
洗染服务业	0.00	0.00	0.00	0.00	141.15	136.44
理发及美容保健服务业	0.00	0.00	0.00	0.00	715.02	715.02
洗浴服务业	110.52	107.76	16.27	16.27	5671.51	5671.05
摄影扩印服务业	0.00	0.00	0.00	0.00	0.80	0.80
汽车、摩托车维护与保养业（洗车业）	0.00	0.00	0.00	0.00	2.98	2.98
医　院	0.00	0.00	18098.11	13943.39	25497.04	21067.20
城镇居民生活	336317.15	297770.27	1757951.08	1717929.87	2491519.41	2207180.53
全　国	810228.10	757834.64	1814241.01	1769411.68	2602232.16	2312499.81

行业类别	铅 / 千克		汞 / 千克		氰化物 / 千克	
	产量	排量	产量	排量	产量	排量
住宿业	6.81	6.81	0.17	0.17	0.00	0.00
餐饮业	0.88	0.88	0.03	0.03	0.00	0.00
洗染服务业	0.43	0.43	0.00	0.00	0.01	0.01
理发及美容保健服务业	816.34	816.34	5.53	5.53	0.02	0.02
洗浴服务业	2.43	2.43	0.14	0.14	0.00	0.00
摄影扩印服务业	0.07	0.07	0.00	0.00	14.54	14.54
汽车、摩托车维护与保养业（洗车业）	0.10	0.10	0.00	0.00	0.00	0.00
医　院	0.00	0.00	65.44	60.12	0.00	0.00
城镇居民生活	0.00	0.00	0.00	0.00	0.00	0.00
全　国	827.04	827.04	71.31	66.00	14.57	14.57

行业类别	总铬 / 千克		石油类 / 吨	
	产 量	排 量	产 量	排 量
住宿业	0.00	0.00	0.00	0.00
餐饮业	0.00	0.00	0.00	0.00
洗染服务业	0.00	0.00	0.13	0.12
理发及美容保健服务业	0.01	0.01	0.10	0.10
洗浴服务业	0.00	0.00	1.27	1.21
摄影扩印服务业	5.03	5.03	0.21	0.21
汽车、摩托车维护与保养业（洗车业）	0.00	0.00	416.69	407.30
医院	0.00	0.00	0.00	0.00
城镇居民生活	0.00	0.00	0.00	0.00
全　国	5.04	5.04	418.40	408.95

全国各流域生活污水污染物产生与排放情况详见表 6-3-7。

表 6-3-7　全国各流域生活污水污染物产生与排放情况

行业类别	化学需氧量 / 吨		生化需氧量 / 吨		总磷 / 吨	
	产 量	排 量	产 量	排 量	产 量	排 量
松花江流域	988664.51	865909.11	323596.14	279127.36	11040.65	9858.68
辽河流域	905118.96	786064.47	304116.30	258140.75	10044.97	8968.10
海河流域	1873376.38	1624802.98	634743.18	536973.85	20699.60	18454.00
黄河流域	1265259.88	1107061.52	422133.36	360916.94	14318.28	12774.87
淮河流域	2292335.46	1998387.77	860985.65	734423.47	26867.87	23951.67
长江流域	5843410.84	5095263.84	1981302.08	1680043.18	66774.00	59421.76
东南诸河流域	1359772.52	1170749.63	481997.74	404695.58	17326.65	15319.52
珠江流域	2690368.79	2335578.05	916077.26	775763.61	32945.02	29269.24
西南诸河流域	186274.63	170913.61	46138.39	40527.05	2032.82	1842.27
西北诸河流域	361587.89	323817.94	105539.29	91447.47	3818.36	3443.77
合　计（水利流域）	17766169.84	15478548.91	6076629.40	5162059.25	205868.23	183303.88

行业类别	动植物油／吨		氨氮／吨		总氮／吨	
	产 量	排 量	产 量	排 量	产 量	排 量
松花江区	37362.70	35047.63	106720.23	104080.33	152375.48	135905.03
辽河区	34926.36	32636.44	97022.46	94633.61	139207.54	123985.58
海河区	83391.23	77961.47	197838.48	192782.86	284136.80	252448.64
黄河区	58700.15	55440.18	131388.81	127932.04	188332.64	167790.20
淮河区	85944.00	81061.07	241125.54	235741.61	344610.60	307091.37
长江区	299024.05	279994.03	570794.60	556599.02	819996.82	727713.98
东南诸河区	54056.41	49941.34	142957.30	139225.58	205453.22	181500.98
珠江区	120951.31	110958.57	272783.88	266137.45	391455.33	346999.46
西南诸河区	15060.57	14732.32	16375.90	16028.50	23576.18	21222.20
西北诸河区	20811.33	20061.60	37233.81	36250.68	53087.53	47842.37
合 计（水利流域）	810228.10	757834.64	1814241.01	1769411.68	2602232.16	2312499.81

行业类别	铅／千克		汞／千克		氰化物／千克	
	产 量	排 量	产 量	排 量	产 量	排 量
松花江区	31.15	31.15	3.84	3.56	0.51	0.51
辽河区	25.80	25.80	3.93	3.65	0.64	0.64
海河区	61.53	61.53	8.40	7.76	1.58	1.58
黄河区	55.44	55.44	6.04	5.59	1.08	1.08
淮河区	65.10	65.10	9.26	8.59	1.54	1.54
长江区	302.06	302.06	23.18	21.40	3.14	3.14
东南诸河区	88.11	88.11	4.60	4.24	1.11	1.11
珠江区	167.98	167.98	8.99	8.33	4.16	4.16
西南诸河区	6.63	6.63	0.87	0.82	0.27	0.27
西北诸河区	23.26	23.26	2.20	2.04	0.53	0.53
合 计（水利流域）	827.04	827.04	71.31	66.00	14.57	14.57

行业类别	总铬／千克		石油类／吨	
	产 量	排 量	产 量	排 量
松花江区	0.18	0.18	13.95	13.85
辽河区	0.22	0.22	17.64	17.58
海河区	0.55	0.55	35.07	33.99
黄河区	0.37	0.37	23.31	23.19
淮河区	0.53	0.53	30.43	30.26
长江区	1.09	1.09	152.95	150.67
东南诸河区	0.38	0.38	44.07	43.60
珠江区	1.44	1.44	88.60	83.57
西南诸河区	0.09	0.09	6.33	6.20
西北诸河区	0.18	0.18	6.04	6.04
合 计（水利流域）	5.04	5.04	418.40	408.95

注：此表中的生活源污水污染物排放量是经企业或单位自身的污水处理设施处理，但未经城镇集中式污染治理设施处理后削减的量。本章下同。

6.4 生活源废气及污染物产生与排放情况

6.4.1 生活源废气治理与排放情况

本次普查生活源废气产、排量均为 23838.72 亿米^3，废气实际处理量为 3764.33 亿米^3，废气治理设施 34466 台（套），总投资共 108.64 亿元，2007 年总运行费用为 94.89 亿元。

6.4.1.1 废气排放量

从分地区数量分析，排在前 17 位的河北、黑龙江、山东、河南、山西、内蒙古、辽宁、江苏、新疆、陕西、吉林、湖南、北京、广东、四川、安徽和湖北的废气排量之和占全国的比重为 80.31%，其中，河北省的废气产排量最多，达到了 1836.56 亿米^3，占全国总量的 7.70%。见图 6-4-1。

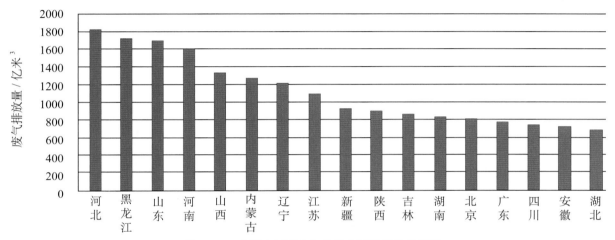

图 6-4-1 全国生活源废气排放主要地区排放量图

在各类生活源的废气排放情况方面，城镇居民生活是生活源废气的主要来源，废气排放量为 18203.53 亿米^3，占生活源总量的 76.36%；其次是独立燃烧设施，其废气排放量为 3536.77 亿米^3，占总量的 14.84% 吨；居民服务和其他服务业、住宿业、医院和餐饮业的废气排放量分别占总量的比重为 3.01%、2.8%、2% 和 0.99%。见图 6-4-2。

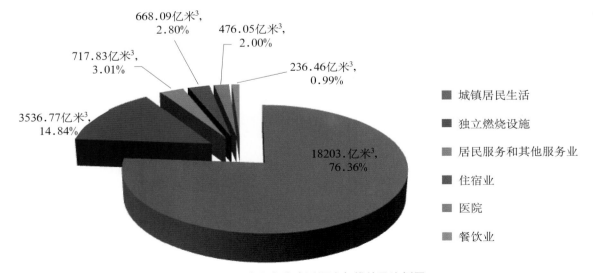

图 6-4-2 全国各类生活源废气排放量比例图

6.4.1.2 废气治理设施

生活源废气治理设施数是 34466 套，河北、辽宁、山西、吉林、甘肃、黑龙江、山东、内蒙古、江苏、河南、北京和新疆等 12 个省的生活源废气治理设施数都超过 1000 台（套），这 12 个省的设施总数为 29371 台（套），占全国生活源废气治理设施的 85.21%，其中，河北省最多，为 5865 台（套），占全国的 17.02%。四川、福建、重庆、海南和西藏的生活源废气治理设施套数均不足百台，其中西藏地区废气生活源废气治理设施数为 0。见图 6-4-3。

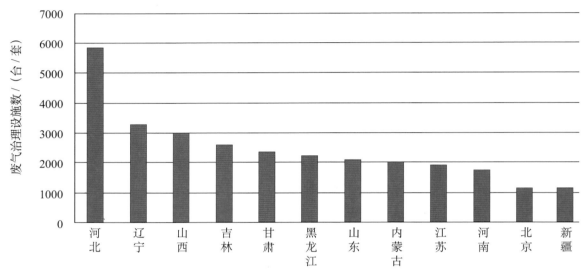

图 6-4-3　全国主要地区生活源废气治理设施数图

在各类生活源的废气治理设施数种，独立燃烧设施的为最多，共 23377 台（套），占所有生活源废气治理设施总数的 67.82%，其次是居民服务和其他居民服务业，4017 台（套），占 11.65%，医院、住宿业和餐饮业分别占 9.81%、8.01% 和 2.70%。见图 6-4-4。

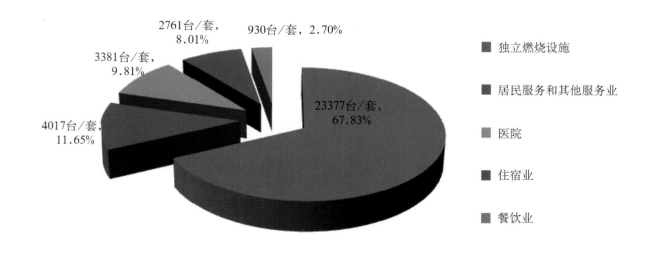

图 6-4-4　全国各类生活源废气治理设施数比例图

全国各地区生活源废气产生、处理及排放情况详见表 6-4-1。

表 6-4-1　全国各地区生活源废气产生、处理及排放情况

地　区	废气产生量 /万米³	废气排放量 /万米³	废气处理设施数 / 套	废气处理设施总投资 / 万元	废气处理设施运行费用 / 万元	废气实际处理量 / 万米³
北　京	8125391.49	8125391.49	1158	13507.00	3452.36	1377059.57
天　津	5706706.27	5706706.27	301	539875.66	18963.15	439304.97
河　北	18365593.54	18365593.54	5865	34041.05	18633.85	5125923.55
山　西	13394565.11	13394565.11	2983	94108.97	54862.23	7661714.12
内蒙古	12819119.79	12819119.79	2037	124370.17	592931.17	2259873.59
辽　宁	12221987.10	12221987.10	3272	14168.21	4879.26	4015500.25
吉　林	8693574.30	8693574.30	2585	8105.42	3080.32	2156963.05
黑龙江	17317886.97	17317886.97	2220	27663.52	3107.24	2108936.36
上　海	4483737.59	4483737.59	275	16328.17	6201.89	211489.49
江　苏	11010830.47	11010830.47	1915	5475.16	2179.08	624889.20
浙　江	4780530.80	4780530.80	463	2367.34	934.72	259675.76
安　徽	7271456.38	7271456.38	808	18073.89	1921.22	281515.35
福　建	4582367.87	4582367.87	53	204.40	72.20	24510.99
江　西	3646304.58	3646304.58	209	1288.40	511.73	87289.99
山　东	16975219.89	16975219.89	2119	10207.57	3270.33	2457724.48
河　南	16175728.14	16175728.14	1738	8755.44	186334.73	1030432.35
湖　北	6917745.49	6917745.49	475	3292.19	1494.93	394961.40
湖　南	8428681.07	8428681.07	607	4506.54	1435.41	301631.33
广　东	7852513.83	7852513.83	253	2576.66	738.47	355626.37
广　西	2796605.24	2796605.24	139	516.48	155.24	48531.72
海　南	190398.21	190398.21	2	4.50	6.00	626.30
重　庆	2548327.43	2548327.43	8	37.29	22.89	7978.41
四　川	7425407.80	7425407.80	79	619.08	188.76	30302.69
贵　州	3311631.48	3311631.48	139	988.21	312.45	77308.58
云　南	3987586.38	3987586.38	124	1105.12	333.23	67538.37
西　藏	168409.03	168409.03	0	0.00	0.00	0.00
陕　西	9155780.86	9155780.86	512	3330.63	19280.59	612033.55
甘　肃	6508827.16	6508827.16	2330	136722.05	16024.66	2941819.66
青　海	1770081.31	1770081.31	246	1106.03	205.35	301143.72
宁　夏	2458600.29	2458600.29	402	3928.44	3016.03	607733.12
新　疆	9295636.58	9295636.58	1149	9120.76	4300.66	1773221.31
全　国	238387232.44	238387232.44	34466	1086394.36	948850.13	37643259.59

全国各类生活源废气产生、处理及排放情况详见表6-4-2。

表6-4-2　全国各类生活源废气产生、处理及排放情况

行业类别	住宿业	餐饮业	居民服务和其他服务业	医　院	独立燃烧设施	城镇居民生活	全　国
废气标态产生量/万米³	6680851.01	2364566.50	7178273.86	4760499.82	35367701.42	182035339.84	238387232.44
废气标态排放量/万米³	6680851.01	2364566.50	7178273.86	4760499.82	35367701.42	182035339.84	238387232.44
废气处理设施数/套	2761	930	4017	3381	23377	0.00	34466
废气处理设施总投资/万元	52488.48	24107.20	42034.72	45584.31	922179.65	0.00	1086394.36
废气处理设施运行费用/万元	361912.08	8368.85	10280.95	40492.19	527796.06	0.00	948850.13
废气处理设施处理总能力/（米³/时）	296674976.64	13308604.50	17708695.52	79446096.12	278039672.85	0.00	685178045.62
废气实际处理量/万米³	3271117.12	484402.63	1688490.20	3035890.11	29163359.53	0.00	37643259.59

6.4.2　废气污染物产生与排放情况

6.4.2.1　总体情况

本次共普查了生活源废气中3种主要污染物的产生与排放情况，其中二氧化硫产生209.67万吨，排放199.40万吨，平均削减率为4.90%；氮氧化物产生58.2万吨，排放58.2万吨，平均削减率为0%；烟尘产生252.88万吨，排放183.51万吨，平均削减率为27.44%。见表6-4-3。

表6-4-3　生活源废气污染物产生与排放情况汇总表

污染物	计量单位	产生量	排放量	削减量	削减率/%
二氧化硫	吨	2096719.18	1994035.81	102683.37	4.90
氮氧化物	吨	582030.02	582030.02	0.00	0.00
烟　尘	吨	2528839.83	1835050.06	693789.77	27.44

6.4.2.2　二氧化硫

全国各省生活源废气中二氧化硫排放量范围在121.09～192038.6吨，其中，河北省的二氧化硫排放量最高，海南省的二氧化硫排放量最低。生活源废气二氧化硫排放量超过5万吨的省有15个，分别是河北、山东、山西、河南、内蒙古、黑龙江、湖北、辽宁、湖南、陕西、甘肃、贵州、新疆、江苏和吉林，其二氧化硫排放量合计为160.14万吨，占全国生活二氧化硫排放总量的80.31%。见图6-4-5。

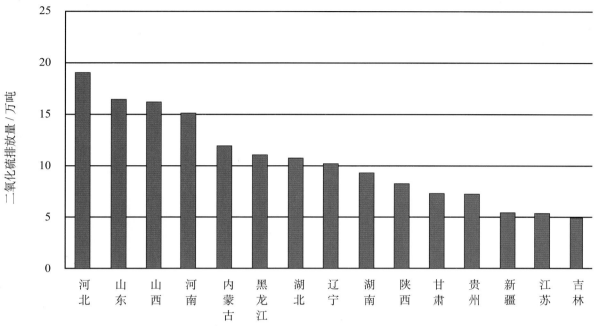

图 6-4-5 全国主要生活源二氧化硫排放地区情况

在纳入普查的各类生活源中（不含机动车），各类生活源二氧化硫排放量高低顺序依次为：城镇居民生活源＞独立燃烧设施＞居民服务业和其他服务业＞住宿业＞医院＞餐饮业。城镇居民生活源和独立燃烧设施的二氧化硫排放量之和占生活源总排放量的87.59%。其中，城镇居民生活源的二氧化硫排放量为137万吨，占全国生活源二氧化硫排放总量的68.71%；独立燃烧设施的二氧化硫排放量为37.65万吨，占全国生活源二氧化硫排放总量的18.88%。见图6-4-6。

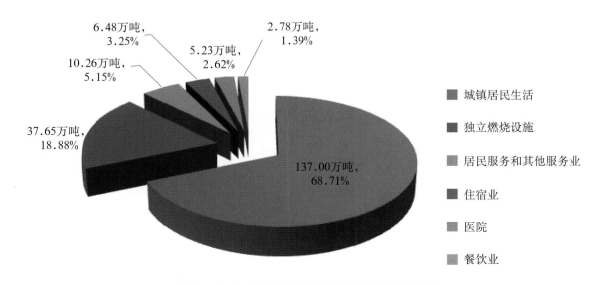

图 6-4-6 全国各类生活源二氧化硫排放量比例图

6.4.2.3 氮氧化物

全国各省生活源废气氮氧化物排放量范围在 170.86 ～ 49909.79 吨，其中，河北省的氮氧化物排放量最高，海南省的氮氧化物排放量最低。生活源废气氮氧化物排放量超过 1.5 万吨的省有 16 个，分别是河北、黑龙江、山东、河南、内蒙古、山西、辽宁、吉林、陕西、湖南、新疆、湖北、江苏、北京、甘肃和安徽，这 16 个省的氮氧化物排放量合计为 46.53 万吨，占全国生活源氮氧化物排放总量的 79.94%。见图 6-4-7。

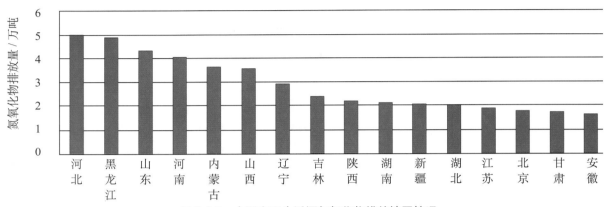

图 6-4-7 全国主要生活源氮氧化物排放地区情况

在纳入普查的各类生活源中（不含机动车），各类生活源氮氧化物排放量高低顺序依次为：城镇居民生活源＞独立燃烧设施＞居民服务业和其他服务业＞住宿业＞医院＞餐饮业。城镇居民生活源和独立燃烧设施的氮氧化物排放量之和占生活源总排放量的 90.92%。其中，城镇居民生活源的氮氧化物排放量为 43.37 万吨，占全国生活源氮氧化物排放总量的 74.51%；独立燃烧设施的氮氧化物排放量为 9.55 万吨，占全国生活源氮氧化物排放总量的 16.41%。见图 6-4-8。

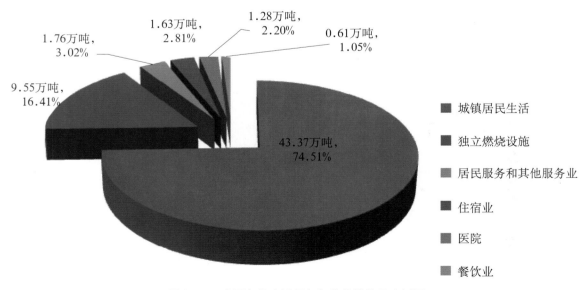

图 6-4-8 全国各类生活源氮氧化物排放量比例图

6.4.2.4 烟尘

全国各省生活源废气中烟尘排放量范围在 24.66 ～ 180206.07 吨，其中，山东省的烟尘排放量最大，海南省的烟尘排放量最小。生活源废气烟尘排放量超过 5 万吨的省有 14 个，分别为山东、河北、黑龙江、辽宁、内蒙古、山西、安徽、河南、吉林、新疆、陕西、江苏、甘肃和湖南，这 14 个省的烟尘排放量合计为 149.89 万吨，占全国生活源烟尘排放总量的 81.68%。见图 6-4-9。

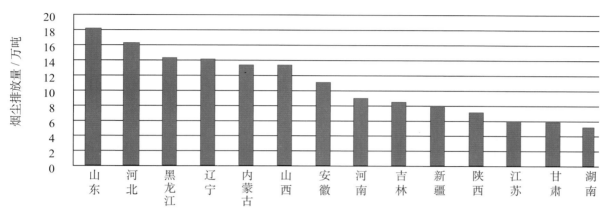

图 6-4-9 全国主要生活源烟尘排放地区情况

在纳入普查的各类生活源中（不含机动车），各类生活源烟尘排放量高低顺序依次为：城镇居民生活源＞独立燃烧设施＞居民服务业和其他服务业＞住宿业＞医院＞餐饮业。城镇居民生活源和独立燃烧设施的烟尘排放量之和占生活源总排放量的 84.66%。其中，城镇居民生活源的烟尘排放量为 115.18 万吨，占全国生活源烟尘排放总量的 62.77%；独立燃烧设施的烟尘排放量为 40.17 万吨，占全国生活源烟尘排放总量的 21.89%。见图 6-4-10。

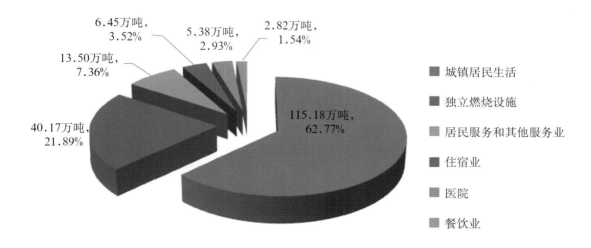

图 6-4-10 生活源烟尘排放量构成比例图

从生活源大气污染物排放量的构成比例可以看出，城镇居民生活和独立燃烧设施是生活源大气污染物排放的主要来源，其二氧化硫、氮氧化物和烟尘排放量之和所占生活源各类大气污染物比例分别为 87.59%、90.92% 和 84.66%。这主要是因为：（1）城镇居民生活源由于条件的限制，很难配备废气治理设施。（2）本次普查的独立燃烧设施中，161457台锅炉共装配了23377台（套）废气治理设施，装配率为14.48%，装配比例还不高。

综合以上因素，为了有效地减少生活源大气污染物的排放量，应着重进行燃料结构的改变，大力使用清洁能源。

全国各地区生活源废气污染物产生与排放情况详见表6-4-4。

表6-4-4　全国各地区生活源废气污染物产生与排放情况

地　区	烟尘／吨		氮氧化物／吨		二氧化硫／吨	
	产生量	排放量	产生量	排放量	产生量	排放量
北　京	72439.86	26784.54	18022.51	18022.51	47491.65	37507.28
天　津	46966.56	43825.68	10102.86	10102.86	19742.87	17601.14
河　北	260828.01	161706.23	49909.79	49909.79	209564.29	192038.60
山　西	200406.76	133460.76	35948.38	35948.38	178839.31	161839.96
内蒙古	170112.76	133651.21	36491.73	36491.73	124295.07	120297.68
辽　宁	213569.40	141076.04	29380.22	29380.22	114280.49	102878.24
吉　林	141158.86	84717.38	24140.21	24140.21	54333.00	50984.88
黑龙江	197579.88	143202.11	48863.69	48863.69	112397.64	111007.29
上　海	8300.15	4523.21	6081.77	6081.77	6701.46	6553.66
江　苏	77131.63	60178.98	19150.06	19150.06	57546.91	54288.45
浙　江	18677.06	12448.94	10740.70	10740.70	26196.20	25457.18
安　徽	148262.04	109850.44	16608.52	16608.52	46249.54	45083.28
福　建	6903.21	6457.31	11540.92	11540.92	26927.96	26890.36
江　西	30515.20	22694.01	8649.61	8649.61	33052.06	32586.85
山　东	215449.51	180206.07	43348.52	43348.52	173817.85	164390.83
河　南	112878.69	89447.89	40790.04	40790.04	155114.78	151751.92
湖　北	53298.03	38965.82	20601.79	20601.79	111064.28	109726.61
湖　南	61124.43	52536.40	21597.86	21597.86	98065.29	94904.70
广　东	5776.12	3799.47	14014.52	14014.52	39655.72	38386.75
广　西	15468.36	14362.60	7570.43	7570.43	22402.78	22150.89
海　南	32.10	24.66	170.86	170.86	121.09	121.09
重　庆	14609.74	14244.93	4220.90	4220.90	32514.65	32494.39
四　川	32384.03	30155.86	12667.33	12667.33	38176.18	38000.54
贵　州	29418.70	27307.00	7624.19	7624.19	74980.16	74034.65
云　南	49639.32	48038.92	12063.68	12063.68	36718.64	36270.11
西　藏	1079.04	1079.04	360.45	360.45	952.51	952.51
陕　西	80346.30	71425.28	22260.09	22260.09	87308.96	83982.61
甘　肃	106308.18	58668.98	17541.29	17541.29	77599.95	74952.14
青　海	26473.75	21070.01	4311.78	4311.78	9281.14	9097.03
宁　夏	32743.23	20383.07	6618.98	6618.98	26537.57	23492.31
新　疆	98958.92	78757.23	20636.34	20636.34	54789.14	54311.88
全　国	2528839.83	1835050.06	582030.02	582030.02	2096719.18	1994035.81

全国各类生活源废气污染物产生与排放情况详见表 6-4-5。

表 6-4-5 全国各类生活源废气污染物产生与排放情况表

行业类别	二氧化硫 / 吨		氮氧化物 / 吨		烟尘 / 吨	
	产生量	排放量	产生量	排放量	产生量	排放量
住宿业	73873.31	64803.79	16338.68	16338.68	139738.98	64527.43
餐饮业	29599.35	27805.69	6088.89	6088.89	39557.24	28182.48
居民服务和其他服务业	105761.64	102616.46	17570.92	17570.92	161670.44	134993.03
医　院	64992.70	52255.46	12825.35	12825.35	130151.36	53834.63
独立燃烧设施	452473.35	376535.56	95518.54	95518.54	905886.75	401677.42
城镇居民生活	1369930.97	1369930.97	433660.35	433660.35	1151729.19	1151729.19
全　国	2096631.31	1993947.94	582002.72	582002.72	2528733.96	1834944.19

6.5 机动车数量及污染物排放情况

6.5.1 机动车保有量总体情况

本次填报机动车普查表的包括全国 32 个省级下辖的 343 个市（地区、州、盟）及省直辖县，共普查机动车 1.43 亿辆，其中载客汽车 3438.59 万辆，占 24.09%；载货汽车 1191.26 万辆，占 8.35%；三轮汽车及低速载货汽车 772.91 万辆，占 5.42%；摩托车 8868.98 万辆，占 62.14%。见图 6-5-1。

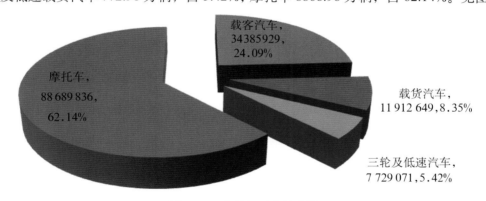

图 6-5-1 各类机动车构成情况

从表 6-5-1 可见，这 1.43 亿辆车中，2000 年底前注册登记的有 4778.25 万辆，占 33.48%，其中载客汽车 760.31 万辆，载货汽车 483.16 万辆，三轮汽车及低速载货汽车 306.42 万辆，摩托车 3248.23 万辆；2001—2007 年注册的有 9493.50 万辆（其中载客汽车 2678.28 万辆，载货汽车 727.98 万辆，三轮汽车及低速载货汽车 466.48 万辆，摩托车 5620.75 万辆），占 66.52%。

表 6-5-1 各登记时段机动车保有量构成情况　　　　　　　　　　　　　　单位：辆

年　份	载客汽车	载货汽车	三轮及低速载货汽车	摩托车	合　计
2000 年底前	7603133	4831562	3064242	32482313	47782508
2001—2005 年	15009074	2831562	4664829	23417320	94934977
2006—2007 年	11773722	4448267		32790203	
全国合计	34385929	11912649	7729071	88689836	142717485

分地区情况分析表明，广东、山东和江苏的机动车数量居全国前三位，都超过了 1000 万辆。分别为广东 1679.27 万辆、占全国总量的 11.77%，山东 1576.08 万辆、占全国的 11.04%，江苏 1175.52 万辆，占全国的 8.24%；排名前 15 位的省份（包括：广东、山东、江苏、河北、浙江、河南、四川、广西、福建、湖北、云南、江西、安徽、湖南和辽宁）的汽车保有量之和为 1.14 亿辆，占全国的比例为 80.11%。宁夏、青海、西藏的汽车保有量均不足 100 万辆，分别为 69.6 万辆、25.56 万辆和 24.67 万辆。全国各地区机动车数量见表 6-5-2。

表 6-5-2　全国各地区机动车数量　　　　　　　　　　　　　　单位：辆

地　区	合　计	载客汽车	载货汽车	三轮及低速汽车	摩托车
北　京	2968203	2513312	171957	43857	239077
天　津	1178234	774421	140796	9570	253447
河　北	9416699	2258668	953781	940702	5263548
山　西	3014880	1048975	540810	281085	1144010
内蒙古	3034712	688991	341802	440585	1563334
辽　宁	3479601	1318352	485258	553957	1122034
吉　林	2461019	723480	198832	116430	1422277
黑龙江	2146712	940211	361594	156931	687976
上　海	1956160	1020836	142762	1654	790908
江　苏	11755190	2611459	502689	365465	8275577
浙　江	8542552	2354758	681893	20661	5485240
安　徽	4154988	601923	400913	372622	2779530
福　建	5523167	777844	337630	44985	4362708
江　西	4284707	435937	297429	112079	3439262
山　东	15760831	3102374	790336	1983547	9884574
河　南	8250387	1643724	658800	916922	5030941
湖　北	4765715	824262	366962	199824	3374667
湖　南	4127069	764509	496946	64809	2800805
广　东	16792675	3866581	1264734	30302	11631058
广　西	6190492	569153	264120	47059	5310160
海　南	1271070	163863	67138	22584	1017485
重　庆	1285244	382706	217880	30782	653876
四　川	6774855	1592194	649569	99565	4433527
贵　州	1627526	420860	214626	66348	925692
云　南	4516984	893240	480955	96841	3045948
西　藏	246746	153733	53929	3139	35945
陕　西	2867925	744216	249320	291823	1582566
甘　肃	1307546	387933	200392	236981	482240
青　海	255603	81335	47821	19802	106645
宁　夏	696295	159558	84193	54505	398039
新　疆	2063698	566521	246782	103655	1146740
全　国	142717485	34385929	11912649	7729071	88689836

地 区	载 客 汽 车				
	微型汽车	小型汽车	中型汽车	大型汽车	合 计
北 京	208267	2158030	107464	39551	2513312
天 津	101643	630000	26222	16556	774421
河 北	397631	1740298	51034	69705	2258668
山 西	167450	823257	33206	25062	1048975
内蒙古	78793	565179	20870	24149	688991
辽 宁	75453	1084793	104376	53730	1318352
吉 林	53272	605205	25867	39136	723480
黑龙江	122506	694106	63557	60042	940211
上 海	10066	914330	59854	36586	1020836
江 苏	202291	2214002	112885	82281	2611459
浙 江	144159	2082729	77095	50775	2354758
安 徽	94789	375685	84302	47147	601923
福 建	42734	674379	39079	21652	777844
江 西	39580	355173	23675	17509	435937
山 东	359320	2590136	88611	64307	3102374
河 南	228867	1176410	141770	96677	1643724
湖 北	35083	687267	59091	42821	824262
湖 南	43239	641369	44484	35417	764509
广 东	93501	3413782	217831	141467	3866581
广 西	85851	429525	22668	31109	569153
海 南	3621	140644	8876	10722	163863
重 庆	28860	316686	16621	20539	382706
四 川	368134	1098001	47078	78981	1592194
贵 州	68819	310835	20428	20778	420860
云 南	140763	693800	40780	17897	893240
西 藏	5824	70433	56201	21275	153733
陕 西	88553	574010	42698	38955	744216
甘 肃	46512	272733	17977	50711	387933
青 海	6995	57022	7829	9489	81335
宁 夏	6118	126730	10404	16306	159558
新 疆	23869	445555	24470	72627	566521
全 国	3372563	27962104	1697303	1353959	34385929

地 区	载 货 汽 车				
	微型汽车	轻型汽车	中型汽车	大型汽车	合 计
北　京	52	115630	33671	22604	171957
天　津	4045	98829	18398	19524	140796
河　北	51689	479508	146282	276302	953781
山　西	39264	222291	168138	111117	540810
内蒙古	20160	106219	61502	153921	341802
辽　宁	28779	278023	68224	110232	485258
吉　林	5115	89126	47713	56878	198832
黑龙江	40634	123780	115479	81701	361594
上　海	2451	66146	57893	16272	142762
江　苏	8997	225510	174286	93896	502689
浙　江	61688	473718	107885	38602	681893
安　徽	24106	159100	130403	87304	400913
福　建	31509	220223	48192	37706	337630
江　西	6873	127677	55936	106943	297429
山　东	35283	498125	135180	121748	790336
河　南	52025	276065	167193	163517	658800
湖　北	28043	165464	131064	42391	366962
湖　南	133714	186214	123067	53951	496946
广　东	45928	921548	176896	120362	1264734
广　西	27741	113790	67254	55335	264120
海　南	2704	41833	11444	11157	67138
重　庆	1543	100607	74137	41593	217880
四　川	41301	317000	229717	61551	649569
贵　州	17406	107385	45555	44280	214626
云　南	32419	232183	160354	55999	480955
西　藏	3245	14390	17414	18880	53929
陕　西	27939	95536	82878	42967	249320
甘　肃	5143	112876	43653	38720	200392
青　海	3611	23835	12471	7904	47821
宁　夏	9887	40177	17450	16679	84193
新　疆	12287	119696	48007	66792	246782
全　国	805581	6152504	2777736	2176828	11912649

地 区	三轮及低速汽车			摩 托 车		
	三轮汽车	低速汽车	合 计	普通摩托车	轻便摩托车	合 计
北 京	3397	40460	43857	193020	46057	239077
天 津	6507	3063	9570	204247	49200	253447
河 北	774259	166443	940702	4075638	1187910	5263548
山 西	173212	107873	281085	1079807	64203	1144010
内蒙古	276149	164436	440585	1524084	39250	1563334
辽 宁	403747	150210	553957	1036702	85332	1122034
吉 林	69345	47085	116430	1354524	67753	1422277
黑龙江	53681	103250	156931	633946	54030	687976
上 海	0	1654	1654	45784	745124	790908
江 苏	258360	107105	365465	7552615	722962	8275577
浙 江	8559	12102	20661	4889774	595466	5485240
安 徽	186765	185857	372622	2665339	114191	2779530
福 建	2226	42759	44985	4247420	115288	4362708
江 西	18952	93127	112079	3335655	103607	3439262
山 东	1560187	423360	1983547	9157148	727426	9884574
河 南	722195	194727	916922	4782609	248332	5030941
湖 北	96165	103659	199824	3247986	126681	3374667
湖 南	21102	43707	64809	2754120	46685	2800805
广 东	4203	26099	30302	11568212	62846	11631058
广 西	6165	40894	47059	5246014	64146	5310160
海 南	18657	3927	22584	1012038	5447	1017485
重 庆	586	30196	30782	619517	34359	653876
四 川	7129	92436	99565	4167857	265670	4433527
贵 州	8946	57402	66348	773316	152376	925692
云 南	5746	91095	96841	2882392	163556	3045948
西 藏	616	2523	3139	32034	3911	35945
陕 西	233702	58121	291823	1489384	93182	1582566
甘 肃	159179	77802	236981	469816	12424	482240
青 海	6744	13058	19802	103134	3511	106645
宁 夏	23848	30657	54505	381423	16616	398039
新 疆	33731	69924	103655	1118322	28418	1146740
全 国	5144060	2585011	7729071	82643877	6045959	88669836

6.5.2 机动车污染物排放情况

6.5.2.1 总体情况

本次普查的机动车尾气污染物排放量均通过机动车污染物排放系数得出，其中，总颗粒物 59.06 万吨，氮氧化物 549.65 万吨，一氧化碳 3947.46 万吨，碳氢化合物 478.62 万吨。见表 6-5-3。

表 6-5-3 全国机动车分车型尾气污染物排放量

指标项	保有量/辆	总颗粒物/吨	氮氧化物/吨	一氧化碳/吨	碳氢化合物/吨
载客汽车	34385929	172148.09	2209327.62	19485850.21	2108553.38
载货汽车	11912649	404176.47	2980554.21	10836715.13	1492880.06
三轮及低速载货汽车	7729071	14285.05	227241.44	76964.47	87707.24
摩托车	88689836	0.00	79404.24	9075062.04	1097107.53
全国合计	142717485	590609.61	5496527.52	39474591.85	4786248.20

从上表可知，机动车的总颗粒物和氮氧化物主要来自于载货汽车，而一氧化碳和碳氢化合物主要来自于载客汽车。如果考虑单车污染物排放量，则载货汽车的四种污染物单车排放量均位列第一。

6.5.2.2 全国各地区机动车污染物排放情况

在总颗粒物方面，河北、广东、河南和山东占比重均超过 5%，分别占全国机动车尾气总颗粒物排放的 10.29%、9.08%、6.54% 和 6.33%；氮氧化物也是河北、广东、河南和山东排名靠前，占全国氮氧化物排放总量的比例分别为 9.40%、8.21%、7.60% 和 5.90%；而广东、河北、山东、河南和江苏的一氧化碳排放量占全国的比例最高，分别为 9.22%、7.08%、6.31%、6.19% 和 5.28%；碳氢化合物的排放量方面，广东、河北、山东、河南、江苏的排放量分别占全国排放量的 8.62%、7.92%、6.49%、6.25% 和 5.40%。全国各地区机动车尾气污染物排放情况见表 6-5-4。

表 6-5-4　全国各地区机动车尾气污染物排放量

地　区	总颗粒物 / 吨	氮氧化物 / 吨	一氧化碳 / 吨	碳氢化合物 / 吨
北　京	7688.43	98844.25	1028345.84	111733.64
天　津	7495.70	58319.70	491598.19	56219.70
河　北	60798.99	516771.24	2793504.66	379127.93
山　西	22925.67	194787.03	1182796.80	145588.60
内蒙古	28097.76	205819.29	1319972.96	168133.49
辽　宁	28238.86	236565.94	1434856.68	181641.39
吉　林	15195.68	151674.12	1119144.94	135997.14
黑龙江	20904.79	216205.04	1439908.70	177419.64
上　海	8458.70	75714.58	530655.35	72314.34
江　苏	27952.99	269206.12	2083498.53	258565.73
浙　江	18658.82	153609.09	1460328.53	173401.61
安　徽	22572.05	204151.52	1132940.08	143457.27
福　建	9460.93	95736.12	952765.38	107690.53
江　西	19889.89	133801.47	763964.74	94592.74
山　东	37412.05	324498.96	2490930.95	310489.88
河　南	38617.62	417820.27	2442266.33	299206.09
湖　北	13528.18	160943.88	1233524.82	145108.88
湖　南	14277.28	165607.67	1146196.16	132926.61
广　东	53632.09	451305.41	3639660.56	412751.84
广　西	17322.83	119611.23	1103705.47	128286.19
海　南	1633.58	13513.65	93518.08	10179.26
重　庆	7421.97	103176.15	986683.50	99419.43
四　川	17094.87	265129.41	1961118.20	233729.81
贵　州	10887.02	86483.73	559071.19	71557.20
云　南	17144.87	170006.15	1450407.18	185651.84
西　藏	5060.38	60804.23	725691.99	66908.71
陕　西	10239.43	146618.26	1147085.67	137110.74
甘　肃	14617.34	137719.40	1260070.61	152536.76
青　海	2459.25	26104.65	274746.73	35773.05
宁　夏	4703.08	47745.78	297521.00	39386.94
新　疆	26218.52	188233.19	928112.08	119341.25
全　国	590609.61	5496527.52	39474591.85	4786248.20

6.5.2.3 不同车型机动车污染物排放情况

从各种机动车尾气污染物饼图（图6-5-2）中可以看出，载客汽车和载货汽车对四种污染物的贡献率均较大，特别是总颗粒物和氮氧化物，两者之和占总量的比例分别为97.58%和94.42%。而摩托车对于一氧化碳和碳氢化合物的贡献率比氮氧化物和总颗粒物明显上升，分别为：一氧化碳占总量的22.99%，碳氢化合物占总量的22.92%。相比较而言，三轮及低速货运汽车的尾气污染物排放量占总量的比例均不高。

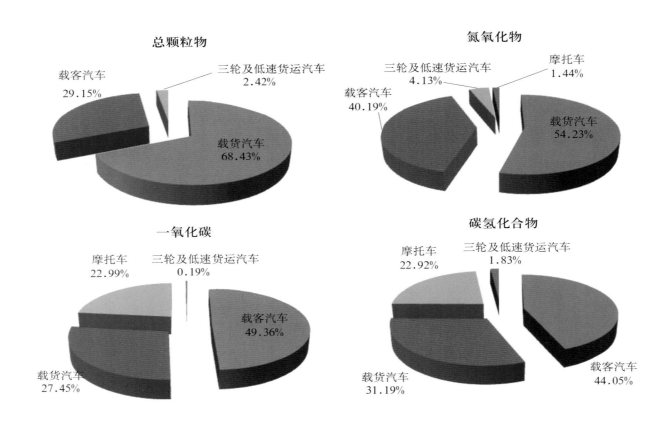

图6-5-2　各类机动车尾气污染物排放量比例图

6.6　生活垃圾产生及处理情况

本次普查生活垃圾（不包括建筑垃圾）产生总量为1.24亿吨，生活垃圾清运量（包括建筑垃圾）为1.69亿吨，生活垃圾无害化填埋量7312.51万吨，生活垃圾简易填埋量6290.66万吨，生活垃圾堆肥量486.60万吨，生活垃圾焚烧量1361.11万吨，生活垃圾其他处置方式处置量1076.45万吨。锅炉方面，全国炉渣产生量为807.26万吨，锅炉粉煤灰和炉渣集中收集量为863.43万吨。

6.6.1　生活垃圾产生情况

本次普查我国各省生活垃圾产生量范围从15.99万～1419.20万吨，生活垃圾产生量大的省份主要是东部沿海地区省份和我国的人口大省。排在前面17位的广东、江苏、山东、浙江、河南、辽宁、湖北、湖南、河北、四川、上海、安徽、黑龙江、福建、北京、江西和山西的生活垃圾产生总量为1

亿吨，占全国生活垃圾的比重达到了80.79%。我国生活垃圾主要产生省份如图6-6-1所示。

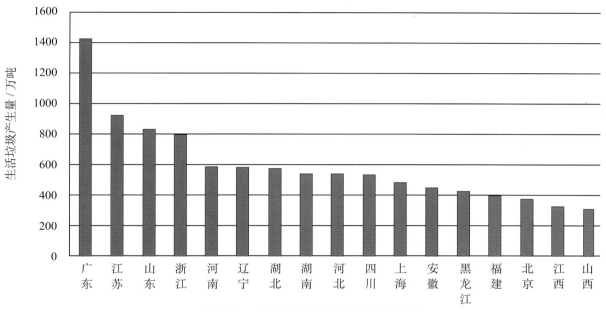

图 6-6-1　全国生活垃圾主要产生地区情况

从生活源类别分析，城镇居民生活产生的生活垃圾最多，为1.14亿吨，占全部生活垃圾产生量的91.59%；餐饮业排名第二，为842.68万吨，占6.78%；住宿业占1.28%；医院占0.34%。见图6-6-2。

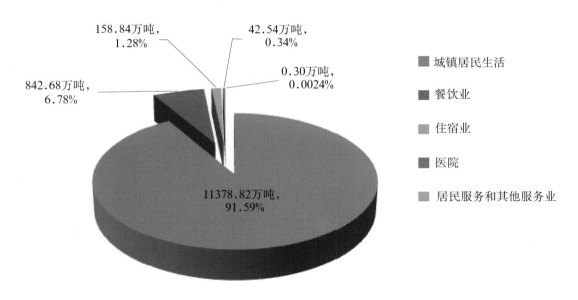

图 6-6-2　各类别生活垃圾产生量比例图

全国各地区、各类生活源生活垃圾产生情况详见表6-6-1。

表 6-6-1　全国各地区、各类生活源生活垃圾产生量　　　　　单位：吨

地　区	合　计	城镇居民生活	餐饮业	住宿业	医　院	居民服务和其他服务业
北　京	3708685.44	3320120.12	281207.69	95266.73	11918.01	172.898
天　津	2018680.43	1915333.65	87704.07	9987.14	5605.17	50.395
河　北	5349668.81	5032177.48	255149.29	42420.59	19888.32	33.14
山　西	3083445.54	2883223.95	155942.51	32657.22	11585.27	36.585
内蒙古	2315135.16	2070082.22	204788.22	32287.90	7761.30	215.517
辽　宁	5745599.48	5431574.60	257697.33	35957.14	20282.95	87.473
吉　林	3060510.73	2853007.61	179529.49	17601.39	10295.36	76.881
黑龙江	4215385.25	3988037.06	198491.76	14648.21	14203.90	4.32
上　海	4807001.29	4344183.79	373978.99	75350.19	12836.10	652.22
江　苏	9191662.99	8403132.30	640743.36	119965.73	27280.41	541.199
浙　江	7867816.01	7168526.72	523674.07	156201.29	19413.93	0.00
安　徽	4499360.81	4145185.55	299883.18	38483.30	15740.01	68.768
福　建	3933540.92	3581358.38	284103.21	57845.33	10212.88	21.126
江　西	3229091.56	2982561.77	195361.12	41072.13	10081.96	14.577
山　东	8331745.10	7803604.63	425065.82	70437.94	32563.19	73.508
河　南	5792225.46	5452008.34	262866.03	50692.60	26290.91	367.584
湖　北	5727725.98	5409443.75	249406.75	50722.28	18107.94	45.254
湖　南	5362723.50	4996237.89	281723.47	66961.21	17789.27	11.654
广　东	14192009.95	12780657.31	1189797.89	190753.35	30614.71	186.689
广　西	2669138.45	2455640.34	155083.56	46581.31	11755.14	78.11
海　南	692169.40	585266.71	72065.69	32731.22	2105.78	0.00
重　庆	2445714.04	2136187.59	272159.01	28885.68	8481.76	0.00
四　川	5323844.44	4658338.61	572327.51	69332.93	23832.15	13.248
贵　州	1624078.22	1456222.30	140614.27	19287.73	7942.88	11.04
云　南	2724987.44	2322710.48	310725.65	78121.06	13430.26	0.00
西　藏	159889.93	138386.39	16273.99	4621.18	608.38	0.00
陕　西	2434581.97	2217115.28	165292.51	39850.66	12304.46	19.057
甘　肃	1363807.26	1226044.56	107434.72	22925.97	7351.73	50.282
青　海	396620.80	354536.58	33776.23	6361.33	1946.67	0.00
宁　夏	476386.49	420492.53	47078.39	6486.33	2329.24	0.00
新　疆	1488531.35	1256846.85	186819.97	33878.40	10842.30	143.834
全　国	124231764.20	113788245.32	8426765.73	1588375.48	425402.32	2975.359

6.6.2 生活垃圾处理情况

本次普查全国城镇生活垃圾清运总量为 1.69 亿吨。各省清运量为 44.79 万 ~ 1792.28 万吨,其中,广东省最多,占全国生活源垃圾清运量的 10.61%;宁夏最少。见图 6-6-3。

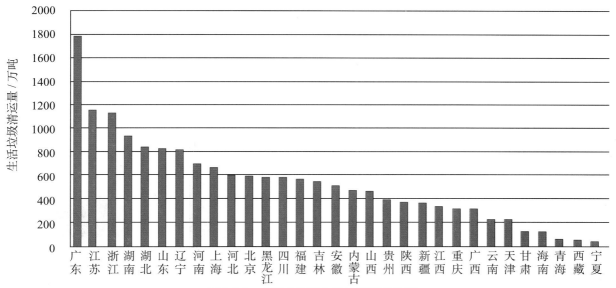

图 6-6-3　全国各地区生活垃圾清运量图

从清运后的生活垃圾处置情况来看,全国城镇生活垃圾无害化处置量为 7312.51 万吨,占生活垃圾清运量的 43.29%。其中,北京的生活垃圾无害化处理率最高,为 90.24%;其他无害化处理率超过 50% 的省份还包括:宁夏 62.97%,天津 61.05%,青海 59.99%,江苏 58.98%,上海 55.37%,福建 53.57%,浙江 52.45%,重庆 51.31%,山东 51.28%,四川 50.23%。山西的生活垃圾无害化处理率最低,仅为 13.49%。见图 6-6-4。

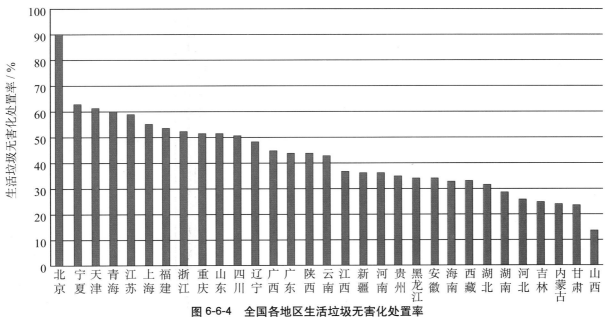

图 6-6-4　全国各地区生活垃圾无害化处置率

全国各地区生活垃圾处理情况详见表 6-6-2。

表 6-6-2　全国各地区生活垃圾处理情况

地 区	生活垃圾清运量/万吨	其中：生活垃圾无害化填埋量/万吨	其中：生活垃圾简易填埋量/万吨	其中：生活垃圾堆肥量/万吨	其中：生活垃圾焚烧量/万吨	其中：生活垃圾其他处置方式处置量/万吨	炉渣产生量/万吨	锅炉粉煤灰和炉渣集中收集量/万吨
北 京	600.94	542.28	25.85	28.68	4.13	0.00	291.35	23.68
天 津	228.96	139.79	35.74	4.28	30.85	22.71	107.94	4.74
河 北	614.11	157.78	284.65	37.33	25.85	28.32	811.11	97.16
山 西	471.28	63.58	285.10	7.00	47.65	26.41	717.25	103.62
内蒙古	479.85	114.77	336.34	37.10	12.62	23.32	682.27	50.07
辽 宁	824.77	397.89	290.04	32.62	20.31	55.43	668.13	99.54
吉 林	546.57	135.99	325.06	16.89	3.26	15.30	610.25	83.94
黑龙江	588.18	200.53	321.60	0.02	13.93	49.13	1232.53	115.55
上 海	665.97	368.76	95.07	59.90	102.75	6.58	10.77	2.14
江 苏	1154.22	680.76	205.41	9.55	134.60	114.38	392.67	21.65
浙 江	1134.11	594.84	171.56	5.80	281.89	76.89	111.26	6.81
安 徽	514.32	175.00	279.03	5.50	35.22	32.23	636.53	20.80
福 建	572.00	306.40	150.83	14.76	46.02	14.85	301.41	0.30
江 西	343.67	126.09	167.34	2.97	3.03	29.08	287.27	2.75
山 东	838.74	430.13	291.12	20.88	26.46	38.00	1466.47	39.09
河 南	706.93	255.88	250.95	50.44	31.97	125.97	1030.82	32.24
湖 北	841.74	267.53	501.21	8.54	7.90	56.56	574.36	12.29
湖 南	937.84	269.14	524.60	44.03	17.67	72.31	747.81	8.83
广 东	1792.28	783.94	552.90	18.59	387.52	39.47	115.15	0.63
广 西	322.08	144.10	126.11	24.58	28.31	19.83	114.55	1.34
海 南	122.43	40.52	62.48	1.90	8.71	8.86	1.60	0.00
重 庆	322.90	165.67	84.06	1.11	27.54	42.20	177.70	0.81
四 川	584.42	293.55	182.64	21.60	38.08	42.90	496.57	3.60
贵 州	398.08	138.38	91.93	13.62	4.20	51.03	347.59	3.85
云 南	236.22	101.01	106.67	8.97	4.88	14.70	319.38	3.73
西 藏	62.29	20.62	17.04	0.00	0.97	23.67	5.70	0.05
陕 西	379.89	166.13	167.76	7.96	10.91	38.40	380.18	23.83
甘 肃	126.65	29.89	86.67	1.75	3.85	5.29	250.19	45.82
青 海	66.86	40.11	25.12	0.00	0.05	0.38	64.61	6.71
宁 夏	44.79	28.20	16.05	0.22	0.00	0.32	114.34	15.08
新 疆	367.33	133.25	229.74	0.00	0.00	1.98	348.64	32.75
全 国	16890.42	7312.51	6290.66	486.60	1361.11	1076.45	13416.39	863.43

132

6.7 医疗废物产生、处理情况

本次普查表明，2007 年全国共产生医疗废物 45.02 万吨，其中河南最多，为 4.43 万吨，占全国医疗废物总产生量的 9.84%。河南、广东、陕西、浙江、山东、江苏、山西、湖南、四川、安徽、河北、湖北、辽宁、广西、黑龙江、云南和北京等 17 个省的医疗废物产生总量占全国医疗垃圾产生量的 80.37%。天津、海南、青海、宁夏和西藏的医疗废物产生量较少，占全国的比例均不足 1%。全国医疗废物主要产生省份情况见图 6-7-1。

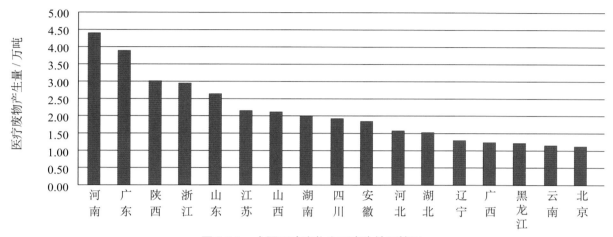

图 6-7-1　全国医疗废物主要产生地区情况

从医疗废物处置情况来看：全国无害化处置量 39.42 万吨，平均无害化处置率为 87.56%，其中本单位无害化处置的医疗废物量为 12.43 万吨，占总无害化处置量的 31.54%；送医疗废物处置厂的量为 28.11 万吨；医疗废物本单位焚烧量为 11.79 万吨。

从不同省份医疗废物无害化处理率数据分析，全国大部分省份处理率均大于 80%。其中，北京、上海、天津达 100%，浙江、江苏大于 99%，山东、广西大于 98%，海南、福建、广东、陕西大于 97%，宁夏、河北、湖南、四川、河南、黑龙江均大于 90%；医疗废物无害化处理率较低的省份有甘肃 57%、重庆 46.73%、新疆 45.89%、山西 45.86%、云南 44.19%、贵州 40.26%、西藏 32.33%。见图 6-7-2。

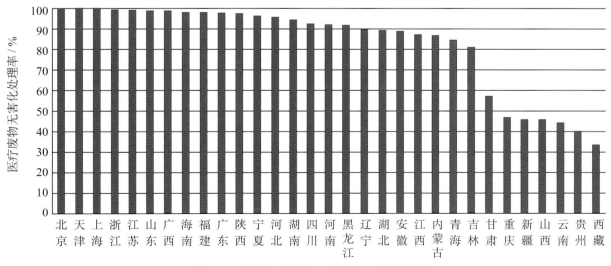

图 6-7-2　全国各地区医疗废物无害化处理率图

全国各地区医疗废物产生及处理情况详见表6-7-1。

表 6-7-1　全国各地区医疗废物产生及处理情况

地　区	医疗废物产生量/吨	医疗废物无害化处置量/吨	其中：本单位无害化处置的医疗废物量/吨	送医疗废物处置厂量/吨	医疗废物本单位焚烧量/吨
北　京	11407.26	11407.26	143.61	11263.64	142.51
天　津	4134.53	4134.53	404.20	3730.33	258.60
河　北	15834.75	15118.34	7941.18	6659.42	7286.74
山　西	21214.74	9729.03	4140.05	5193.40	14247.18
内蒙古	11075.08	9623.75	2700.95	6496.48	3347.80
辽　宁	13006.66	11647.02	3297.52	8547.61	3569.03
吉　林	7213.50	5824.07	2308.78	3515.29	3690.20
黑龙江	12238.47	11237.56	3860.17	7377.40	4415.92
上　海	10365.80	10365.80	486.00	9879.82	419.70
江　苏	21582.45	21371.59	1697.28	19721.66	1305.82
浙　江	29451.00	29169.84	1759.58	27457.20	1533.42
安　徽	18413.38	16354.30	8972.36	7090.58	8056.54
福　建	8505.59	8327.41	417.18	7829.71	311.96
江　西	8127.88	7078.72	1699.35	5376.63	1202.49
山　东	26487.49	26110.68	4446.51	21661.70	3821.37
河　南	44292.91	40834.26	26826.27	28276.08	26661.54
湖　北	15199.82	13564.79	3053.98	10510.81	3759.58
湖　南	19966.54	18838.20	5202.41	12995.25	3852.86
广　东	39107.97	38196.63	2605.55	34904.67	1865.12
广　西	12405.35	12219.87	4872.18	7339.78	4683.70
海　南	2325.39	2278.37	120.04	2150.75	35.27
重　庆	8860.40	4140.88	97.04	4043.84	1005.00
四　川	19272.76	17841.77	6218.68	11580.63	6059.46
贵　州	9338.28	3759.52	285.28	3407.89	1088.84
云　南	11679.70	5161.57	2140.95	3020.62	3158.35
西　藏	1078.17	362.66	362.63	0.00	103.00
陕　西	30243.89	29451.48	23319.33	6016.48	4909.71
甘　肃	4871.47	2776.94	2492.06	284.88	3300.14
青　海	2300.68	1935.37	1359.38	572.15	1186.98
宁　夏	1331.29	1279.04	742.86	535.43	448.48
新　疆	8846.70	4059.77	372.48	3681.24	2136.80
全　国	450179.88	394201.02	124345.84	281121.34	117864.10

6.8 医用电磁辐射设备、放射源和射线装置情况

按照生活源普查技术规定，只对拥有 20 个固定床位以上的医院和卫生院进行普查，所以生活源有电磁辐射设备的普查对象主要为医院。本章节主要阐述医用电磁辐射的设备、医用放射源及其设备和医用射线装置的普查结果。

生活源中普查放射性污染源数据（不包括军队、武警的污染源数据）为：有 1434 家医院拥有、使用医用电磁辐射设备 2073 台；有 867 家医院拥有、使用 4213 枚放射源（密封放射源）；有 26599 家医院拥有、使用 56036 台医用射线装置。

6.8.1 医用电磁辐射设备情况

电磁辐射设备（设施）频率大于 500Hz 且功率 5kW 以上，产生的电磁能和辐射强度就可能达到或者超过国家规定的下限值，所以只将频率大于 500Hz 且功率 5kW 以上的电磁辐射设备纳入普查范围。拥有、使用医用电磁辐射设备的医院有 1434 家，电磁辐射设备为 2073 台，分别占全国有工业用和医用电磁辐射设备普查对象的 26.7% 和设备数量的 18.1%。

我国各医院电磁辐射设备拥有和使用基本分布与人口分布一致，分布均匀。东中部地区分布 84% 的医用电磁辐射设备，西部地区分布 16% 的设备。在长江流域、海河流域和淮河流域各医院分布较多，分别为 29.33%、19.05% 和 13.75%，占医用电磁辐射设备全国总数量的 62.13%。

我国医用电磁辐射设备绝大部分用于综合医院，为 1662 台，占医用电磁辐射设备全行业的 80.2%。

在全国各流域中，医用电磁辐射设备按照用途和功能分为高频理疗机等 8 种类型（具体名称见表 6-8-4），其中医疗中广泛应用是核磁共振设备和高频手术刀，其数量分别为 1060 台和 438 台，占各类型医用电磁辐射设备比例为 51.14% 和 21.13%，占各类型医用电磁辐射设备总数的 72.27%。

医用电磁辐射设备中标称功率大于等于 3MHz 的高频设备数量为 640 台，主要是核磁共振设备（528 台），占全部医用电磁辐射设备的 30.9%；小于 3MHz 的中频设备数量为 1442 台。截至 2007 年年底，医用电磁辐射设备终止使用 31 台，在用 2042 台。

表 6-8-1　各地区医用电磁辐射设备基本情况

地　区	有电磁辐射设备普查对象/家	电磁辐射设备数/台	各地区设备占全国的比例/%	电磁辐射设备标称功率合计/千瓦	标称功率占全国的比例/%
北　京	49	72	3.47	5314.2	2.18
天　津	22	45	2.17	28755.1	11.77
河　北	108	189	9.12	27968.3	11.45
山　西	64	99	4.78	11906.3	4.87
内蒙古	35	46	2.22	5974.5	2.45
辽　宁	50	79	3.81	9097.3	3.72
吉　林	50	101	4.87	4423.9	1.81
黑龙江	30	33	1.59	741.6	0.30
上　海	31	39	1.88	3108.6	1.27
江　苏	101	120	5.79	7755.6	3.17
浙　江	52	62	2.99	2398.1	0.98
安　徽	66	90	4.34	26089.7	10.68
福　建	38	60	2.89	6668.3	2.73
江　西	38	62	2.99	8753.4	3.58
山　东	122	170	8.20	18149.5	7.43
河　南	81	95	4.58	5328.9	2.18
湖　北	52	72	3.47	7131.4	2.92
湖　南	90	181	8.73	14367.0	5.88
广　东	98	132	6.37	6548.3	2.68
广　西	24	31	1.50	1219.9	0.50
海　南	4	6	0.29	220	0.09
重　庆	17	18	0.87	331	0.14
四　川	52	66	3.18	15892.1	6.50
贵　州	18	20	0.96	1538	0.63
云　南	37	50	2.41	3145	1.29
西　藏	4	4	0.19	1020	0.42
陕　西	36	43	2.07	7605.8	3.11
甘　肃	26	32	1.54	1510.9	0.62
青　海	7	17	0.82	7156.1	2.93
宁　夏	7	8	0.39	215.6	0.09
新　疆	25	31	1.50	3973.6	1.63
全国总计	1434	2073	100	244307.9	100

表 6-8-2　各类型医院电磁辐射设备基本情况

	行业类别	电磁辐射设备数 / 台	占全行业的比例 / %
医　院	中医医院	124	5.98
	专科医院	157	7.57
	中西医结合医院	57	2.75
	民族医院	3	0.14
	综合医院	1662	80.17
	疗养院	3	0.14
	小　计	2006	96.77
卫生院及社区医疗活动		67	3.23
合　计		2073	100

表 6-8-3　全国各流域医用电磁辐射设备基本情况

流　域	电磁辐射设备数 / 台	百分比 / %
松花江流域	125	6.03
辽河流域	105	5.07
海河流域	395	19.05
黄河流域	186	8.97
淮河流域	285	13.75
长江流域	608	29.33
东南诸河流域	113	5.45
珠江流域	189	9.12
西南诸河流域	18	0.87
西北诸河流域	49	2.36
合　计	2073	100

表 6-8-4　医用电磁辐射设备分类基本情况

电磁辐射设备分类名称	电磁辐射设备数 / 台	百分比 / %	频率大于等于 3MHz 的设备数量 / 台
高频理疗机	102	4.92	9
超短波理疗机	186	8.97	40
紫外线理疗机	31	1.50	2
高频透热机（包括热疗癌机、微波电疗机等）	179	8.63	43
高频烧灼器	34	1.64	1
高频手术刀	438	21.13	8
微波针灸设备	43	2.07	9
核磁共振	1060	51.14	528
合　计	2073	100	640

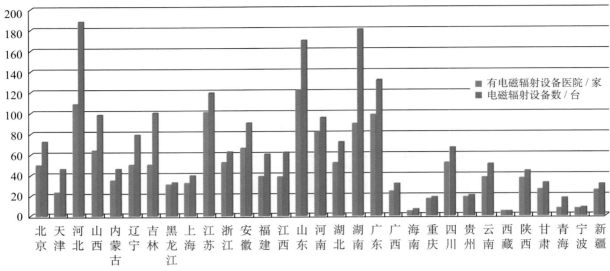

图 6-8-1　各地区生活源电磁辐射设备分布图

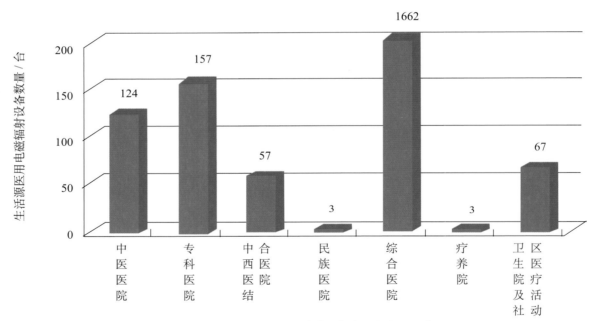

图 6-8-2　生活源各类型医院中电磁辐射设备数量分布图

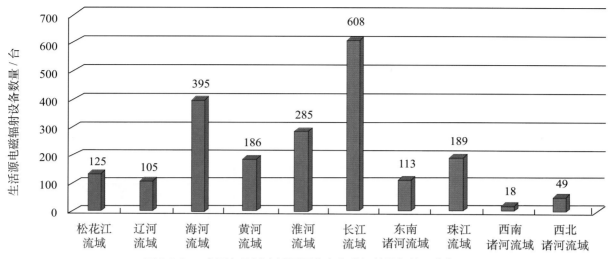

图 6-8-3   全国各流域生活源医院中电磁辐射设备数量分布图

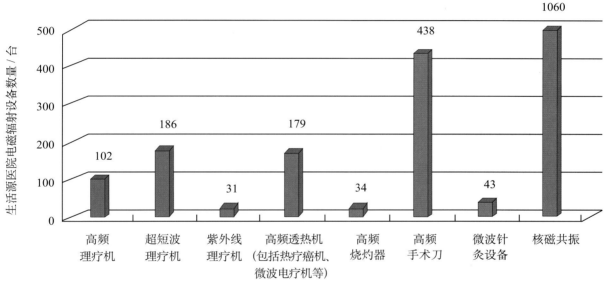

图 6-8-4   生活源医院中不同电磁辐射设备数量分布图

6.8.2   医用放射源及含放射源设备情况

生活源中有 867 家医院拥有、使用 4213 枚放射源（密封放射源），分别占全国工业用和医用放射源普查对象的 10.2%，占全部工业用和医用放射源的 7.45%。

我国医用放射源设备主要分布在山东、广东、吉林、北京、江苏和新疆，六省放射源合计数 2248 枚，占全国医用放射源的 53.4%；甘肃、青海、宁夏和西藏四省医用放射源共 25 枚，仅占全国医用放射源的 0.6%，其中宁夏和西藏两区生活源医用放射源各 1 枚。

我国医用放射源绝大部分在综合医院使用，为 3562 枚，占医用放射源全行业的 84.55%。

医用放射源在海河流域、淮河流域、长江流域和珠江流域的各医院分布较多，分别为 20.65%、19.58%、16.52% 和 14.98%，占医用电磁辐射设备全国总数量的 71.73%。

医用含有放射源的设备按照用途和功能分为：伽马刀等 7 种类型（具体名称见表 6-8-8），其中医疗中广泛应用是伽马刀、钴-60治疗仪和后装机,这三类含放射源设备使用放射源数量分别是2334枚、646枚和565枚,分别占医用放射源的55.4%、15.3%和13.4%,占所有医用放射源总数的84.1%。

截至2007年年底,医用放射源终止使用的有232枚,约占全部医用放射源的5.5%;在用医用放射源3981枚,占全部医用放射源的94.5%。

表 6-8-5　各地区医用放射源基本情况

地　区	有含放射源设备医院 / 家	放射源数量 / 枚	各地区占全国的比例 / %
北　京	17	317	7.52
天　津	12	262	6.22
河　北	76	219	5.20
山　西	41	74	1.76
内蒙古	7	66	1.57
辽　宁	27	69	1.64
吉　林	22	337	8.00
黑龙江	20	66	1.57
上　海	13	20	0.47
江　苏	73	312	7.41
浙　江	23	118	2.80
安　徽	28	79	1.88
福　建	26	119	2.82
江　西	15	26	0.62
山　东	112	550	13.05
河　南	67	155	3.68
湖　北	35	60	1.42
湖　南	43	58	1.38
广　东	48	458	10.87
广　西	29	123	2.92
海　南	4	42	1.00
重　庆	19	105	2.49
四　川	39	131	3.11
贵　州	11	52	1.23
云　南	11	22	0.52
西　藏	1	1	0.024
陕　西	28	74	1.76
甘　肃	9	18	0.43
青　海	2	5	0.12
宁　夏	1	1	0.024
新　疆	8	274	6.50
全国总计	867	4213	100

表 6-8-6　各类型医院放射源基本情况

行业类别		放射源数量 / 枚	占全行业的比例 / %
医院	专科医院	482	11.44
	中医医院	119	2.82
	综合医院	3562	84.55
	中西医结合医院	20	0.47
	疗养院	2	0.05
	小　计	4185	99.34
卫生院及社区医疗活动		28	0.66
合　计		4213	100

表 6-8-7　全国各流域医用放射源基本情况

流　域	放射源数量 / 枚	百分比 / %
松花江流域	367	8.71
辽河流域	108	2.56
海河流域	870	20.65
黄河流域	221	5.25
淮河流域	825	19.58
长江流域	696	16.52
东南诸河流域	201	4.77
珠江流域	631	14.98
西南诸河流域	11	0.26
西北诸河流域	283	6.72
合　计	4213	100

表 6-8-8　医用含放射源设备分类基本情况

含放射源设备名称	放射源数量 / 枚	百分比 / %
钴 -60 治疗机	646	15.33
表面敷贴器	299	7.10
伽马刀	2334	55.40
后装机	565	13.41
γ 射线骨密度仪	91	2.16
含锗 -68 的 ECT/PET	140	3.32
校验源	138	3.28
合　计	4213	100

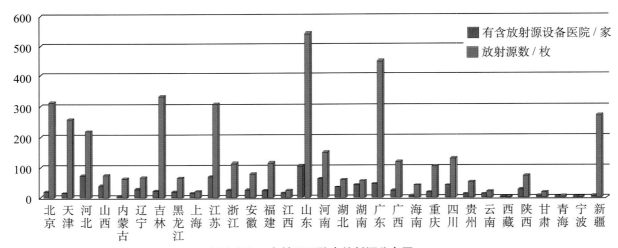

图 6-8-5　各地区医院中放射源分布图

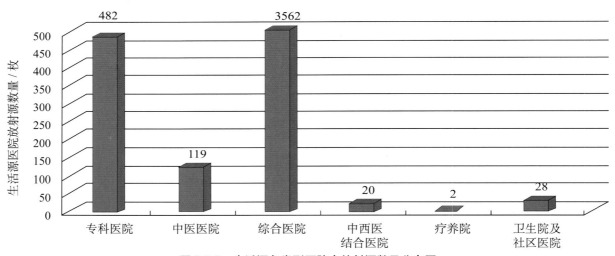

图 6-8-6　生活源各类型医院中放射源数量分布图

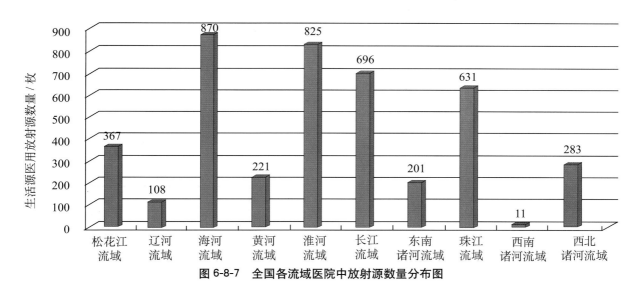

图 6-8-7　全国各流域医院中放射源数量分布图

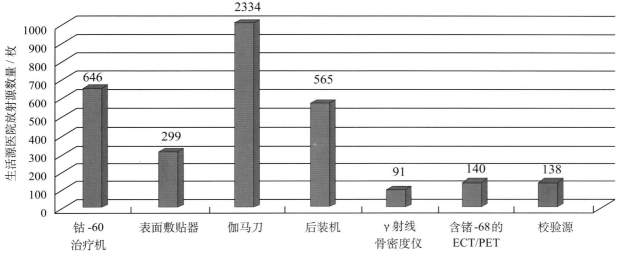

图 6-8-8　医院中不同含放射源设备数量分布图

6.8.3　射线装置

符合生活源普查技术规定的医院中，有射线装置的医院 26599 家，共拥有和使用医用射线装置 55036 台，分别占全国有工业用和医用射线装置普查对象的 90% 与全部工业用和医用射线装置的 87.3%。

医用射线装置在各地分布基本与人口分布一致，分布均匀。东中部地区分布 75.7% 的医用射线装置，西部地区分布 24.3% 的装置。在长江流域、淮河流域、海河流域和珠江流域各医院分布较多，分别为 31.95%、14.46%、12.72% 和 12.42%，占医用电磁辐射设备全国总数量的 71.55%。

拥有和使用医用射线装置的医院中，综合医院为 36428 台，占全部医用射线装置的 65%。卫生院及社区医疗活动为 9127 台，占全部医用射线装置的 16.3%。

医用射线装置中 I 类射线装置 343 台、II 射线装置 3621 台、III 射线装置 52072 台，分别占医用射线装置的 0.61%、6.46% 和 92.93%。

截至 2007 年年底，医用射线装置终止使用的有 1961 台，约占全部医用射线装置的 3.5%；在用医用射线装置 54075 台，占全部医用射线装置的 96.5%。

表 6-8-9 各地区医用射线装置基本情况

地　区	有射线装置医院／家	射线装置数／台	各地区设备占全国的比例／％
北　京	433	2052	3.66
天　津	234	627	1.12
河　北	1300	2822	5.04
山　西	838	1651	2.95
内蒙古	428	958	1.71
辽　宁	890	2072	3.70
吉　林	496	1051	1.88
黑龙江	685	1479	2.64
上　海	472	1774	3.17
江　苏	2042	4443	7.93
浙　江	850	2790	4.98
安　徽	1182	2077	3.71
福　建	592	1284	2.29
江　西	681	1315	2.35
山　东	1949	3971	7.09
河　南	2124	3366	6.01
湖　北	1212	2235	3.99
湖　南	1091	1942	3.47
广　东	1542	4372	7.80
广　西	762	1577	2.81
海　南	134	222	0.40
重　庆	737	1334	2.38
四　川	1843	3020	5.39
贵　州	615	1040	1.86
云　南	1095	1835	3.27
西　藏	70	122	0.22
陕　西	749	1533	2.74
甘　肃	494	1003	1.79
青　海	102	271	0.48
宁　夏	139	296	0.53
新　疆	818	1502	2.68
全国总计	26599	55036	100

表 6-8-10　医用射线装置基本情况

射线装置名称	射线装置/台	占全行业的比例/%
放射诊断用普通 X 射线机	43334	77.33
CT 机	8232	14.69
数字减影血管造影装置	1660	2.96
放射治疗模拟定位机	839	1.50
X 射线骨密度仪	365	0.65
X 射线深部治疗机	285	0.51
X 射线体外碎石机	526	0.94
医用加速器	795	1.42
合　计	56036	100

表 6-8-11　各类型医院不同类别射线装置基本情况　　　　单位：台

行业类别		I 类射线装置	II 类射线装置	III 类射线装置	合　计
医　院	综合医院	268	2728	33432	36428
	疗养院	3	5	148	156
	民族医院	2	15	168	185
	中西医结合医院	5	70	1235	1310
	专科医院	45	362	4268	4675
	中医医院	20	209	3926	4155
	小　计	343	3389	43177	46909
卫生院及社区医疗活动		—	232	8895	9127
合　计		343	3621	52072	56036

表 6-8-12　全国各流域医用射线装置基本情况

流　域	射线装置数/台	百分比/%
松花江流域	2514	4.47
辽河流域	2574	4.60
海河流域	7128	12.72
黄河流域	4731	8.44
淮河流域	8105	14.46
长江流域	17901	31.95
东南诸河流域	3371	6.02
珠江流域	6957	12.42
西南诸河流域	844	1.51
西北诸河流域	1911	3.41
合　计	56036	100

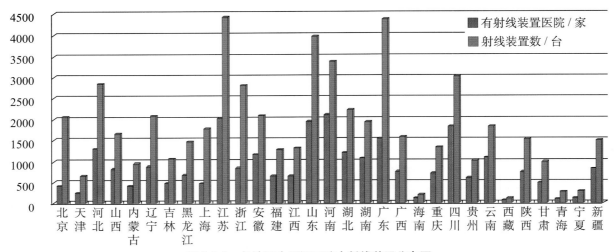

图 6-8-9　各地区生活源医院中射线装置分布图

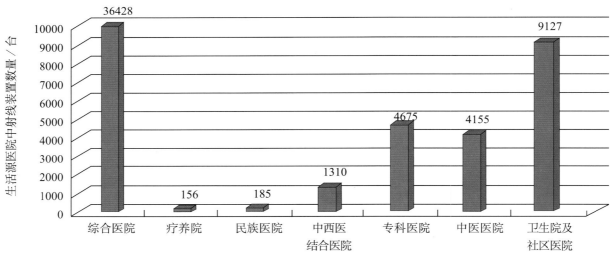

图 6-8-10　生活源各类型医院中射线装置数量分布图

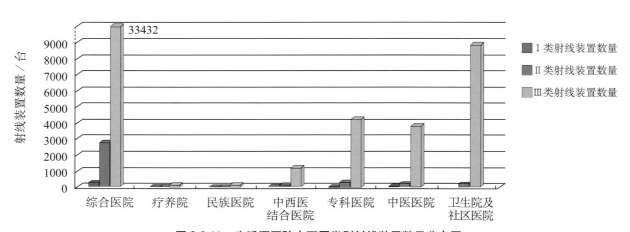

图 6-8-11　生活源医院中不同类别射线装置数量分布图

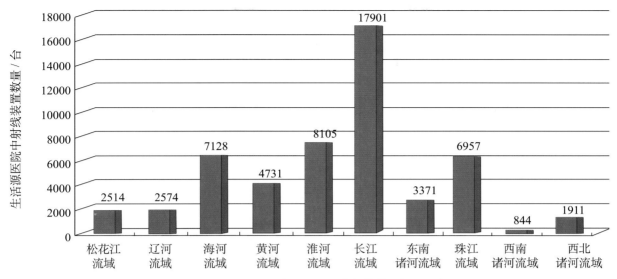

图 6-8-12　全国各流域生活源医院中射线装置数量分布图

6.9　重点流域农村生活源

6.9.1　农村生活源普查数量

本次普查对三峡库区、太湖、巢湖、滇池等四个重点流域的农村生活源以行政村为单位进行了普查，共普查行政村 13409 个，覆盖人口数量 3254.4 万人。其中三峡库区行政村 5538 个，人口数量 1254.64 万人；太湖流域行政村 5446 个，人口数量 1310.14 万人；巢湖流域行政村 2095 个，人口数量 623.18 万人；滇池流域行政村 330 个，人口数量 66.45 万人。见表 6-9-1。

表 6-9-1　重点流域农村生活源普查基本情况

流　域	行政村数量／个	人口数量／万人
三峡库区	5538	1254.64
太　湖	5446	1310.14
巢　湖	2095	623.18
滇　池	330	66.45
合　计	13409	3254.40

6.9.2　农村生活源污水及污染物

6.9.2.1　农村生活源污水产生与排放情况

本次对太湖、巢湖、滇池流域和三峡库区农村生活源的普查结果表明，四个重点流域的农村生活源污水产生量为 3.87 亿吨，排放量为 3.20 亿吨。其中，太湖流域农村生活污水排放量最大，为 2.65 亿吨，占四大流域农村生活源污水排放量的 82.68%。三峡库区的农村生活污水排放量为 1685.23 万吨；巢湖为 2992.79 万吨；滇池的污水排放量最少，为 862.73 万吨。从重点流域农村生活源人均生活污水排放量分析，太湖地区的农村人均生活污水排放量最大，为每年 20.19 吨，滇池流域第二，为 12.98 吨，巢湖和三峡库区农村生活污水人均排放量均较小。见表 6-9-2。

表 6-9-2　重点流域农村生活源污水产生、处理与排放情况

流　域	农村生活污水排放量／万吨	人均生活污水排放量／（吨／人）
太　湖	26451.37	20.19
三峡库区	1685.23	1.34
巢　湖	2992.79	4.80
滇　池	862.73	12.98
重点流域合计	31992.12	9.83

6.9.2.2　农村生活水污染物产生与排放情况

（一）化学需氧量

重点流域农村生活源共产生化学需氧量 41.31 万吨，排放 28.79 万吨。其中太湖流域排放量占重点流域总量的 77.67%；其次是三峡库区，化学需氧量排放量占重点流域总量的 9.49%。

与重点流域工业源和农业源化学需氧量排放量相比，太湖流域和三峡库区的农村生活源化学需氧量排放量占比较小，而巢湖和滇池流域的农村生活源化学需氧量排放量占比则较大。见图 6-9-1。

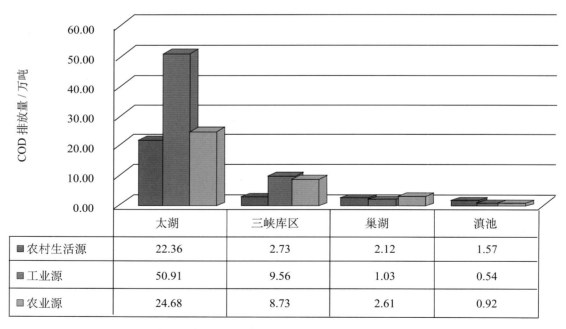

	太湖	三峡库区	巢湖	滇池
■ 农村生活源	22.36	2.73	2.12	1.57
■ 工业源	50.91	9.56	1.03	0.54
■ 农业源	24.68	8.73	2.61	0.92

图 6-9-1　重点流域农村生活源与工业源、农业源化学需氧量产排量对比图

（二）氨氮

重点流域农村生活源共产生氨氮 1.13 万吨，排放 1.06 万吨。主要来自太湖流域，其氨氮排放量占重点流域农村生活源排放总量的 95.33%；其次是三峡库区，氨氮排放量占重点流域总量的 2.51%。

与重点流域工业源和农业源氨氮排放量相比，除太湖流域农村生活源氨氮排放量与工业源、农业源氨氮排放量相当外，其他三个重点流域的农村生活源氨氮排放量均占很小比例。见图 6-9-2。

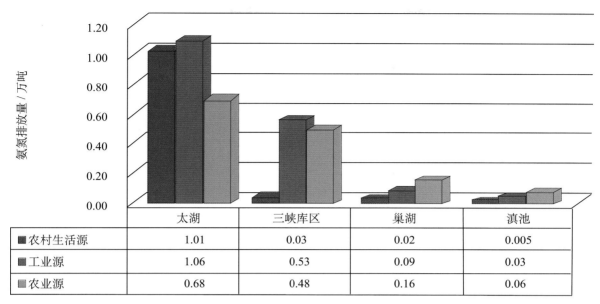

	太湖	三峡库区	巢湖	滇池
■农村生活源	1.01	0.03	0.02	0.005
■工业源	1.06	0.53	0.09	0.03
■农业源	0.68	0.48	0.16	0.06

图 6-9-2　重点流域农村生活与工业源、农业源氨氮产排量对比图

（三）总氮

重点流域农村生活源共产生总氮 2.56 万吨，排放 2.24 万吨。主要来自太湖流域，其总氮排放量占重点流域排放总量的 92.39%；其次是三峡库区，其总氮排放量占重点流域总量的 3.09%。见图 6-9-3。

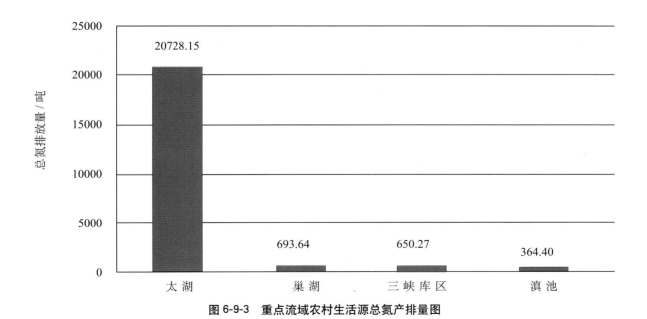

图 6-9-3　重点流域农村生活源总氮产排量图

（四）总磷

重点流域农村生活源共产生总磷 3157.45 吨，排放 2578.43 吨。主要来自太湖流域，其总磷排放量占重点流域总量的 90.88%；其次是巢湖流域，其总磷排放量占重点流域总量的 3.76%；三峡库区总磷排放量占 3.19%。见图 6-9-4。

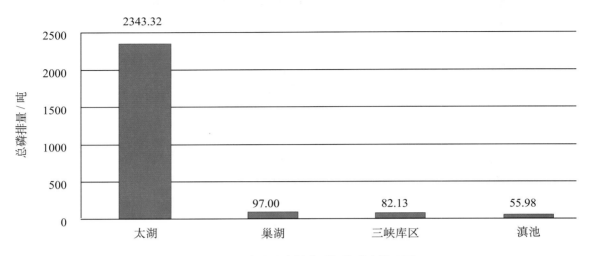

图 6-9-4　重点流域农村生活源总磷产排量图

6.9.3　农村生活垃圾产生与排放情况

本次对太湖、巢湖、滇池流域和三峡库区农村生活源的普查结果，如表 6-9-3 所示，四个重点流域的固体废物产生量为 553.54 万吨，其中，一般垃圾产生量为 370.52 万吨，有机垃圾产生量 183.02 万吨。在四个重点流域中，三峡库区的一般生活垃圾和有机垃圾的产生量最大，分别为 187.30 万吨和 65.81 万吨，总量为 253.11 万吨。滇池最少，分别为 8.47 万吨和 5.66 万吨，总量为 14.13 万吨。

四个重点流域的固体废物排放量总量为 271.84 万吨，其中一半生活垃圾排放量为 215.90 万吨，有机垃圾排放量为 55.94 万吨。和产生量一致，三峡库区的生活源生活垃圾在四个重点流域中占比重最大，三峡库区的固体废物排放为 166.31 万吨，其中一般生活垃圾排放量 149.90 万吨，有机垃圾排放量为 22.41 万吨。滇池最少，分别为 0.75 万吨和 0.38 万吨，总量为 1.13 万吨。

表 6-9-3　重点流域农村生活源生活垃圾产生、处理与排放情况　　　　单位：万吨

指标项	三峡库区	太　湖	巢　湖	滇　池	合　计
固体废物产生量	253.11	224.80	61.50	14.13	553.54
一般垃圾产生量	187.30	131.98	42.77	8.47	370.52
有机垃圾产生量	65.81	92.82	18.73	5.66	183.02
固体废物排放量	166.31	57.39	47.01	1.13	271.84
一般垃圾排放量	143.90	35.43	35.82	0.75	215.90
有机垃圾排放量	22.41	21.96	11.19	0.38	55.94

6.10 生活源小结

（1）本次普查的各类生活源（不含机动车）共 1445644 个。其中：住宿业 100084 个，餐饮业 749023 个，居民服务和其他居民服务业 486552 个 [包括：洗染服务业 10363 个、理发及美容保健服务业 339911 个、洗浴服务业 65198 个、摄影扩印服务业 9848 个、汽车、摩托车维护与保养业（以下简称洗车业）61232 个]，医院 32000 个，独立燃烧设施 56654 家；城镇居民生活源共普查设区城市的区、县城（县级市）、建制镇（不包括村庄和集镇）21331 个。本次普查的城镇居民生活源所覆盖的区域城镇人口数为 56895.34 万人。

全国生活污染源普查对象主要集中在餐饮业、理发及美容保健服务业和住宿业三大类中，分别占生活源普查对象的 51.81%、23.51% 及 6.92%。从地域分布分析，生活源普查对象数多的省份与当地的经济发展水平和人口数量成正比关系。

（2）在能源结构方面，生活源煤炭消费量为 1.88 亿吨，燃料油消费量为 1250.09 万吨，锅炉燃气消费量为 27.84 亿米^3，锅炉生物质燃料消费量为 177.97 万吨标煤。另有居民用管道煤气消费量 58.19 亿米^3，天然气消费量 96.12 亿米^3，石油液化气消费量 2382.40 万吨。其中，经济发达省份主要使用燃料油和燃气等低污染能源，而东北、西部等省份与广东、江苏、浙江等经济发达省份相比，其生活源煤炭消费量较多。

（3）在水污染物方面，全国生活源污水排放总量为 343.3 亿吨，化学需氧量排放量为 1547.85 万吨，五日生化需氧量排放量为 516.20 万吨，总磷排放量为 18.33 万吨，动植物油排放量为 75.78 万吨，氨氮排放量为 176.94 万吨，总氮排放量为 231.25 万吨，石油类排放量为 408.95 吨，汞排放量为 66.00 千克，铅排放量为 827.04 千克，氰化物排放量为 14.57 千克，铬排放量为 5.04 千克。

由于全国的生活源自身污水治理能力均不强，因此，用水量大的省份，其污水排放及水污染物的排放量也较大。从行业类别分析，除城镇居民生活源的污水排放量占其中较大份额外，住宿和餐饮业的污水及污水污染物的排放量也占据了一定比例。

（4）由于生活源的废气污染物主要来自于城镇居民生活，因此其居民生活的燃料类型直接决定了生活源大气污染物的排放，从而造成了经济欠发达的一些省份的生活源大气污染物（二氧化硫、氮氧化物、烟尘）相比经济发达省份排放量大。本次共普查了生活源废气中 3 种主要污染物的产生与排放情况，其中二氧化硫排放 199.40 万吨，氮氧化物排放 58.2 万吨，烟尘排放 183.51 万吨。从生活源大气污染物排放量的构成比例可以看出，城镇居民生活和独立燃烧设施是生活源大气污染物排放的主要来源，其二氧化硫、氮氧化物和烟尘排放量之和所占生活源各类大气污染物比例分别为 87.59%、90.92% 和 84.66%。这主要是因为：①城镇居民生活源由于条件的限制，很难配备废气治理设施。②本次普查的独立燃烧设施中，161457 台锅炉共装配了 23377 台（套）废气治理设施，装配率为 14.48%，装配比例还不高。

综合以上因素，为了有效地减少生活源大气污染物的排放量，应着重进行城镇居民燃料结构的改变，大力使用清洁能源。

（5）本次填报机动车普查表的包括全国 31 个省级下辖的 343 个市（地区、州、盟）及省直辖县，共普查机动车 1.43 亿辆，其中载客汽车 3438.59 万辆，载货汽车 1191.26 万辆，三轮汽车及低速载货汽车 772.91 万辆，摩托车 8868.98 万辆。

机动车尾气污染物排放量均通过污染物排放系数得出，其中，总颗粒物 59.06 万吨，氮氧化物 549.65 万吨，一氧化碳 3947.46 万吨，碳氢化合物 478.62 万吨。

机动车的一氧化碳和碳氢化合物主要来自于载客汽车，而总颗粒物、氮氧化物主要来自于载货汽车；考虑单车污染物排放量，则四种污染物载货汽车均列第一。

（6）本次普查生活垃圾（不包括建筑垃圾）产生总量为 1.24 亿吨，包括建筑垃圾在内的生活垃圾清运量为 1.69 亿吨。在生活垃圾处置情况方面，生活垃圾无害化填埋量 7312.51 万吨，简易填埋量 6290.66 万吨，堆肥量 486.60 万吨，焚烧量 1361.11 万吨，生活垃圾其他处置方式处置量 1076.45 万吨。

（7）本次普查全国医疗废物共产生 45.02 万吨，全国无害化处置量 39.42 万吨，平均无害化处置率为 87.56%，其中本单位无害化处置的医疗废物量为 12.43 万吨，占总无害化处置量的 31.54%。送医疗废物处置厂的量为 28.11 万吨，医疗废物本单位焚烧量为 11.79 万吨。

从不同省份医疗垃圾无害化处理率分析，全国大部分省份处理率均大于 80%。医疗垃圾无害化处理率较低的省份主要集中在西部地区。

第7章 集中式污染治理设施普查结果分析

7.1 数量与分布总体情况

7.1.1 全国概况

全国集中式污染治理设施共 4790 座。其中，污水处理厂 2094 座；垃圾处理厂（场）2353 座；危险废物处置厂 159 座；医疗废物处置厂 184 座，各类污染治理设施比例如图 7-1-1 所示。

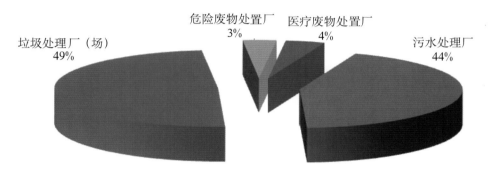

图 7-1-1 各类型集中式污染治理设施比例

污水处理厂中以城镇污水处理厂数量最多，占 67.10%；垃圾处理厂（场）中，垃圾填埋场所占比例最大为 89.67%；危险废物处置厂中，以焚烧处理方式为主，占 82.40%；医疗废物处置厂中焚烧处理方式所占比例最大，为 91.30%。全国集中式污染治理设施数量具体情况见表 7-1-1。

表 7-1-1 集中式污染治理设施一览表（座）

集中式污染治理设施对象类型	普查对象数量	详细分类	设施数
污水处理厂	2094	城镇污水处理厂	1405
		工业废（污）水集中处理设施	423
		其他污水处理设施	266
垃圾处理厂（场）	2353	垃圾填埋场所	2110
		垃圾焚烧设施	224
		垃圾堆肥场所	138
危险废物处置厂	159	焚烧	131
		填埋	28
医疗废物处置厂	184	焚烧	168
		化学消毒	10
		微波消毒	0
		高温蒸煮	8
合　计	4790	—	—

注：垃圾处理厂（场）既有填埋又有堆肥处理方式的为 119 座。

7.1.2 各地区状况

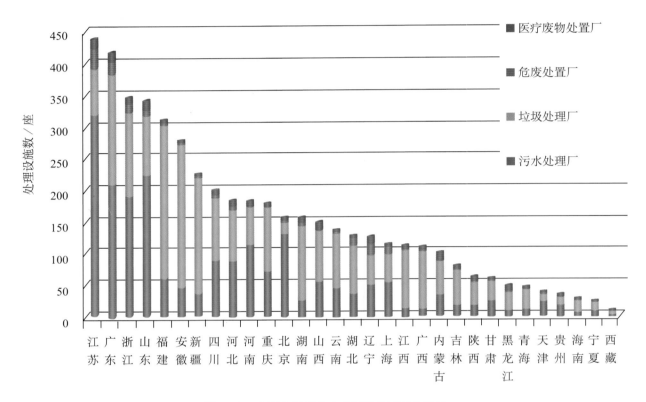

图 7-1-2　全国各地区集中式污染治理设施数量

集中式污染治理设施主要集中在东部地区，与区域经济发展水平相吻合。设施数量排名前 5 位的地区依次是江苏、广东、浙江、山东、福建，数量合计占设施总数的 38.64%。

污水处理厂数量排名前 5 位的地区依次为江苏、山东、广东、浙江、北京，分别占污水处理厂总数的比例为 15.38%、10.89%、10.08%、9.17%、6.30%。

垃圾处理厂（场）设施数排名前 5 位的地区依次为福建、安徽、新疆、广东、浙江，分别占垃圾处理厂（场）的比例为 10.28%、9.43%、7.61%、7.27%、5.48%。

危险废物处置厂数量排名前 5 位的地区依次为江苏、辽宁、广东、浙江、上海，分别占危险废物处置厂总数的比例为 27.04%、11.95%、11.32%、8.81%、8.18%。

医疗废物处置厂数量排名前 5 位的地区为广东、山东、四川、山西、浙江，分别占医疗废物处置厂总数的比例为 9.78%、8.70%、7.07%、6.52%、5.43%。

截至 2007 年年底尚有 9 个省（区）没有危险废物处置厂，分别是山西、内蒙古、河南、重庆、贵州、西藏、青海、宁夏和新疆。天津和西藏没有独立的医疗废物处置厂，天津全市的医疗废物统一送到危险废物处置中心进行集中处置。

集中式污染治理设施地区分布具体情况见表 7-1-2。

表 7-1-2 全国各地区集中式污染治理设施数量（座）

地 区	合 计	污水处理厂	垃圾处理厂（场）	危险废物处理厂	医疗废物处理厂
北 京	156	132	19	1	4
天 津	38	25	9	4	0
河 北	183	91	77	6	9
山 西	148	57	79	0	12
内蒙古	99	38	51	0	10
辽 宁	125	54	43	19	9
吉 林	77	20	52	2	3
黑龙江	47	12	26	1	8
上 海	113	53	46	13	1
江 苏	438	322	68	43	5
浙 江	345	192	129	14	10
安 徽	277	49	222	2	4
福 建	309	60	242	1	6
江 西	111	15	90	1	5
山 东	341	228	88	9	16
河 南	182	119	55	0	8
湖 北	126	38	75	10	3
湖 南	156	25	118	6	7
广 东	418	211	171	18	18
广 西	109	14	89	1	5
海 南	28	7	18	1	2
重 庆	178	73	102	0	3
四 川	199	91	92	3	13
贵 州	33	20	10	0	3
云 南	135	44	88	1	2
西 藏	8	2	6	0	0
陕 西	61	19	34	2	6
甘 肃	58	27	29	1	1
青 海	44	6	36	0	2
宁 夏	23	11	10	0	2
新 疆	225	39	179	0	7
全 国	4790	2094	2353	159	184

7.1.3 各流域状况

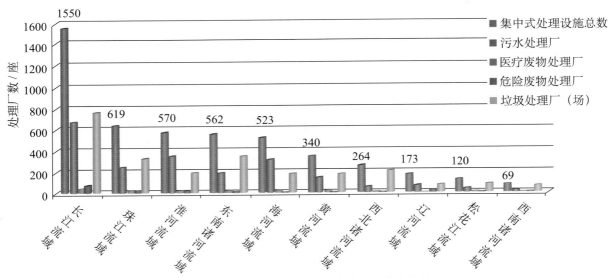

图 7-1-3　全国各流域集中式污染治理设施分布情况

根据全国各流域集中式污染治理设施分布图分析，其中，长江流域集中式治理设施最多共 1550 座，占全国集中式治理设施总数的 32%，同时长江流域在污水处理厂、垃圾处理厂（场）、危险废物处置厂、医疗废物处置厂的数量上也都最多，分别为 671 座、763 座、74 座和 42 座，占全国的比例分别为 32%、32%、47% 和 23%。集中式治理设施最少的流域西南诸河为 69 座。

7.2 污水处理厂

7.2.1 污水处理厂基本情况

7.2.1.1 全国基本概况

到 2007 年末，全国污水处理厂共 2094 座，总投资为 1575.24 亿元，污水设计处理能力为 8745.24 万吨／日。其中城镇污水处理厂 1405 座，设计处理能力为 7997.76 万吨／日，工业废水集中处理设施 423 座，设计处理能力为 644.03 万吨／日，其他污水集中处理设施 266 座，设计处理能力为 103.45 万吨／日；二级及以上的污水处理厂的数量为 1852 座，设计处理能力为 7555.40 万吨／日，分别占到全国数量和总设计处理能力情况的 88% 和 86%。

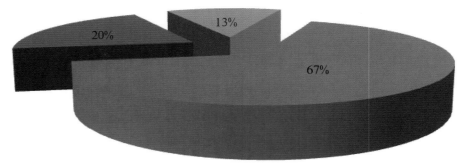

图 7-2-1　全国各类型污水处理厂比例

污水处理厂中城镇污水处理厂仍然为主要的污水处理设施类型,数量占67.10%,投资费用也最高,占总投资的90.7%,相应的设计处理能力也占到91.4%;二级及以上的城镇污水处理厂的数量和设计处理能力占城镇污水处理厂总数和设计处理能力的比例分别为92.10%和86.96%。

表 7-2-1　全国污水处理厂基本情况

指　标	污水处理厂	其中:城镇污水处理厂	其中:工业废(污)水集中处理设施	其中:其他污水处理设施
数量 / 座	2094	1405	423	266
其中:二级及以上 / 座	1852	1294	319	239
总投资 / 万元	15752477.70	14295051.40	1346925.30	110501.00
污水设计处理能力 / (吨 / 日)	87452388	79977606	6440256	1034526
其中:二级及以上 / (吨 / 日)	75554014	69551609	5430154	572251

7.2.1.2　各地区基本情况

污水处理厂主要集中在经济发达地区,其中,江苏、山东、广东、浙江、北京污水处理厂总和占了全国的51%,二级及以上的污水处理厂共有1852座,其中江苏、山东、广东、浙江、北京,二级及以上的污水处理厂总和占了全国的51%。

全国的城镇污水处理厂中,江苏最多,依次为山东、广东、河南、浙江、四川、河北、重庆,共占到全国的54%;工业废(污)水集中处理设施中,江苏最多,依次为浙江、广东、山东、河北、福建,共占到全国的81%,黑龙江、青海、西藏和新疆没有工业废水集中处理设施。

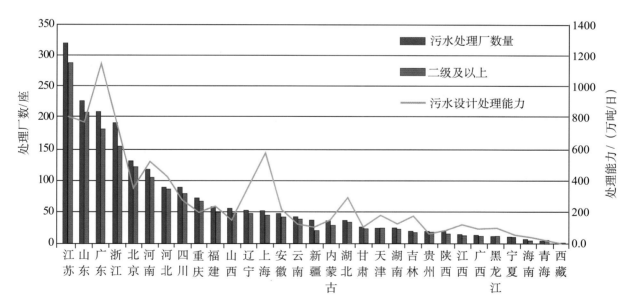

图 7-2-2　全国各地区污水处理厂数量分布

全国污水处理厂投资最大的前十个省份为江苏、广东、浙江、山东、上海、河南、河北、北京、辽宁和四川,分别占全国总投资的比例为12.43%、12.17%、10.59%、7.84%、5.99%、5.59%、4.60%、4.23%、3.16%和3.00%,共占全国总投资的69.58%。

污水处理厂设计处理能力最强的十个省份依次为广东、江苏、山东、浙江、上海、河南、河北、辽宁、北京和湖北,占全国设计处理能力的比例分别为13.24%、9.25%、8.90%、8.68%、6.69%、6.02%、

4.99%、4.16%、4.10% 和 3.42%，合计占全国设计处理能力的 69.46%。

表 7-2-2　全国各地区污水处理厂基本情况

地　区	污水处理厂				其中：城镇污水处理厂			
	数量／座	其中：二级及以上／座	污水设计处理能力／（吨／日）	其中：二级及以上／（吨／日）	数量／座	其中：二级及以上／座	污水设计处理能力／（吨／日）	其中：二级及以上／（吨／日）
北　京	132	123	3589528.00	3476383.00	45	44	3300860.00	3300850.00
天　津	25	25	1833223.00	1833223.00	19	19	1798903.00	1798903.00
河　北	91	88	4363850.00	4175850.00	62	59	3971500.00	3783500.00
山　西	57	49	1509876.00	1358776.00	44	37	1356176.00	1207676.00
内蒙古	38	30	1534330.00	1182830.00	30	24	1317000.00	1112000.00
辽　宁	54	49	3640400.00	3446000.00	43	39	3593740.00	3401740.00
吉　林	20	18	1835120.00	1804920.00	15	15	1469920.00	1469920.00
黑龙江	12	12	975000.00	975000.00	12	12	975000.00	975000.00
上　海	53	46	5853100.00	2355600.00	46	41	5804200.00	2308200.00
江　苏	322	289	8093164.00	7617264.00	181	167	6615500.00	6240000.00
浙　江	192	156	7587109.00	7116440.00	106	95	5770950.00	5483950.00
安　徽	49	43	2178948.00	1987854.00	28	25	2137000.00	1947000.00
福　建	60	51	2438000.00	2342500.00	39	38	2088300.00	2063300.00
江　西	15	13	1186500.00	1104100.00	14	13	1184100.00	1104100.00
山　东	228	210	7786560.00	7362360.00	157	149	7420000.00	7075000.00
河　南	119	106	5269000.00	4872000.00	109	97	5012500.00	4620500.00
湖　北	38	35	2987100.00	2582100.00	37	34	2967100.00	2562100.00
湖　南	25	23	1319410.00	1318010.00	22	22	1308010.00	1308010.00
广　东	211	182	11576801.0	7669372.00	111	106	10426900.0	7057900.00
广　西	14	12	953440.00	751440.00	11	10	936440.00	736440.00
海　南	7	5	417660.00	37660.00	3	1	386000.00	6000.00
重　庆	73	68	1999320.00	1993680.00	58	57	1930380.00	1929880.00
四　川	91	80	2801442.00	2675872.00	67	63	2748140.00	2666140.00
贵　州	20	19	657700.00	542500.00	19	19	542500.00	542500.00
云　南	44	40	1255340.00	1251000.00	36	36	1245500.00	1245500.00
西　藏	2	2	1680.00	1680.00				
陕　西	19	16	855200.00	833400.00	14	14	829000.00	829000.00
甘　肃	27	24	1055260.00	1025600.00	25	22	996260.00	966600.00
青　海	6	6	182600.00	182600.00	5	5	181900.00	181900.00
宁　夏	11	11	625000.00	625000.00	10	10	575000.00	575000.00
新　疆	39	21	1090727.40	1053000.00	37	21	1088827.40	1053000.00
全　国	2094	1852	87452388.40	75554014.0	1405	1294	79977606.40	69551609.00

地 区	其中：工业废（污）水集中处理设施				其中：其他污水处理设施			
	污水处理厂数量/座	其中：二级及以上数量/座	污水设计处理能力/（吨/日）	其中：二级及以上设计处理能力/（吨/日）	污水处理厂数量/座	其中：二级及以上数量/座	污水设计处理能力/（吨/日）	其中：二级及以上设计处理能力/（吨/日）
北 京	7	6	197600.00	89600.00	80	73	91068.00	85933.00
天 津	6	6	34320.00	34320.00	0	0	0	0
河 北	29	29	392350.00	392350.00	0	0	0	0
山 西	3	3	112000.00	112000.00	10	9	41700.00	39100.00
内蒙古	7	5	217000.00	70500.00	1	1	330.00	330.00
辽 宁	7	7	40430.00	40430.00	4	3	6230.00	3830.00
吉 林	5	3	365200.00	335000.00	0	0	0	0
黑龙江	0	0	0	0	0	0	0	0
上 海	7	5	48900.00	47400.00	0	0	0	0
江 苏	126	107	1424974.00	1324574.00	15	15	52690.00	52690.00
浙 江	85	60	1815659.00	1631990.00	1	1	500.00	500.00
安 徽	4	2	30094.00	30000.00	17	16	11854.00	10854.00
福 建	20	12	344700.00	274200.00	1	1	5000.00	5000.00
江 西	1	0	2400.00	0	0	0	0	0
山 东	31	23	251130.00	183130.00	40	38	115430.00	104230.00
河 南	9	8	253500.00	248500.00	1	1	3000.00	3000.00
湖 北	1	1	20000.00	20000.00	0	0	0	0
湖 南	1	1	10000.00	10000.00	2	0	1400.00	00
广 东	51	30	532809.00	415960.00	49	46	617092.00	195512.00
广 西	1	0	2000.00	0	2	2	15000.00	15000.00
海 南	1	1	13000.00	13000.00	3	3	18660.00	18660.00
重 庆	10	6	53840.00	48700.00	5	5	15100.00	15100.00
四 川	4	0	39650.00	0	20	17	13652.00	9732.00
贵 州	1	0	115200.00	0	0	0	0	0
云 南	1	1	1500.00	1500.00	7	3	8340.00	4000.00
西 藏	0	0	0	0	2.00	2.00	1680.00	1680.00
陕 西	3	1	17000.00	2000.00	2	1	9200.00	2400.00
甘 肃	1	1	55000.00	55000.00	1	1	4000.00	4000.00
青 海	0	0	0	0	1	1	700.00	700.00
宁 夏	1	1	50000.00	50000.00	0	0	0	0
新 疆	0	0	0	0	2	0	1900.00	0
全 国	423	319	6440256.00	5430154.00	266	239	1034526.00	572251.00

7.2.1.3　各流域基本情况

全国各流域污水处理厂共 2094 座，污水处理厂主要集中在区域经济发达流域，其中长江流域、淮河流域、海河流域、珠江流域和东南诸河污水处理厂数量总和占了全国的 85%。各流域城镇污水处理厂中，长江流域最多，依次为淮河流域、海河流域和珠江流域，共占到全国十大流域的 74%。工业废（污）水集中处理设施中，长江流域最多，依次为东南诸河、珠江流域和海河流域，共占到全国的 82%。

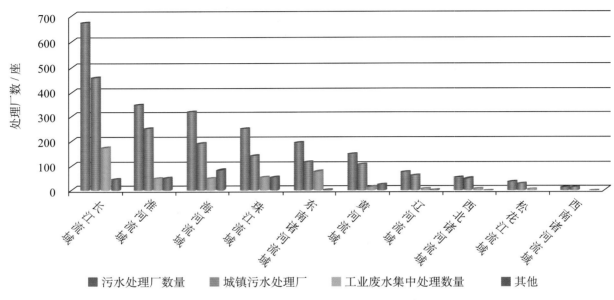

图 7-2-3　全国各流域污水处理厂数量分布

二级及以上的污水处理厂共有 1852 座，其中长江流域、淮河流域、海河流域、珠江流域和东南诸河二级及以上的污水处理厂总和占了全国的 85%。

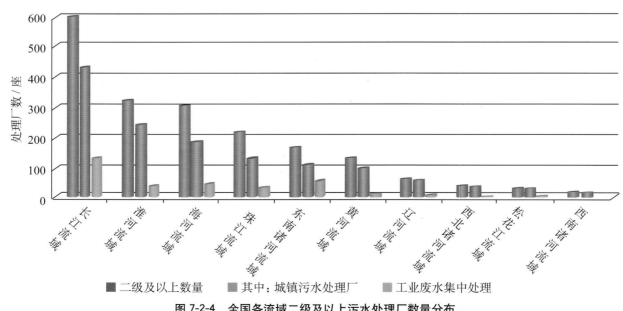

图 7-2-4　全国各流域二级及以上污水处理厂数量分布

全国各流域污水处理厂中，污水设计处理能力最强的是长江流域，依次为珠江流域、海河流域和淮河流域，共占整个十大流域处理能力的75%。

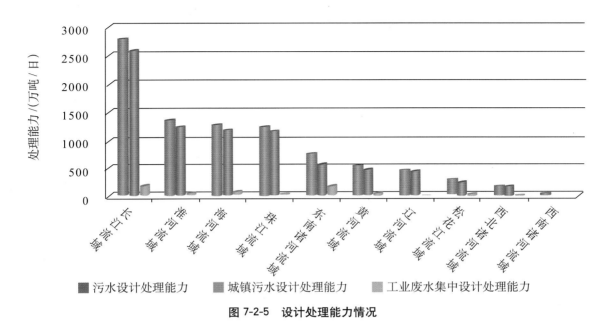

图 7-2-5　设计处理能力情况

二级及以上设计处理能力最强的也是长江流域，依次为海河流域、淮河流域和珠江流域，共占十大流域二级及以上处理能力的73%，如图7-2-6所示，详细情况见表7-2-3。

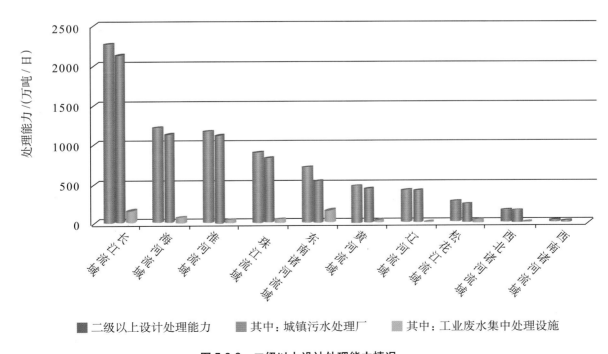

图 7-2-6　二级以上设计处理能力情况

表 7-2-3　全国各流域污水处理厂基本情况

流　域	污水处理厂				1. 城镇污水处理厂			
	数量／座	其中：二级及以上／座	污水设计处理能力／（吨／日）	其中：二级及以上设计处理能力／（吨／日）	数量／座	其中：二级及以上处理厂数量／座	污水设计处理能力／（吨／日）	其中：二级及以上设计处理能力／（吨／日）
松花江区	32	30	2761920	2691920	27	26	2363920	2323920
辽河区	70	62	4435600	4176000	58	52	4388740	4131740
海河区	318	299	12572577	12086432	189	178	11673239	11300229
黄河区	145	128	5223330	4661930	106	95	4712700	4322200
淮河区	348	320	12110740	11573540	251	237	11508300	11071300
长江区	671	589	27739934	22745890	458	426	25781080	21132080
东南诸河区	194	161	7476119	7035950	115	105	5631300	5359300
珠江区	248	215	13360901	8871472	139	131	12159340	8210340
西南诸河区	14	14	197180	197180	13	13	196700	196700
西北诸河区	54	34	1574087.4	1513700	50	32	1563487.4	1505000
合　计	2094	1852	87452388.4	75554014	1406	1295	79978806.4	69552809

流　域	2. 工业废（污）水集中处理设施				3. 其他污水处理设施			
	数量／座	其中：二级及以上数量／座	污水设计处理能力／（吨／日）	其中：二级及以上设计处理能力／（吨／日）	数量／座	其中：二级及以上数量	污水设计处理能力／（吨／日）	其中：二级及以上设计处理能力／（吨／日）
松花江区	5	4	398000	368000	0	0	0	0
辽河区	8	7	40630	40430	4	3	6230	3830
海河区	47	46	781270	673270	82	75	118068	112933
黄河区	16	12	441500	280000	23	21	69130	59730
淮河区	46	35	465130	377130	51	48	137310	125110
长江区	170	129	1918598	1583214	43	34	40256	30596
东南诸河区	77	54	1839319	1671150	2	2	5500	5500
珠江区	53	31	547809	428960	56	53	653752	232172
西南诸河区	0	0	0	0	1	1	480	480
西北诸河区	1	1	8000	8000	3	1	2600	700
合　计	423	319	6440256	5430154	265	238	1033326	571051

7.2.2 污水处理厂污水处理情况

7.2.2.1 全国污水处理总体情况

全国污水处理厂污水实际处理量为210.31亿吨,其中:城镇污水处理厂的实际处理量194.40亿吨,占全国污水处理总量的92.43%;工业废水集中处理设施的实际处理量12.90亿吨,占6.1%;其他污水处理设施的实际处理量为3.00亿吨,占1.47%。全国污水处理厂处理的污水中,生活污水集中处理量为154.61亿吨,占实际处理量的73.52%;工业废水集中处理为53.01亿吨,占25.21%。

城镇污水处理厂主要以处理生活污水为主,也处理部分工业废水,比例分别为77.08%和21.57%;工业废(污)水集中处理设施主要以处理工业废水为主,比例为85.17%,也处理小部分生活污水,所占比例为14.74%;其他污水处理设施也主要以处理生活污水为主,所占比例为95.22%。生活污水和工业废水在各类处理设施中的处理情况见表7-2-4。

表 7-2-4 全国污水处理厂污水处理情况

分　类	污水处理厂	1. 城镇污水处理厂	2. 工业废(污)水集中处理设施	3. 其他污水处理设施
污水实际处理量 / 万吨	2103082.06	1944027.53	128978.02	30076.51
其中:生活污水处理量 / 万吨	1546073.81	1498427.69	19008.37	28637.75
其中:工业废水处理量 / 万吨	530116.54	419276.08	109851.12	989.34

全国污水处理厂设计处理能力与全国废水排放量关系分析

全国污水处理厂设计处理能力为8745.24万吨/日,全年可处理污水为314.83亿吨,全国废水排放量为580.03亿吨(工业源和生活源),两者比例为54.28%;全国二级及以上的污水处理厂设计处理能力为7555.40万吨/日,全年可处理污水为271.99亿吨,与全国废水排放量的比例为46.89%。

全国污水处理厂负荷率分析

全国污水处理厂全年实际处理量为210.31亿吨,设计处理量为314.83亿吨,平均负荷率(实际处理量/设计处理量)为66.80%,其中城镇污水处理厂的负荷率为67.52%,工业废水集中处理设施负荷率为55.63%,其他为80.75%。

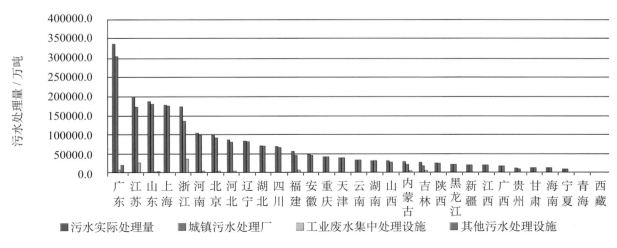

图 7-2-7 全国各地区污水处理量

表 7-2-5 全国各地区污水处理情况

地 区	污水实际处理量/万吨	1. 城镇污水处理厂		
		污水实际处理量/万吨	其中：生活污水处理量/万吨	其中：工业废水处理量/万吨
北 京	98786.3	92210.2	88826.6	3383.6
天 津	40740.4	40560.0	27319.6	13240.3
河 北	86974.3	81241.2	50157.0	30039.8
山 西	32310.4	28724.8	23232.8	4543.8
内蒙古	30267.9	23098.4	16674.5	6420.9
辽 宁	84756.0	83941.3	70623.5	12705.2
吉 林	28268.5	19802.8	14500.1	5302.7
黑龙江	22566.7	22566.7	20488.8	2077.9
上 海	177993.5	176098.0	124655.8	51351.1
江 苏	201521.9	173328.2	134364.0	38964.2
浙 江	174265.7	136890.2	85646.4	51216.3
安 徽	48567.6	48024.5	42357.4	5660.0
福 建	56803.4	48317.4	43829.1	4462.3
江 西	19674.4	19639.6	19594.6	45.0
山 东	186241.9	179863.8	118019.3	60387.9
河 南	104792.5	99185.1	73035.6	26150.4
湖 北	72869.8	72406.6	67254.4	5159.2
湖 南	33322.6	33247.4	23276.3	7121.1
广 东	334073.9	303461.7	231327.2	70277.2
广 西	18296.6	18123.1	15930.8	2198.3
海 南	12706.3	12356.8	10027.0	450.0
重 庆	43192.5	42906.6	40687.0	2219.5
四 川	70135.9	69302.3	63294.3	6008.0
贵 州	13810.3	11151.1	10512.5	638.7
云 南	34218.0	34048.7	17633.5	894.0
西 藏	37.0	32.6	32.6	0.0
陕 西	26129.4	25574.7	22211.2	3350.5
甘 肃	13652.2	12572.0	10858.5	1713.6
青 海	3607.7	3604.1	3604.1	0.0
宁 夏	10488.4	9800.5	8974.7	825.9
新 疆	22004.8	21979.9	19511.3	2468.6
合 计	2103076.5	1944060.1	1498460.3	419276.1

地 区	2.工业废（污）水集中处理设施			3.其他污水处理设施		
	污水实际处理量/万吨	其中：生活污水处理量/万吨	其中：工业废水处理量/万吨	污水实际处理量/万吨	其中：生活污水处理量/万吨	其中：工业废水处理量/万吨
北 京	4526.05	2608.63	1917.42	2050.06	2050.03	0.03
天 津	180.39	22.70	157.69	0	0	0
河 北	5733.08	313.74	5419.34	0	0	0
山 西	2907.74	1686.48	1221.26	683.45	655.33	28.12
内蒙古	7164.79	1962.29	5093.30	4.75	4.75	0
辽 宁	740.83	0.00	740.83	73.85	55.35	18.50
吉 林	8465.70	1911.88	6553.82	0	0	0
黑龙江	0	0	0	0	0	0
上 海	1895.58	189.23	1706.35	0	0	0
江 苏	27122.84	2646.82	24476.02	1070.86	837.45	233.41
浙 江	37375.49	3616.31	33759.18	0.00	0.00	0.00
安 徽	341.75	100.94	240.81	201.32	195.52	5.80
福 建	8424.20	530.32	7893.88	61.73	61.73	0.00
江 西	34.74	0.00	34.74	0	0	0
山 东	3691.04	222.50	3469.61	2687.11	1779.21	531.30
河 南	5565.85	1235.81	4330.04	41.50	41.50	0
湖 北	463.14	0.00	463.14	0	0	0
湖 南	25.91	1.50	24.41	49.30	49.30	0.00
广 东	8797.33	66.38	8730.95	21814.89	21574.60	170.28
广 西	39.00	0.00	39.00	134.49	134.49	0.00
海 南	16.38	0	16.38	333.12	331.10	1.90
重 庆	84.56	6.23	78.33	201.39	201.39	0.00
四 川	547.14	81.12	466.02	286.47	286.47	0.00
贵 州	2659.17	1086.57	1562.51	0	0	0
云 南	1.59	0.00	1.59	167.70	167.70	0.00
西 藏	0	0	0	4.38	4.38	0.00
陕 西	406.80	109.50	297.00	147.93	148.30	0.00
甘 肃	1079.03	506.72	572.31	1.08	1.08	0.00
青 海	0	0	0	3.60	0.54	0
宁 夏	687.90	102.70	585.20	0	0	0
新 疆	0	0	0	24.95	24.95	0
合 计	128978.02	19008.37	109851.12	30043.93	28605.17	989.34

全国污水处理厂污水集中处理率分析

全国废水排放量为 580.03 亿吨（工业源和生活源），实际处理量为 210.31 亿吨，全国的污水集中处理率为 36.26%；其中生活污水排放量为 343.30 亿吨，集中处理量为 154.61 亿吨，实际集中处理率为 45.04%；工业废水排放量为 236.73 亿吨，集中处理量为 53.01 亿吨，实际集中处理率为 22.39%。工业企业废水实际处理量为 458.42 亿吨，大部分工业废水由工业企业内部设施处理。

7.2.2.2　各地区污水处理情况

全国污水处理量最大的地区为广东，实际处理量为 33.4 亿吨，依次为江苏、山东、上海、浙江、河南、北京和河北，共占全国污水处理量的 65%，污水实际处理量最低为西藏，处理量为 37 万吨。

污水处理厂处理生活污水量最大的地区为广东，实际处理量为 22.30 亿吨，占全国比例为 16.36%，依次为江苏省、上海市、山东省、北京市、浙江省，污水处理量占全国比例都在 5% 以上。处理工业废水量最大的地区为浙江，实际处理量为 8.50 亿吨，占全国比例为 16.03%，其次为广东省、山东省、江苏省和上海市，污水处理量占全国比例都在 10% 以上。

城镇污水处理厂在全国各地区的污水处理量中仍然占据主导地位，工业废水集中处理设施和其他处理设施所占比例相对较小。各地区的城镇污水处理厂仍然以处理生活污水为主。

7.2.2.3　各流域污水处理情况

全国污水实际处理量最大的流域为长江流域，污水实际处理量为 71.03 亿吨，依次为珠江流域、淮河流域和海河流域，共占全国各流域污水处理量的 78%；污水实际处理量最低为西南诸河区。城镇污水处理厂在全国各流域的污水处理量中仍然占据主导地位，工业废水集中处理设施和其他处理设施所占比例相对较小。各流域城镇污水处理厂仍然以处理生活污水为主，处理比例平均在 80% 以上。全国各流域污水处理厂的平均负荷率为 66.80%，珠江流域的负荷率最高为 78%，其次长江流域为 71%。只有西北诸河区负荷率低于 50%。

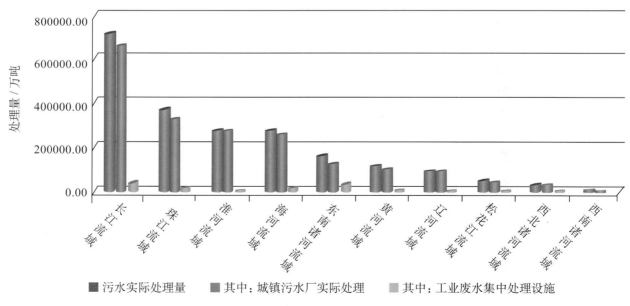

■ 污水实际处理量　　■ 其中：城镇污水厂实际处理　　■ 其中：工业废水集中处理设施

图 7-2-8　各流域污水实际处理量

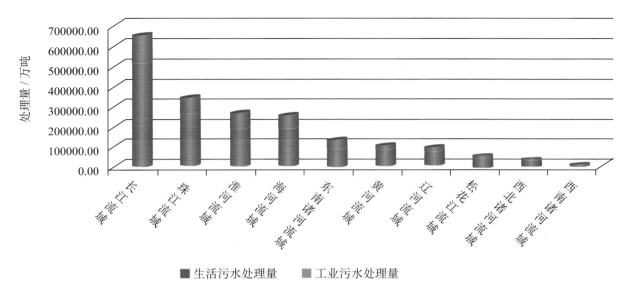

图 7-2-9　全国各流域城镇污水处理厂污水处理量情况

7.2.3　污水处理厂污染物削减情况

7.2.3.1　全国污染物总体削减情况

全国 2094 座污水处理设施全年削减 COD 590.58 万吨，氨氮 37.62 万吨，石油类 4.29 万吨，总氮 28.82 万吨，总磷 4.53 万吨。

表 7-2-6　全国污水处理厂污水污染物削减情况

污染物名称	计算单位	削减量	城镇污水处理厂	工业废（污）水集中处理设施	其　他
化学需氧量	吨	5905787.07	5080620.17	789937.44	35229.46
氨氮	吨	376172.80	355955.88	15155.92	5060.99
石油类	吨	42922.25	38575.82	4321.71	24.71
总氮	吨	288190.15	277815.17	6472.73	3902.24
总磷	吨	45328.22	43198.88	1629.40	499.94
生化需氧量	吨	2144891.20	1963977.60	172268.19	8645.42
挥发酚	吨	463.81	200.61	263.20	0.00
氰化物（总氰化合物）	千克	248701.27	10033.73	238667.55	0.00
砷	千克	7095.57	5766.09	1329.48	0.00
总铬	千克	1217172.00	38338.55	1178797.37	35.81
六价铬	千克	586334.23	12021.95	574304.31	7.97
铅	千克	8931.29	6775.73	2155.56	0.00
镉	千克	1697.11	1411.40	285.72	0.00
汞	千克	156.02	148.34	7.66	0.02

7.2.3.2 各地区污染物削减情况

全国污水处理厂 COD 削减量最大的地区是浙江，削减量为 96.22 万吨，占全国削减量比例为 16.29%，其他依次为江苏、山东、广东、上海、北京，所占比例分别为 11.04%、9.71%、8.69%、6.21% 和 5.64%。

全国污水处理厂氨氮削减量最大的地区是江苏，削减量为 3.87 万吨，占全国削减量比例为 10.29%，其他依次为北京、广东、山东、浙江和河南，所占比例分别为 10.20%、10.04%、9.79%、8.96% 和 7.10%。

全国污水处理厂总磷削减量最大的地区是浙江，削减量为 0.58 万吨，占全国削减量比例为 12.86%，其他依次为江苏、北京、广东、山东和上海，所占比例分别为 11.10%、9.85%、9.75%、9.02% 和 6.10%。

全国污水处理厂总氮削减量最大的地区是广东，削减量为 3.53 万吨，占全国削减量比例为 12.25%，其他依次为北京、江苏、浙江、四川和河北，所占比例分别为 11.28%、10.65%、9.17%、5.62% 和 5.54%。

7.2.4 污水处理厂污泥产生、处置情况

7.2.4.1 全国污泥产生、处置总体情况

2007 年全国污水处理厂共产生污泥 1739.28 万吨，污泥处置量为 1685.08 万吨，污泥的处置率为 96.88%，其中土地利用量为 158.73 万吨，填埋处置量为 1387.06 万吨，建筑材料利用量为 62.73 万吨，焚烧处置量为 71.65 万吨，所占比例分别为 9.42%、82.31%、3.72%、10.46%。污泥的处置仍然以填埋方式为主。全国污泥倾倒丢弃量为 26.64 万吨。城镇污水处理厂污泥产生量占全国的 81.53%，污泥处置率为 96.48%；工业废（污）水集中处理设施污泥产生量占全国的 18.1%，污泥处置率 98.8%，具体情况如图 7-2-10 所示。各类污水处理厂的污泥产生量、处置量和倾倒丢弃量等基本情况见表 7-2-7。

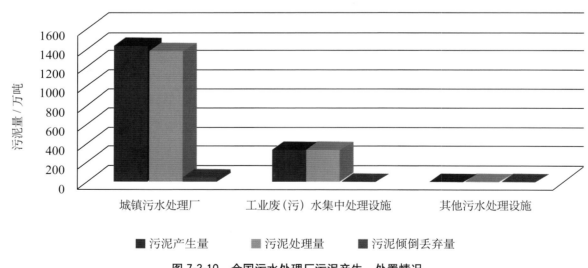

图 7-2-10 全国污水处理厂污泥产生、处置情况

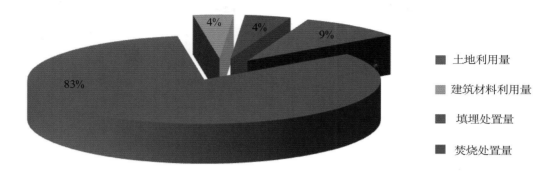

图 7-2-11 全国污水处理厂污泥不同处置方式比例

表 7-2-7 污水处理厂污泥产生、处置情况

分 类	污水处理厂	1. 城镇污水处理厂	2. 工业废（污）水集中处理设施	3. 其他污水处理设施
污泥产生量／吨	17392786.41	14182797.3	3146118.70	63870.50
污泥处置量／吨	16850846.59	13684263.77	3108065.86	58516.97
污泥倾倒丢弃／吨	266364.32	260961.40	60.40	5342.00

7.2.4.2 各地区污泥产生、处置情况

全国污水处理厂污泥产生主要集中在污水处理厂多的地区，其中，产生量和处理量最多的地区依次为山东、浙江、江苏、广东、北京、河北，污泥产生量总和占了全国的 68%，处置量占了总和的 69%，污泥倾倒丢弃量最多的地区依次为重庆、山东、黑龙江，总和占全国的 74.6%，其中重庆占全国倾倒丢弃量的 51%，西藏产生的污泥没有处置，全部倾倒丢弃；全国 65% 的地区污泥处理率达到 99% 以上，全国 84% 的地区污泥产生主要来自城镇污水处理厂；浙江、福建、湖北、四川、天津、海南和青海污水处理厂产生的污泥全部进行了处置，倾倒丢弃量为 0。

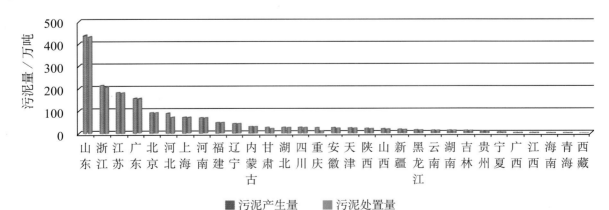

图 7-2-12 全国各地区污泥产生量和处置量

表 7-2-8　全国各地区污泥处理情况 单位：吨

地　区	污泥产生量	污泥处置量	污泥倾倒丢弃量
北　京	935907.21	935870.71	36.50
天　津	239074.36	239074.36	0.00
河　北	925343.85	722929.59	1415.00
山　西	192139.47	182037.23	10102.24
内蒙古	309581.98	299355.89	7476.09
辽　宁	436730.19	412575.29	24154.90
吉　林	119837.51	118695.43	1142.08
黑龙江	166483.40	136598.40	29885.00
上　海	733366.90	731876.90	158.80
江　苏	1834968.46	1830093.46	635.00
浙　江	2144145.34	2105227.34	0.00
安　徽	246523.82	246258.82	265.00
福　建	467049.84	467049.84	0.00
江　西	26332.96	23616.51	2716.45
山　东	4392096.10	4359530.94	32565.16
河　南	690624.73	689585.73	1039.00
湖　北	271542.76	271542.76	0.00
湖　南	128205.58	128147.58	58.00
广　东	1577623.04	1584408.01	9455.00
广　西	41649.80	37488.30	4161.50
海　南	17220.50	17219.50	0.00
重　庆	250664.13	114907.61	135756.52
四　川	265563.80	265380.80	0.00
贵　州	111350.88	111238.88	112.00
云　南	136399.69	135857.30	542.39
西　藏	422.00	0.00	422.00
陕　西	211640.70	211638.30	2.40
甘　肃	275410.81	230400.02	1117.79
青　海	9261.00	9261.00	0.00
宁　夏	50518.80	48668.80	1850.00
新　疆	185106.81	184311.31	1295.50
合　计	17392786.41	16850846.59	266364.32

地 区	1. 城镇污水处理厂			2. 工业废（污）水集中处理设施		
	污泥产生量/吨	污泥处置量/吨	污泥倾倒丢弃量/吨	污泥产生量/吨	污泥处置量/吨	污泥倾倒丢弃量/吨
北 京	911439.24	911439.24	0.00	15835.95	15835.95	0.00
天 津	237965.36	237965.36	0	1109.00	1109.00	0.00
河 北	726118.15	523703.89	1415.00	199225.70	199225.70	0.00
山 西	168115.97	161793.73	6322.24	18044.00	18044.00	0.00
内蒙古	281653.88	271427.79	7476.09	27927.20	27927.20	0.00
辽 宁	422633.64	398478.74	24154.90	13514.95	13514.95	0.00
吉 林	66863.26	65721.18	1142.08	52974.25	52974.25	0.00
黑龙江	166483.40	136598.40	29885.00	0	0	0
上 海	728622.90	727138.90	158.80	4744.00	4738.00	0.00
江 苏	1293502.44	1288627.44	635.00	536756.47	536756.47	0.00
浙 江	1324667.56	1322864.56	0.00	819477.78	782362.78	0.00
安 徽	241203.52	240979.52	224.00	3789.00	3789.00	0.00
福 建	241541.12	241541.12	0.00	225370.72	225370.72	0.00
江 西	25793.96	23077.51	2716.45	539.00	539.00	0.00
山 东	3473480.16	3441741.99	31738.17	910351.69	910351.69	0.00
河 南	568202.23	567163.23	1039.00	122152.50	122152.50	0
湖 北	269672.76	269672.76	0.00	1870.00	1870.00	0
湖 南	127345.08	127345.08	0.00	858.00	800.00	58.00
广 东	1448290.65	1456103.06	9299.00	108028.99	107157.55	0.00
广 西	40947.80	36786.30	4161.50	605.00	605.00	0
海 南	17057.00	17057.00	0.00	7.00	7.00	0.00
重 庆	248039.19	112282.67	135756.52	1268.10	1268.10	0.00
四 川	260594.20	260421.20	0.00	3636.00	3636.00	0.00
贵 州	42907.88	42795.88	112.00	68443.00	68443.00	0.00
云 南	135795.19	135252.80	542.39	80.00	80.00	0.00
西 藏	0	0	0	0	0	0
陕 西	211010.30	211010.30	0.00	102.40	100.00	2.40
甘 肃	263446.81	218436.02	1117.79	4080.00	4080.00	0
青 海	9246.00	9246.00	0.00	0	0	0
宁 夏	45190.80	43340.80	1850.00	5328.00	5328.00	0
新 疆	184966.81	184251.31	1215.50	0	0	0
合 计	14182797.25	13684263.77	260961.43	3146118.70	3108065.86	60.40

7.3 垃圾处理厂（场）

7.3.1 垃圾处理厂（场）基本情况

7.3.1.1 全国概况

到 2007 年末，全国垃圾处理厂（场）共 2353 座，其中垃圾填埋场所 2135 座、垃圾焚烧设施 224 座、垃圾堆肥场所 113 座，其中 119 座垃圾处理厂（场）既有填埋处理方式又有堆肥处理方式或焚烧处理方式，总投资为 507.70 亿元。2007 年全年垃圾实际处理量为 1.69 亿吨，其中填埋场所实际处理量为 1.53 亿吨，占到全国垃圾处理量的 90.5%，全国垃圾处理方式还是以填埋方式为主；垃圾焚烧设施和垃圾堆肥场所处理垃圾的比例只占到 9.5%。

全国垃圾处理厂（场）的垃圾焚烧和垃圾堆肥设施合计设计处理能力为 7.40 万吨／日，年设计处理量为 2665.25 万吨，实际处理量为 1748.62 万吨，比例为 65.6%。实际处理量中，垃圾焚烧设施处理的为 78.39%，垃圾堆肥场所处理量为 21.61%。

表 7-3-1　垃圾处理厂（场）基本情况

指标名称	计量单位	垃圾处理厂（场）	1. 垃圾填埋场所	2. 垃圾焚烧设施	3. 垃圾堆肥场所
垃圾处理厂（场）数	座	2353	2135	224	113
总投资	万元	5077041	—	—	—
设计建设处理能力	吨／日	74034.70	—	51132.20	22902.50
实际处理量	万吨	16931.30	15321.96	1370.80	377.82

全国垃圾填埋场设计容量为 32.01 亿米^3；无害化填埋方式和简易填埋方式设计容量所占比例分别为 56.01%、43.99%。垃圾填埋场已填容量 8.04 亿米^3，使用比例为 25.12%；无害化填埋的已填埋容量为 3.75 亿米^3，设计容量为 17.93 亿米^3，使用比例为 20.91%；简易填埋已填埋容量为 4.30 亿米^3，设计容量为 14.05 亿米^3，使用比例为 30.60%。

表 7-3-2　垃圾填埋场所基本情况

指标名称	计量单位	垃圾填埋场所	1. 无害化填埋	2. 简易填埋
垃圾填埋场所数	座	2135	630	1509
设计容量	万米^3	320103.86	179339.00	140528.00
已填容量	万米^3	80418.42	37525.70	42894.00

7.3.1.2 各地区情况

全国垃圾处理厂（场）共 2353 座，最多的地区为福建，其他依次为安徽、新疆、广东、浙江、湖南、重庆，数量总和占了全国的 50%；广东垃圾实际处理量最大，依次为湖南、浙江、江苏、山东、湖北和新疆，处理量总和占了全国的 47%。共有 3 个地区垃圾处理方式只采用填埋方式，没有焚烧和堆肥方式，分别为陕西、甘肃和青海。共有 21 个地区垃圾填埋场所数量占到本地区垃圾处理厂数量的 90% 以上。

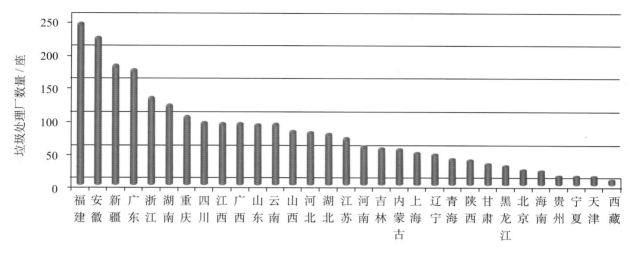

图 7-3-1　全国各地区垃圾处理厂数量

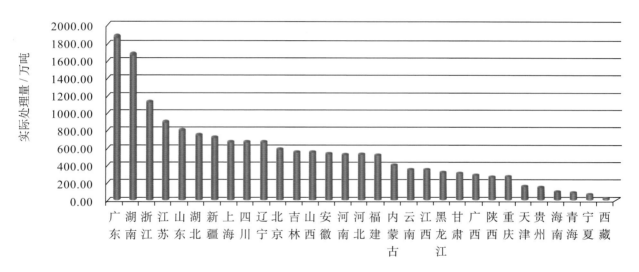

图 7-3-2　全国各地区垃圾实际处理量

全国的垃圾填埋场所中，安徽最多，共 206 座，占全国数量的 10%，其他依次为新疆、福建、广东、湖南、浙江、重庆、江西，总和占全国的 52%；实际处理量最多的省份为湖南，其他依次为广东、浙江、山东、湖北、新疆和江苏，总和占全国的 42%；已填埋容量最大的省份为湖南，容量为 7910.91 万米^3。

全国的垃圾填埋场中，99% 的地区已填容量不到设计容量的一半，74% 的地区低于 30%，只有河北超过了 50%；无害化填埋中，25 个地区已填容量占设计容量的比例小于 30%，只有福建超过 50%，贵州全部填埋为无害化填埋；简易填埋中，共有 7 个地区的已填容量占设计容量的比例超过 60%，分别为上海、海南、浙江、河南、江苏、西藏、河北，最高的上海达到 87%。

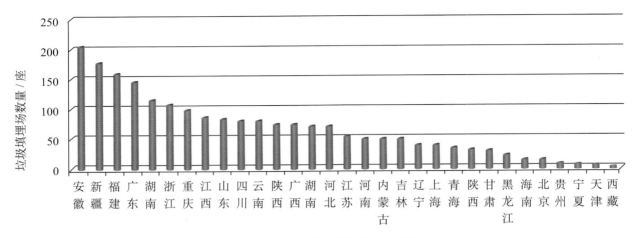

图 7-3-3　全国各地区垃圾填埋场数量

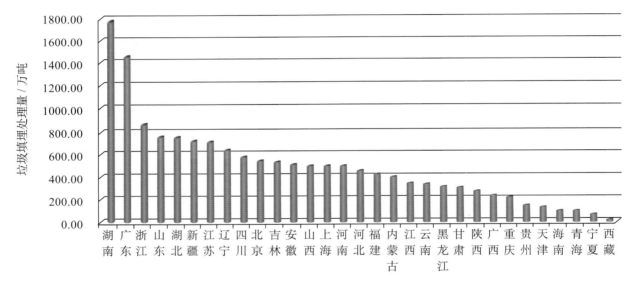

图 7-3-4　全国各地区垃圾填埋场实际处理量

　　全国垃圾焚烧设施最多的省份为福建，共 89 座，占全国数量的 39.73%，其他依次为浙江、广东、四川、安徽和江苏，占全国数量的 78.57%；具有垃圾焚烧设施的省份中，设施设计处理能力最强的省份为广东，处理能力为 13415 吨／日，其他依次为浙江、江苏、福建、上海和山东，占全国设施设计处理能力的 76.57%；垃圾焚烧处理量最大的省份为广东，处理量为 392.89 万吨，其他依次为浙江、江苏、上海、福建和重庆，占全国焚烧处理量的 80.98%。

　　全国堆肥设施最多的省份为四川，共 20 座，占全国数量的 17.70%，其他依次为广西、福建、云南、山东和广东，占全国数量的 67.26%；具有堆肥设施的省份中，设施设计处理能力最强的省份为湖南，设计处理能力为 2600 吨／日，其他依次为四川、广西、河南、辽宁和山东，占全国设施设计处理能力的 56.96%；堆肥处理量最大的省份为上海，处理量为 59.46 万吨，其他依次为广西、四川、河北、广东和北京，占全国堆肥处理量的 65.37%。

表 7-3-3　全国各地区垃圾处理厂基本情况

地　区	垃圾处理厂（场）				1. 垃圾填埋场所	
	数量/座	总投资/万元	设计建设处理能力/(吨/日)	实际处理量/万吨	数量/座	实际处理量/万吨
北　京	19	146693.30	700.00	582.53	16	549.43
天　津	9	100291.00	1870.00	170.46	7	130.30
河　北	77	97397.90	2505.00	526.48	72	457.46
山　西	79	67747.10	2420.00	550.99	76	503.87
内蒙古	51	97972.70	942.00	405.01	51	401.66
辽　宁	43	106636.18	2520.00	667.14	41	641.59
吉　林	52	75381.82	520.00	555.58	51	539.98
黑龙江	26	66793.54	915.00	328.41	24	317.61
上　海	46	315345.93	4075.00	673.66	41	500.74
江　苏	68	381350.90	6360.00	896.82	57	715.16
浙　江	129	579232.64	11007.00	1137.59	109	875.11
安　徽	222	117033.46	937.00	536.27	206	512.77
福　建	242	189698.80	5881.30	518.75	161	427.74
江　西	90	67167.15	250.00	350.85	88	345.99
山　东	88	268201.38	3500.00	811.61	85	766.61
河　南	55	145045.58	2610.00	528.45	52	499.14
湖　北	75	188576.01	102.00	757.90	73	754.87
湖　南	118	168094.36	2600.00	1688.05	117	1777.49
广　东	171	887525.41	14546.00	1889.01	149	1471.41
广　西	89	110555.42	2908.00	293.96	76	232.08
海　南	18	20318.20	100.00	102.72	17	101.16
重　庆	102	263197.20	1302.00	274.09	100	220.27
四　川	92	175502.35	4108.70	670.40	82	587.17
贵　州	10	73788.67	205.00	151.90	10	151.20
云　南	88	109577.72	668.70	354.69	82	336.90
西　藏	6	14399.95	2.00	22.85	5	22.84
陕　西	34	60471.03	275.00	274.43	34	274.13
甘　肃	29	21108.75	0.00	308.59	29	308.59
青　海	36	45385.49	0.00	100.68	36	100.19
宁　夏	10	39721.40	200.00	75.85	9	72.97
新　疆	179	76829.71	5.00	725.56	179	725.54
合　计	2353	5077041.05	74034.70	16931.30	2135	15321.96

地 区	2. 垃圾焚烧设施			3. 垃圾堆肥场所		
	数量/座	设计建设处理能力/（吨/日）	实际处理量/万吨	数量/座	设计建设处理能力/（吨/日）	实际处理量/万吨
北 京	3	240.00	4.42	2	460.00	28.68
天 津	2	1800.00	40.00	1	70.00	0.17
河 北	3	1350.00	25.67	4	1155.00	40.75
山 西	2	1620.00	38.38	3	800.00	8.75
内蒙古	2	142.00	3.89	1	800.00	3.03
辽 宁	2	760.00	13.87	3	1760.00	17.15
吉 林	1	520.00	15.60	0	0	0
黑龙江	3	715.00	10.78	1	200.00	0.02
上 海	3	2575.00	113.47	2	1500.00	59.46
江 苏	10	5870.00	177.86	2	490.00	3.80
浙 江	22	10763.00	300.05	3	244.00	5.56
安 徽	17	697.00	16.74	0	240.00	0.02
福 建	89	4667.80	72.12	13	1213.50	17.62
江 西	1	40.00	0.90	2	210.00	3.97
山 东	4	1860.00	23.87	9	1640.00	19.49
河 南	4	450.00	6.23	6	2160.00	23.07
湖 北	2	102.00	3.03	0	0.00	0.00
湖 南	0	0	0	4	2600.00	8.76
广 东	21	13415.00	392.89	8	1131.00	32.07
广 西	8	518.00	12.77	15	2390.00	43.78
海 南	1	100.00	1.56	0	0	0
重 庆	2	1232.00	53.74	1	70.00	0.08
四 川	17	1613.40	40.91	20	2495.30	42.24
贵 州	1	5.00	0.00	1	200.00	0.70
云 南	2	70.00	2.03	11	598.70	15.76
西 藏	1	2.00	0.02	0	0	0
陕 西	0	0	0	0	275.00	0.02
甘 肃	0	0	0	0	0	0
青 海	0	0	0	0	0	0
宁 夏	0	0	0	1	200.00	2.88
新 疆	1	5.00	0.02	0	0	0
合 计	224	51132.20	1370.80	113	22902.50	377.82

注：设计建设处理能力（吨/日）只指焚烧和堆肥处理方式。

表 7-3-4 　全国各地区垃圾填埋场基本情况

地 区	垃圾填埋场所		
	垃圾填埋场所数 / 座	设计容量 / 万米³	已填容量 / 万米³
北 京	16	4489.360	2218.837
天 津	7	2223.000	606.793
河 北	72	7869.642	4042.422
山 西	76	30783.577	3343.660
内 蒙 古	51	10610.172	2745.358
辽 宁	41	10876.249	3670.094
吉 林	51	13226.654	2969.695
黑 龙 江	24	6083.850	1704.497
上 海	41	10396.214	2069.403
江 苏	57	13698.848	4944.281
浙 江	109	13388.315	5342.530
安 徽	206	11771.891	2914.704
福 建	161	7151.808	2667.677
江 西	88	10812.718	2598.422
山 东	85	10968.141	3354.136
河 南	52	6041.657	1194.830
湖 北	73	9205.167	2825.322
湖 南	117	43832.917	7910.912
广 东	149	25469.127	7037.941
广 西	76	4948.933	1391.345
海 南	17	1577.908	738.639
重 庆	100	6925.135	1462.596
四 川	82	10265.826	3006.690
贵 州	10	4943.580	615.976
云 南	82	7099.609	2096.031
西 藏	5	399.840	134.166
陕 西	34	9526.650	1580.972
甘 肃	29	5375.115	1528.706
青 海	36	2882.636	464.453
宁 夏	9	1378.873	208.504
新 疆	179	15880.451	3029.832
合 计	2135	320103.86	80419.42

地 区	1.无害化填埋			2.简易填埋		
	垃圾填埋场所数/座	设计容量/万米³	已填容量/万米³	垃圾填埋场所数/座	设计容量/万米³	已填容量/万米³
北 京	15	4478.360	2212.837	1	11.000	6.000
天 津	6	2157.000	597.793	1	66.000	9.000
河 北	11	2331.834	665.591	61	5537.808	3376.831
山 西	7	1323.000	368.499	70	29470.577	2978.437
内蒙古	12	3510.757	1310.166	39	7099.415	1435.192
辽 宁	11	6830.140	1418.385	30	4046.109	2251.710
吉 林	8	4734.700	876.272	43	8491.954	2093.423
黑龙江	11	4366.840	1065.121	13	1717.010	639.376
上 海	6	8594.343	488.975	36	1821.851	1590.418
江 苏	43	13248.484	4642.723	14	450.364	301.557
浙 江	65	9191.722	2113.201	44	4196.593	3229.329
安 徽	12	3780.463	440.717	194	7991.428	2473.987
福 建	42	3066.380	1583.646	119	4085.428	1084.031
江 西	12	4229.000	902.261	76	6583.718	1696.161
山 东	43	8191.877	2517.798	42	2776.264	836.338
河 南	37	5211.723	697.040	15	677.934	497.795
湖 北	33	4886.230	853.657	40	4318.937	1971.665
湖 南	22	27230.077	2156.168	95	16602.839	5754.743
广 东	36	16875.443	4043.923	113	8593.684	2994.019
广 西	11	2060.732	812.704	65	2888.202	578.641
海 南	1	1019.680	303.406	16	558.228	435.233
重 庆	26	5434.110	756.933	74	1491.025	705.663
四 川	47	8736.250	2468.277	35	1529.576	538.412
贵 州	10	4943.580	615.976	—		
云 南	32	4394.814	1290.175	50	2704.795	805.856
西 藏	5	399.840	134.166	—	—	—
陕 西	10	7546.610	1155.920	24	1980.040	425.052
甘 肃	10	1162.960	137.023	21	4241.855	1397.333
青 海	29	2565.566	423.365	7	317.070	41.088
宁 夏	6	1165.608	153.876	3	213.265	54.629
新 疆	11	5815.200	338.032	168	10065.251	2691.800
合 计	630	179483.32	37544.63	1509	140528.22	42893.72

7.3.2 渗滤液、焚烧废气与残渣产生、处理、排放情况

7.3.2.1 全国渗滤液、焚烧废气与残渣总体情况

全国垃圾处理厂渗滤液产生量为 4315.88 万米^3，排放量为 4152.10 万米^3，共有渗滤液处理设施 1036 套，设计处理能力为 100.86 万米^3/日，实际处理量为 1860.58 万米^3，实际处理率为 43.11%。

表 7-3-5　渗滤液、废气处理设施基本情况

污染物名称	处理设施数/套	设计处理能力/(米^3/日)	产生量/米^3	实际处理量/米^3	排放量/米^3
渗滤液	1036	1008649.04	43158815	18605806.34	41521044
废　气	245	11033326.44	—	6761204.44	6814554.24

渗滤液中化学需氧量排放量为 32.44 万吨，削减量为 29.96 万吨，削减率为 48.01%；氨氮排放量为 6.50 万吨，削减量为 3.27 万吨，削减率为 50.34%；石油类排放量为 0.05 万吨，削减量为 0.02 万吨，削减率为 32.61%；总磷排放量为 0.08 万吨，削减量为 0.04 万吨，削减率为 45.67%。

表 7-3-6　渗滤液污染物产生量、排放量

污染物名称	产生量	排放量	削减率
化学需氧量/吨	623964.65	324380.88	48.01%
氨氮/吨	64976.73	32269.11	50.34%
石油类/吨	599.15	403.79	32.61%
总磷/吨	834.01	453.08	45.67%
挥发酚/吨	132.20	100.95	23.64%
氰化物（总氰化合物）/千克	6455.83	2787.19	56.83%
砷/千克	2392.49	1428.27	40.30%
总铬/千克	4354.40	3082.07	29.22%
铅/千克	7268.38	5192.20	28.56%
镉/千克	1592.05	1172.26	26.37%
汞/千克	347.10	274.63	20.88%

全国垃圾处理厂废气排放量为 681.45 亿米^3，共有废气处理设施 245 套，设计处理能力为 1133.03 万米^3/时，实际处理量为 676.12 亿米^3。废气污染物中烟尘的产生量为 562163.15 吨，排放量为 7768.29 吨，削减率为 98.6%，二氧化硫的产生量为 19553.06 吨，排放量为 7907.47 吨，削减率为 59.5%，氮氧化物的产生量为 13419.05 吨，排放量为 13299.00 吨，削减率为 1%，见表 7-3-7。

表 7-3-7　废气中污染物产生排放情况

污染物名称	烟尘 / 吨	二氧化硫 / 吨	氮氧化物 / 吨
产生量	562163.15	19553.06	13419.05
排放量	7768.29	7907.47	13299.00

　　全国垃圾处理厂焚烧残渣产生量为 282.01 万吨，处置量为 166.71 万吨，处置率为 59.11%；综合利用量为 115.02 万吨，综合利用率为 40.7%；倾倒丢弃量 1.24 万吨，倾倒丢弃率为 0.4%。处置量中按危险废物填埋处置占 9.6%，按一般工业固体废物填埋处置占 45.07%，按生活垃圾填埋处置占 28.23%，简易填埋处置占 4.59%，堆放（堆置）处置占 8.4%。

　　全国垃圾处理厂飞灰产生量为 60.47 万吨，处置量为 56.39 万吨，处置率为 93.2%，倾倒丢弃量 401 吨，倾倒丢弃率不到 1%，见表 7-3-8。

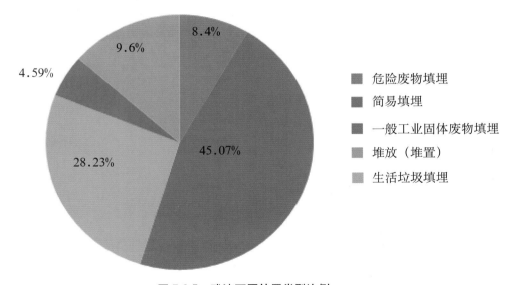

图 7-3-5　残渣不同处置类型比例

表 7-3-8　垃圾处理厂残渣处置情况

指标名称	焚烧残渣	飞　灰
产生量 / 千克	2820117871.00	604674746.21
处置量 / 千克	1667135872.00	563895097.55
其中：按危险废物填埋处置量 / 千克	161510871.00	227460002.90
按一般工业固体废物填埋处置量 / 千克	751414868.00	121896222.00
按生活垃圾填埋处置量 / 千克	470661614.00	23922141.46
简易填埋处置量 / 千克	76575028.00	24385368.08
堆放（堆置）处置量 / 千克	140472714.00	53060637.63
综合利用量 / 千克	1150248768.00	0.00
倾倒丢弃量 / 千克	12424391.00	401318.00

7.3.2.2　各地区渗滤液、焚烧废气与残渣情况

渗滤液处理设施最多的地区为福建，126套，其他依次为安徽、浙江、广东、四川、湖南、江苏和山东，占全国设施总数的55%。渗滤液产生量最多的地区是广东，为555.14万米³，其他依次为浙江、湖南、湖北、江苏、上海和福建，占全国产生量的56%；渗滤液处理率最高的地区为贵州，达到91%，其他依次为上海、宁夏、西藏、山东、浙江和福建，都在60%以上。渗滤液中化学需氧量排放最多的地区是湖南为2.95万吨，其他依次为广东、浙江、湖北和山西；化学需氧量削减率最高的地区是上海达到74%，其他依次为北京、天津、贵州、广东和辽宁，削减率都在70%以上。

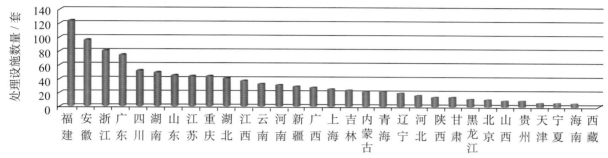

图 7-3-6　全国各地区渗滤液处理设施数量

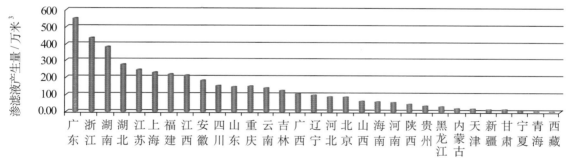

图 7-3-7　全国各地区渗滤液产生量

在具有焚烧处理设施的地区中，垃圾处理厂废气处理设施最多的广东为53套，其他依次为浙江、四川、江苏、福建和河南，占全国设施总数的65%，湖南、陕西、甘肃、青海和宁夏没有废气治理设施。废气实际处理量最多的地区浙江为241.50亿米³，其他依次为广东、江苏、上海、山西和四川，占全国实际处理量的86.2%。烟尘削减率最高的为天津，达到99.8%，其他依次是上海、山西、吉林、山东、江苏、黑龙江、辽宁、北京、海南、重庆、河南和浙江，削减率都达到99%以上；二氧化硫削减率最高的为天津，达到95.9%，其他依次是安徽、黑龙江、河南、北京、福建、山东、山西和吉林，都达到66%以上。

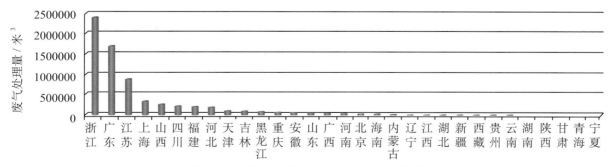

图 7-3-8　全国各地区垃圾处理厂废气实际处理量

181

在具有焚烧处理设施的地区中，有9个地区焚烧残渣处置率达到100%，依次为北京、天津、内蒙古、辽宁、黑龙江、江西、河南、湖北和新疆；有12个地区飞灰处置率达到100%，分别为北京、天津、内蒙古、辽宁、黑龙江、江西、河南、湖北、新疆、山西、上海和河北。

表 7-3-9　渗滤液处理设施基本情况

地　区	渗滤液				
	处理设施数／套	处理设施设计处理能力／（米³／日）	产生量／米³	实际处理量／米³	排放量／米³
北　京	10	1412.00	893084.61	369515.00	586347.01
天　津	6	3725.00	202361.00	64092.00	175361.00
河　北	17	1701.00	911679.40	63880.00	877269.40
山　西	8	115.00	643722.86	12673.06	642110.06
内蒙古	22	46056.48	212126.00	44665.80	210530.00
辽　宁	16	1775.00	1007522.05	425413.00	934780.05
吉　林	24	2858.60	1264133.25	195766.00	1264133.25
黑龙江	11	1245.00	329398.28	48775.00	291164.28
上　海	25	4860.00	2323096.45	1985293.00	1982889.50
江　苏	46	48452.00	2532870.13	1445149.00	2513458.13
浙　江	83	13772.30	4357199.25	2743221.45	4290492.25
安　徽	97	24737.20	1876819.32	481833.60	1874602.32
福　建	126	12949.53	2246021.48	1378788.80	2236231.68
江　西	37	5626.00	2184307.15	873348.00	1986567.15
山　东	46	48304.63	1522417.25	960461.50	1479304.75
河　南	33	9901.50	567796.15	278628.00	567336.15
湖　北	42	5232.27	2795580.50	641302.00	2787647.45
湖　南	51	728627.00	3841059.00	1873854.50	3825104.00
广　东	75	11738.90	5551431.08	2364401.00	5361557.88
广　西	28	3804.80	1055938.90	322400.00	953557.90
海　南	5	401.00	625856.50	84614.00	605781.50
重　庆	44	14082.79	1519128.98	348947.78	1431161.98
四　川	52	6272.85	1581183.80	847700.49	1569398.80
贵　州	9	1920.00	359318.50	325787.00	358268.50
云　南	33	3245.18	1403654.80	153548.50	1385946.80
西　藏	4	100.00	20993.50	14125.50	20993.50
陕　西	14	1107.00	487767.50	183612.00	487765.50
甘　肃	14	1829.59	148466.10	19898.60	148466.10
青　海	22	2043.05	24794.47	14120.67	24710.47
宁　夏	6	285.00	52363.10	39466.10	52363.10
新　疆	29	468.37	170197.56	525.00	170147.56
合　计	1035	1008649.04	42712288.91	18605806.34	41095448.01

表 7-3-10　废气处理设施情况

地　区	废　气			
	处理设施数/套	处理设施设计处理能力/（米³/时）	实际处理量/万米³	排放量/万米³
北　京	4	77860.00	27068.00	27068.00
天　津	5	117790.00	108770.00	108770.00
河　北	7	222541.00	186622.00	186622.00
山　西	6	328000.00	268658.88	268658.88
内蒙古	3	43700.00	7250.88	7250.88
辽　宁	2	40000.00	4000.00	4000.00
吉　林	2	110000.00	86198.00	90208.00
黑龙江	2	100000.00	79972.80	80794.05
上　海	8	183910.00	323716.10	323716.11
江　苏	22	1516545.00	893815.87	893815.87
浙　江	48	4090789.70	2415025.52	2427175.52
安　徽	6	62500.00	45692.75	50198.97
福　建	21	1009813.00	212417.46	228724.40
江　西	2	8000.00	3590.40	4277.70
山　东	6	383348.00	42035.20	42044.00
河　南	11	91000.00	28894.00	28894.00
湖　北	1	14000.00	1008.00	1134.00
湖　南	0	0.00	0.00	0.00
广　东	53	1928706.74	1704806.94	1704806.94
广　西	3	27000.00	32520.00	34080.00
海　南	1	15000.00	7535.00	7535.00
重　庆	3	274566.00	56067.25	56067.25
四　川	25	362322.00	225391.45	238564.45
贵　州	1	10620.00	0.00	0.00
云　南	1	12000.00	0.00	0.29
西　藏	1	100.00	70.00	70.00
陕　西	0	0.00	0.00	0.00
甘　肃	0	0.00	0.00	0.00
青　海	0	0.00	0.00	0.00
宁　夏	0	0.00	0.00	0.00
新　疆	1	3215.00	77.94	77.94
合　计	245	11033326.44	6761204.44	6814554.24

表 7-3-11　残渣处置情况

地　区	焚烧残渣			飞　灰	
	产生量/千克	处置量/千克	综合利用量/千克	产生量/千克	处置量/千克
北　京	8495895.00	8495895.00	0.00	1284146.00	1284146.00
天　津	92000000.00	92000000.00	0.00	12000000.00	12000000.00
河　北	77676700.00	32876700.00	44800000.00	22878500.00	22878500.00
山　西	103199160.00	102599160.00	600000.00	48652320.00	48652320.00
内蒙古	6432212.00	6432212.00	0.00	8891.00	8891.00
辽　宁	11600000.00	11600000.00	0.00	282500.00	282500.00
吉　林	6022200.00	1003700.00	4014800.00	60225.00	54203.00
黑龙江	22027720.00	22027720.00	0.00	14406600.00	14406600.00
上　海	254756530.00	139767530.00	114989000.00	21034030.00	21034030.00
江　苏	352759707.00	202947899.00	149811808.00	104977877.00	65319274.00
浙　江	632946472.00	270646672.00	377424960.00	174520986.02	174467876.08
安　徽	72512300.00	35935300.00	35650000.00	32027735.00	31806375.00
福　建	211214226.00	194792983.00	4220510.00	43742973.11	42975328.11
江　西	2552322.00	2552322.00	0.00	359040.00	359040.00
山　东	19615136.00	17810456.00	4680.00	8540560.00	8521060.00
河　南	15860000.00	15860000.00	0.00	3392000.00	3392000.00
湖　北	7300.00	7300.00	0.00	150.00	150.00
湖　南	0.00	0.00	0.00	0.00	0.00
广　东	636223798.00	355009798.00	287284000.00	83820388.00	83816688.00
广　西	9480790.00	1547500.00	0.00	973565.00	957140.00
海　南	2736.00	1368.00	0.00	2.00	1.00
重　庆	151998927.00	21144527.00	130854400.00	21144423.98	21144231.26
四　川	132648984.00	132024534.00	593650.00	10554603.10	10528603.10
贵　州	0.00	0.00	0.00	0.00	0.00
云　南	38410.00	37450.00	960.00	4190.00	4100.00
西　藏	31500.00	31500.00	0.00	7000.00	0.00
陕　西	0.00	0.00	0.00	0.00	0.00
甘　肃	0.00	0.00	0.00	0.00	0.00
青　海	0.00	0.00	0.00	0.00	0.00
宁　夏	0.00	0.00	0.00	0.00	0.00
新　疆	14846.00	14846.00	0.00	2041.00	2041.00
合　计	2820117871.00	1667135872.00	1150248768.00	604674746.21	563895097.55

表 7-3-12 渗滤液污染物情况 单位：吨

地 区	产生量				排放量			
	化学需氧量	氨氮	石油类	总磷	化学需氧量	氨氮	石油类	总磷
北 京	11634.72	1452.18	7.11	16.38	3147.66	273.05	2.94	4.29
天 津	9374.38	994.00	5.78	—	2698.12	193.68	2.42	—
河 北	12346.94	1236.68	14.27	14.85	9873.32	1066.75	10.64	13.30
山 西	19124.22	2121.06	71.86	46.82	19088.20	2121.06	71.85	46.77
内蒙古	12179.16	920.44	6.91	6.34	11486.42	901.06	6.81	6.25
辽 宁	31195.93	3153.93	25.82	39.98	9303.85	778.73	11.85	12.79
吉 林	16281.45	961.65	17.35	20.20	8563.30	840.93	12.34	10.73
黑龙江	7429.54	630.73	5.42	4.50	5673.90	525.16	5.42	4.50
上 海	34982.57	2544.20	9.33	27.11	9116.69	585.31	7.74	9.28
江 苏	48115.95	4491.67	48.49	30.49	15825.71	1771.54	13.59	11.84
浙 江	46268.85	4688.79	46.56	62.81	20311.60	2243.46	33.03	29.79
安 徽	16416.66	1960.54	8.69	18.35	12445.36	1491.58	8.69	17.76
福 建	28875.17	2479.82	28.63	41.97	17885.25	1643.55	20.70	29.18
江 西	29817.29	2982.02	20.40	36.41	11709.07	901.21	9.13	17.19
山 东	15139.65	1716.60	13.78	18.20	9248.53	923.15	10.43	12.68
河 南	8605.47	938.50	4.29	5.64	4099.30	435.23	4.05	3.85
湖 北	23900.33	2206.59	12.04	29.96	19875.91	1828.07	11.51	25.26
湖 南	50232.89	5370.55	62.18	68.79	29492.07	3191.59	41.88	46.42
广 东	86054.89	12631.05	82.10	208.41	25247.90	1969.51	26.79	35.42
广 西	14740.20	1295.13	8.46	11.53	8074.87	665.31	6.02	8.23
海 南	10315.99	752.02	5.63	13.69	8966.86	694.12	4.89	11.27
重 庆	20059.52	2147.37	19.27	22.46	17645.79	1912.71	17.66	22.06
四 川	21336.39	2273.23	16.67	31.40	10783.49	1199.50	13.11	19.02
贵 州	3586.88	405.42	1.74	4.43	1047.52	164.96	0.93	2.20
云 南	25194.58	2690.96	13.14	27.50	15430.39	2675.49	13.08	27.39
西 藏	1369.23	131.92	2.32	2.22	1369.23	131.92	2.32	2.22
陕 西	7277.95	1029.88	11.96	4.96	4408.21	496.54	5.29	4.96
甘 肃	2529.90	150.10	3.49	1.53	2321.76	140.14	3.41	1.36
青 海	507.90	33.72	0.36	0.61	482.68	34.17	0.36	0.61
宁 夏	803.93	46.74	0.95	1.03	546.22	31.03	0.84	0.76
新 疆	8266.12	538.98	24.17	15.75	8207.87	438.33	24.09	15.69
合 计	623964.65	64976.47	599.15	834.32	324377.04	32268.85	403.79	453.08

表 7-3-13　焚烧废气污染物产生量、排放量　　　　　　　　　　　　　　　　　　　　　　单位：吨

地　区	产生量			排放量		
	烟尘	二氧化硫	氮氧化物	烟尘	二氧化硫	氮氧化物
北　京	1202.04	57.40	45.11	10.17	18.04	45.11
天　津	1099.95	643.56	185.88	2.03	26.47	166.08
河　北	385.23	18.98	14.59	5.20	6.63	14.59
山　西	33160.90	744.02	504.81	138.05	243.60	504.81
内蒙古	15.18	2.13	1.34	15.18	2.13	1.34
辽　宁	1970.55	139.28	68.84	13.41	139.28	68.84
吉　林	11310.00	187.00	140.00	55.00	62.00	140.00
黑龙江	11688.98	269.27	262.43	70.32	56.27	262.43
上　海	27867.69	8.73	457.81	84.62	5.37	457.81
江　苏	78531.69	2167.27	1999.74	412.84	788.48	1948.50
浙　江	262878.56	8421.99	4201.98	2540.95	4056.85	4154.85
安　徽	22595.25	574.69	292.18	331.97	114.68	292.18
福　建	12925.73	1495.10	1502.21	1169.03	474.94	1502.21
江　西	350.63	28.20	11.63	11.22	18.09	11.63
山　东	8761.00	151.76	108.92	43.78	48.32	108.92
河　南	1812.04	77.52	57.68	17.39	22.66	57.68
湖　北	0.86	0.01	0.22	0.86	0.01	0.20
湖　南	0.00	0.00	0.00	0.00	0.00	0.00
广　东	72042.72	3882.15	3048.48	1122.82	1496.68	3048.48
广　西	2604.00	129.22	98.65	833.15	71.71	98.65
海　南	411.84	20.28	15.60	3.51	7.02	15.60
重　庆	2045.94	102.09	78.52	17.67	35.33	78.52
四　川	8497.21	429.41	321.04	864.14	210.31	319.31
贵　州	0.00	0.00	0.00	0.00	0.00	0.00
云　南	2.19	2.92	1.33	2.00	2.50	1.20
西　藏	2.98	0.08	0.07	2.98	0.08	0.07
陕　西	0.00	0.00	0.00	0.00	0.00	0.00
甘　肃	0.00	0.00	0.00	0.00	0.00	0.00
青　海	0.00	0.00	0.00	0.00	0.00	0.00
宁　夏	0.00	0.00	0.00	0.00	0.00	0.00
新　疆	0.00	0.00	0.00	0.00	0.00	0.00
合　计	562163.15	19553.06	13419.05	7768.29	7907.47	13299.00

7.4 危险废物（医疗废物）处置厂

7.4.1 危险废物（医疗废物）处置厂基本情况

7.4.1.1 全国总体情况

到 2007 年末，全国危险废物处置厂共 159 座，总投资 41 亿元，危险废物设计处置能力 1.13 万吨 / 日，其中焚烧设计处置能力为 0.41 万吨 / 日，填埋设计处置能力为 0.31 万吨 / 日，危险废物设计处置量为 412.4 万吨。全国危险废物的产生量（工业源和生活源）为 4618.71 万吨，实际集中处置量为 117.42 万吨（其中：焚烧处置量为 50.37 万吨，填埋处置量为 31.50 万吨），危险废物的集中处理率为 2.5%。设计处置量与实际处置量比例为 28.47%，与产生量的比例为 8.9%。填埋场设计容量为 943.92 万米³，填埋场已填容量 95.73 万米³，使用率为 10.1%。

表 7-4-1　危险废物处置厂基本情况

指　标	单位数 /座	总投资 /万元	年运行费用 / 万元	危险废物设计处置能力 /（吨 / 日）	焚烧设计处置能力 /（吨 / 日）	填埋设计处置能力 /（吨 / 日）	填埋场设计容量 / 万米³	填埋场已填容量 / 万米³
数　值	159	409666	125878	11297.19	4100.30	3147.69	943.92	95.73

全国医疗废物处置厂共 184 座，总投资 17.47 亿元，医疗废物设计处置（理）能力 0.16 万吨 / 日，医疗废物设计处理量为 57.14 万吨。医疗废物实际处置量为 23.42 万吨，实际处理量与设计处理量的比例为 41.00%。医疗废物处置厂的数量、总投资、设计处置能力等基本情况见表 7-4-2。

表 7-4-2　医疗废物处置厂基本情况

指　标	单位数 /个	总投资 / 万元	年运行费用 / 万元	医疗废物设计处置（理）能力 /（吨 / 日）	其中：焚烧设计处置能力 /（吨 / 日）	其中：化学消毒设计处理能力 /（吨 / 日）	其中：微波消毒设计处理能力 /（吨 / 日）	其中：高温蒸煮设计处理能力 /（吨 / 日）
数　值	184	174712.04	47411.03	1565.55	1474.15	43.2	0	44.2

7.4.1.2 各地区情况

全国各地区危险废物处置厂中，危险废物处理能力最强的是广东，其他依次为江苏、湖南、山东、上海、浙江和北京，占全国处理能力的 81%。全国共有 9 个地区没有危险废物处置厂，分别为山西、内蒙古、河南、重庆、贵州、西藏、青海、宁夏和新疆。北京、甘肃、安徽、广西、黑龙江和江西危险废物处置方式完全是焚烧处置方式，云南完全为填埋方式。填埋场设计容量最大的地区是广东，其他依次为湖南、江苏、吉林和辽宁，占全国设计容量的 96%；福建填埋场已填容量占设计容量最少，其他依次为广东、云南和浙江，分别为 0.09%、1.16%、1.8% 和 2.27%。

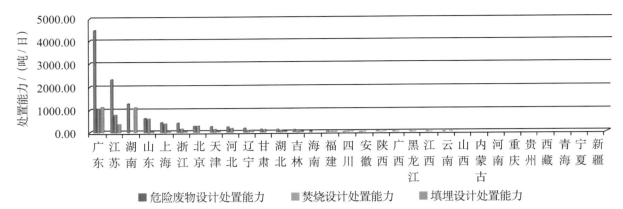

图 7-4-1　全国各地区危险废物处置能力情况

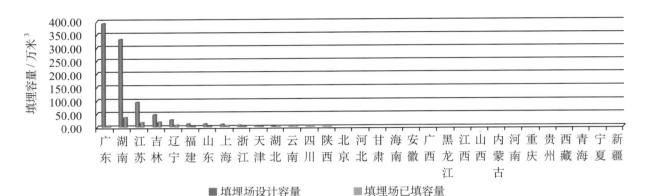

图 7-4-2　全国各地区危险废物填埋场使用情况

全国各地区医疗废物处置厂中，医疗废物处理能力最强的是广东，其他依次为山东、浙江、辽宁、河南、山西、上海和北京，占全国处理能力的 55%。山西、上海、北京、陕西、黑龙江、四川、重庆、广西、内蒙古、贵州、吉林、甘肃和青海共 13 个地区医疗废物处置方式完全是焚烧处置方式，共有 8 个地区有化学消毒处置方式，8 个地区有高温蒸煮处置方式，微波消毒方式目前全国还没有。

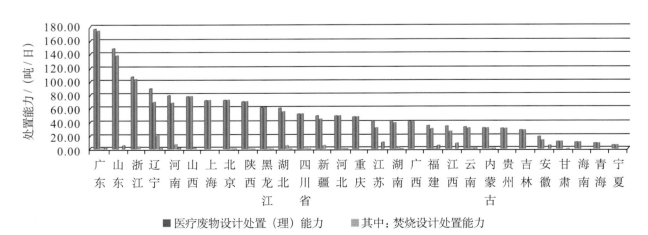

图 7-4-3　全国各地区医疗废物处置情况

表 7-4-3　全国各地区危险废物处置厂情况

地　区	处置（理）厂数量/座	危险废物设计处置能力/（吨/日）	焚烧设计处置能力/（吨/日）	填埋设计处置能力/（吨/日）	填埋场设计容量/万米³	填埋场已填容量/万米³
北　京	1	300.00	300.00	0.00	0.00	0.00
天　津	4	264.00	109.00	85.00	3.59	1.15
河　北	6	251.50	212.00	0.00	0.00	0.00
山　西	0	0.00	0.00	0.00	0.00	0.00
内蒙古	0	0.00	0.00	0.00	0.00	0.00
辽　宁	19	179.00	50.00	103.00	28.00	8.88
吉　林	2	115.60	40.00	75.60	50.00	20.00
黑龙江	1	6.00	6.00	0.00	0.00	0.00
上　海	13	473.80	428.30	68.50	9.18	5.05
江　苏	43	2356.00	803.40	382.60	95.00	16.61
浙　江	14	414.30	146.60	70.00	6.60	0.15
安　徽	2	23.00	23.00	0.00	0.00	0.00
福　建	1	42.00	12.00	30.00	13.70	0.01
江　西	1	5.00	5.00	0.00	0.00	0.00
山　东	9	643.80	615.00	28.80	12.54	0.56
河　南	0	0.00	0.00	0.00	0.00	0.00
湖　北	10	138.39	104.00	34.39	1.86	0.49
湖　南	6	1305.00	—	1100.00	332.35	38.29
广　东	18	4512.00	1043.00	1160.00	391.00	4.52
广　西	1	17.00	17.00	0.00	0.00	0.00
海　南	1	55.00	0.00	0.00	0.00	0.00
重　庆	0	0.00	0.00	0.00	0.00	0.00
四　川	3	31.50	30.00	1.50	0.00	0.00
贵　州	0	0.00	0.00	0.00	0.00	0.00
云　南	1	3.30	—	3.30	0.10	0.00
西　藏	0	0.00	0.00	0.00	0.00	0.00
陕　西	2	21.00	16.00	5.00	0.00	0.00
甘　肃	1	140.00	140.00	0.00	0.00	0.00
青　海	0	0.00	0.00	0.00	0.00	0.00
宁　夏	0	0.00	0.00	0.00	0.00	0.00
新　疆	0	0.00	0.00	0.00	0.00	0.00
合　计	159	11297.19	4100.3	3147.69	943.9214	95.730264

表 7-4-4　全国各地区医疗废物处置场情况

地　区	处理（置）厂数量/（座）	医疗废物设计处置能力/（吨/日）	其中：焚烧设计处置能力/（吨/日）	其中：化学消毒设计处理能力/（吨/日）	其中：高温蒸煮设计处理能力/（吨/日）
北　京	4	71.8	71.8	0	0
河　北	9	48.6	48.6	0	0
山　西	12	77.7	77.7	1	—
内蒙古	10	30.32	30.32	0	0
辽　宁	9	89.2	69	20.2	0
吉　林	3	27.5	27.5	0	—
黑龙江	8	61.92	61.92	0	0
上　海	1	72	72	0	0
江　苏	5	41	31	0	10
浙　江	10	105.7	102.2	3.5	0
安　徽	4	17.6	12.6	0	5
福　建	6	34.5	29.5	0	5
江　西	5	33.5	25.5	0	8
山　东	16	147	137	0	5
河　南	8	78.4	67.4	7	2
湖　北	3	60	55	5	0
湖　南	7	40.96	38.46	2.5	0
广　东	18	176.3	173.6	0	2.7
广　西	5	40	40	0	0
海　南	2	9	9	0	0
重　庆	3	47	47	0	0
四　川	13	51.25	51.25	0	0
贵　州	3	30	30	0	0
云　南	2	32	30.5	1	0.5
陕　西	6	70	70	0	0
甘　肃	1	10	10	0	0
青　海	2	8.2	8.2	0	0
宁　夏	2	5.2	5.2	0	0
新　疆	7	48.9	43.9	5	0
合　计	184	1565.55	1476.15	45.2	38.2

7.4.2 危险废物、医疗废物处置情况

7.4.2.1 全国危险废物、医疗废物处置情况

全国危险废物处置量为 117.42 万吨，其中焚烧处理量为 50.37 万吨，占全国危险废物处置量的 44.3%，填埋处置量为 31.50 万吨，占 26.8%。处置的危险废物中，工业危险废物 102.89 万吨，占 93.4%，医疗废物 4.45 万吨，占 4.3%。危险废物综合利用量为 40.31 万吨。

表 7-4-5 危险废物处置情况

指　标	危险废物处置总量 / 吨	焚烧处置量 / 吨	填埋处置量 / 吨	处置工业危险废物量 / 吨	处置医疗废物量 / 吨	处置其他危险废物量 / 吨	危险废物综合利用量 / 吨
数　值	1174171.69	503724.66	315040.78	1028886.73	44512.53	100303.43	403074.44

全国医疗废物处置量为 23.45 万吨，其中焚烧处置量为 22.48 万吨，占实际处理量的 96%；化学消毒处理量为 0.58 万吨，占 2.5%，高温蒸煮处理量为 0.39 万吨，占 1.6%。

表 7-4-6 医疗废物处置情况　　　　　　　　　　　　　　　　　　　单位：吨

焚烧处置量	化学消毒处理量	微波消毒处理量	高温蒸煮处理量
224509.9	5775.15	0.00	3869.20

7.4.2.2 各地区危险废物、医疗废物处置情况

全国危险废物处置量最多的地区为广东，处置量为 44.14 万吨，其他依次为湖南、江苏、上海、北京，占全国处理量的 81.5%；焚烧处置量最多的地区是广东，处置量为 12.02 万吨；处置工业危险废物最多的地区是广东，其他依次是湖南、江苏、上海、河北；处置医疗废物最多的是江苏。

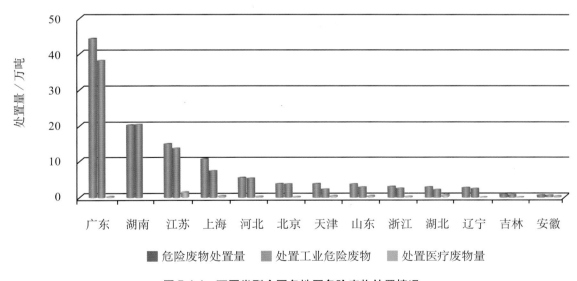

图 7-4-4 不同类型全国各地区危险废物处置情况

全国医疗废物处置量最多的地区为广东，其他依次为山东、浙江、辽宁、北京、湖北和山西，占全国处理量的 54.9%；焚烧处置量最多的地区是广东，占全省医疗废物处置量的 100%；化学消毒

处置量最多的地区是辽宁，占全省医疗废物处置量的 24.2%；高温蒸煮处理量最多的地区是山东，占全省医疗废物处置量的 7%。

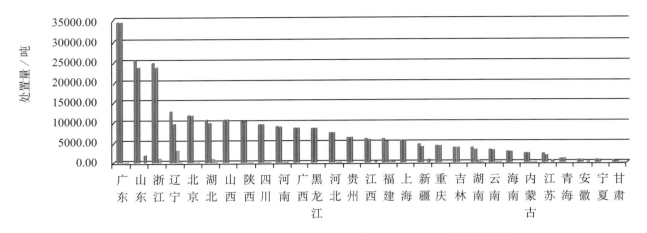

图 7-4-5　全国各地区医疗废物不同处置方式处置情况

7.4.3　次生污染的产生、处理、排放情况

7.4.3.1　全国次生污染总体情况

全国危险废物（医疗废物）处置厂共有废水处理设施 199 套，设计处理能力为 29.39 万米^3/时。废水产生量为 276.20 万米^3，实际处理量为 241.67 万米^3，实际处理率为 87.5%，排放量为 1506233 米^3，占产生量的 54.5%。废水中化学需氧量排放量为 265.03 吨，削减率为 98.5%，氨氮排放量为 18.58 吨，削减率为 96.5%，石油类排放量为 5.52 吨，削减率为 99.1%，总磷排放量为 3.77 吨，削减率为 97.4%。

表 7-4-9　废水废气处理设施情况

指标名称	处理设施数/套	处理设施设计处理能力/（米^3/时）	实际处理量/米^3	产生量/米^3	排放量/米^3
废　水	199	293949	2416745	2761950	1506233
废　气	333	2909056	40618010	—	4083422

表 7-4-10　废水污染物产生、排放情况

指标	化学需氧量/吨	氨氮/吨	石油类/吨	总磷/吨	挥发酚/吨	氰化物/千克	砷/千克	总铬/千克	铅/千克	镉/千克	汞/千克
产生量	18431.2	527.0	618.6	144.7	6518.9	647.0	661.7	2734.5	2135.4	487.5	162.9
排放量	265.0	18.6	5.5	3.8	10.0	68.4	230.6	2595.0	963.4	246.5	3.0

表 7-4-7　全国各地区危险废物处置情况　　　　　　　　　　　　　　　　　　　单位：吨

地　区	危险废物处置量	其中：焚烧处置量	填埋处置量	其中：处置工业危险废物量	处置医疗废物量	处置其他危险废物量	危险废物综合利用量
北　京	37295.00	37295.00	0.00	37066.00	0.00	229.00	0.00
天　津	35409.00	20671.00	14279.00	22780.00	5335.00	6835.00	15029.00
河　北	53512.00	16682.00	0.00	53512.00	0.00	0.00	6255.00
山　西	0.00	0.00	0.00	0.00	0.00	0.00	0.00
内蒙古	0.00	0.00	0.00	0.00	0.00	0.00	0.00
辽　宁	23845.50	4789.50	9756.00	22887.00	92.00	856.50	71466.00
吉　林	7916.00	5748.00	2168.00	7426.00	0.00	490.00	758.00
黑龙江	12.00	12.00	0.00	0.00	0.00	12.00	0.00
上　海	107295.30	82620.30	24675.00	74439.40	1869.90	30986.00	2132.00
江　苏	149701.09	119529.00	14676.68	134628.09	14384.00	689.00	7207.00
浙　江	27509.04	21831.00	665.00	24996.38	2500.00	12.66	10855.00
安　徽	6567.00	6567.00	0.00	4027.00	2540.00	0.00	0.00
福　建	5075.00	3620.00	987.00	2217.00	2858.00	0.00	0.00
江　西	680.00	680.00	0.00	600.00	—	80.00	—
山　东	35280.00	34314.00	366.00	28798.00	6482.00	0.00	3323.00
河　南	0.00	0.00	0.00	0.00	0.00	0.00	0.00
湖　北	27445.00	17072.00	10373.00	19940.00	7505.00	0.00	5690.00
湖　南	201500.00		201500.00	201500.00	0.00	0.00	0.00
广　东	441438.86	120220.86	34426.00	381246.86	851.00	59341.00	275223.44
广　西	1686.00	1686.00	0.00	1632.00	0.00	54.00	0.00
海　南	448.80	0.00	0.00	0.00	0.00	448.80	0.00
重　庆	0.00	0.00	0.00	0.00	0.00	0.00	0.00
四　川	5557.00	5127.00	430.00	5557.00	0.00	0.00	4996.00
贵　州	0.00	0.00	0.00	0.00	0.00	0.00	0.00
云　南	18.00	0.00	18.00	0.00	5.40	12.60	0.00
西　藏	0.00	0.00	0.00	0.00	0.00	0.00	0.00
陕　西	981.10	260.00	721.10	634.00	90.23	256.87	140.00
甘　肃	5000.00	5000.00	0.00	5000.00	0.00	0.00	0.00
青　海	0.00	0.00	0.00	0.00	0.00	0.00	0.00
宁　夏	0.00	0.00	0.00	0.00	0.00	0.00	0.00
新　疆	0.00	0.00	0.00	0.00	0.00	0.00	0.00
合　计	1174171.69	503724.66	315040.78	1028886.73	44512.53	100303.43	403074.44

表 7-4-8 全国各地区医疗废物处置情况

地 区	医疗废物 处置量 / 吨	其中：焚烧 处置量 / 吨	其中：化学消毒 处理量 / 吨	其中：高温蒸煮 处理量 / 吨
北 京	11539.18	11539.18	0.00	0.00
河 北	7484.00	7484.00	0.00	0.00
山 西	10503.10	10503.10	0.00	0.00
内蒙古	2346.15	2346.15	0.00	0.00
辽 宁	12562.00	9517.00	3045.00	0.00
吉 林	3719.50	3719.50	0.00	0.00
黑龙江	8370.00	8370.00	0.00	0.00
上 海	5440.00	5440.00	0.00	0.00
江 苏	2108.00	1645.00	0.00	463.00
浙 江	24496.62	23383.62	1113.00	0.00
安 徽	706.17	571.97	0.00	134.20
福 建	5836.00	5352.00	0.00	484.00
江 西	5919.00	5709.00	0.00	210.00
山 东	25269.89	23419.89	0.00	1850.00
河 南	8871.15	8721.00	150.15	0.00
湖 北	10509.93	9609.93	900.00	0.00
湖 南	3633.90	3122.90	511.00	0.00
广 东	34471.94	34471.94	0.00	0.00
广 西	8555.43	8555.43	0.00	0.00
海 南	2666.00	2666.00	0.00	0.00
重 庆	4133.00	4133.00	0.00	0.00
四 川	9387.47	9387.47	0.00	0.00
贵 州	6228.00	6228.00	0.00	0.00
云 南	3067.00	2983.00	56.00	28.00
陕 西	10251.18	10251.18	0.00	0.00
甘 肃	371.42	371.42	0.00	0.00
青 海	898.48	898.48	0.00	0.00
宁 夏	626.00	626.00	0.00	0.00
新 疆	4507.40	3807.40	0.00	700.00
合 计	234477.90	224833.55	5775.15	3869.20

全国危险废物（医疗废物）处置厂共有废气处理设施 333 套，设计处理能力为 290.91 万米 ^{3}/ 时，实际处理量为 406.18 亿米 ^{3}，排放量为 408.34 亿米 ^{3}。废气中烟尘的排放量为 3408.00 吨，削减率为 68.6%，二氧化硫的排放量为 565.67 吨，削减率为 59.5%，氮氧化物的排放量为 809.46 吨，削减率为 12.6%。

表 7-4-11　焚烧废气污染物产生、排放情况

指　标	烟尘 / 吨	二氧化硫 / 吨	氮氧化物 / 吨
产生量	10866.40	1395.76	926.10
排放量	3408	565.67	809.46

全国危险废物（医疗废物）处置厂产生焚烧残渣 3.7 万吨，飞灰 0.54 万吨，处置量分别为 3.32 万吨、0.53 万吨，处置率分别为 88%、99%，处置方式以危险废物填埋方式为主。焚烧残渣综合利用量为 0.42 万吨，综合利用率为 11.2%，焚烧残渣倾倒丢弃量为 540.73 吨，倾倒丢弃率为 1.4%；飞灰倾倒丢弃量为 40.64 吨，倾倒丢弃率为 0.7%。

表 7-4-12　残渣处理情况

指　标	焚烧残渣	飞　灰
产生量 / 千克	37659069	5397924
处置量 / 千克	33216923	5349384
其中：按危险废物填埋处置量 / 千克	15726566	2539083
按一般工业固体废物填埋处置量 / 千克	5843717	1054643
按生活垃圾填埋处置量 / 千克	8478037	232282
简易填埋处置量 / 千克	605159	35840
堆放（堆置）处置量 / 千克	2135252	176375
综合利用量 / 千克	4221951	—
倾倒丢弃量 / 千克	540730	40640

7.4.3.2　各地区次生污染物产生和治理情况

全国危险废物（医疗废物）处置厂废水处理设施最多的地区为江苏和广东，其他依次为浙江、山东、辽宁、湖南和湖北，占全国设施总数的 59%。废气处理设施最多的地区是江苏，其他依次为广东、山东、浙江和四川，占到全国的 51%。西藏目前危险废物（医疗废物）处置厂废气和废水处理设施都没有。

全国危险废物（医疗废物）处置厂化学需氧量排放量最大的为福建省 96.43 吨；氨氮排放量最大

的省份为湖南 5.14 吨；产生焚烧残渣量最大的省份为广东 0.54 万吨，其他依次为江苏省、山东省、上海市、湖北省和浙江省；飞灰产生量最大的省份为上海市，共产生 0.13 万吨，其他依次为山东省、广东省、江苏省、浙江省和天津市。

7.5 集中式污染治理设施小结

（1）全国集中式污染治理设施建设情况

截至 1995 年，全国集中式污染治理设施共 499 座，到 2007 年底，集中式污染治理设施总数增加了 4291 座，达到 4790 座，11 年间数量增长了近 9 倍。近几年随着我国环保事业加快发展，集中式污染治理建设越来越受到政府和社会各界的高度重视，作为污染防治的重要措施和手段之一，得到迅猛发展。

从 1995 年到 2007 年，污水处理厂数量从 145 座增加到 2094 座，增长了近 13 倍；垃圾处理场从 338 座增加到 2353 座，增长了近 6 倍；危险废物处置厂从 9 座增加到 159 座，增长了 17 倍；医疗废物处置厂从 7 座增加到 184 座，增长了 25 倍。

2007 年全国 333 个地级区划中，共有 290 个城市建有污水处理厂，还有 43 个城市没有建设污水处理厂。

（2）污染物处理和排放情况

2007 年，集中式污染治理设施共排放渗滤液 0.43 万吨，化学需氧量排放量为 32.46 万吨，占全国化学需氧量排放量的 1.1%；氨氮排放量为 3.23 万吨，占全国氨氮排放量的 1.6%；总磷排放量为 456.85 吨，石油类排放量为 409.32 吨。固体废物产生量为 0.20 亿吨，倾倒丢弃量为 27.93 万吨，危险废物产生量为 61.01 万吨，倾倒丢弃量为 441.96 吨。二氧化硫排放量为 8473.14 吨，占全国二氧化硫排放量的 0.03%；氮氧化物排放量为 1.41 万吨，占全国氮氧化物排放量的 0.08%；烟尘排放量为 1.12 万吨，占全国烟尘排放量的 0.09%。

（3）运行和处理能力情况

2007 年全国集中式污染治理设施污水处理厂、垃圾处理厂（场）、危险废物处置厂和医疗废物处置厂的平均运行天数分别为 304 天、336 天、254 天和 290 天，设计处理能力分别为 8745.24 万吨／日、7.40 万吨／日（不包括垃圾填埋场所）、1.13 万吨／日和 0.16 万吨／日。污水处理厂处理污水的平均费用为 0.66 元／吨，垃圾处理厂处理垃圾的费用为 186.86 元／吨，危险废物处置厂（场）处置危险废物的平均费用为 1072.03 元／吨，医疗废物处置厂（场）处置医疗废物的平均费用为 2024.38 元／吨。

第8章 总体情况

8.1 第一次全国污染源普查对象概况

8.1.1 普查对象数量及区域分布

第一次全国污染源普查对象包括工业源、农业源、生活源和集中式污染治理设施四大类。根据全国污染源普查数据的汇总结果（不含军队普查数据，下同）：普查单位总数592.6万个，其中：工业源157.5万个（其中重点源52.1万个，一般源105.4万个），农业源289.9万个（其中种植业3.8万个，畜禽养殖业196.3万个，水产养殖业88.4万个，不包括典型地区农村生活源），生活源144.6万个，集中式污染治理设施4790个。

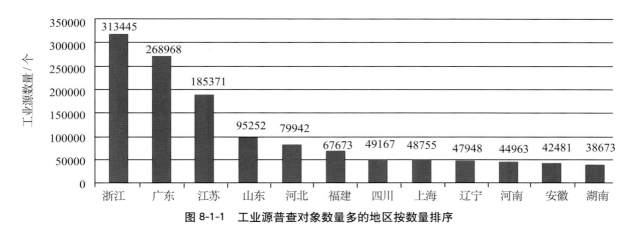

图 8-1-1　工业源普查对象数量多的地区按数量排序

工业源普查对象最多的是浙江，31.3万个，其次是广东26.9万个、江苏18.5万个、山东9.5万个、河北7.9万个、福建6.8万个、四川4.9万个、上海4.9万个、辽宁4.8万个、河南4.5万个、安徽4.2万个、湖南3.9万个，以上12个省（区）合计占工业源的81.4%。

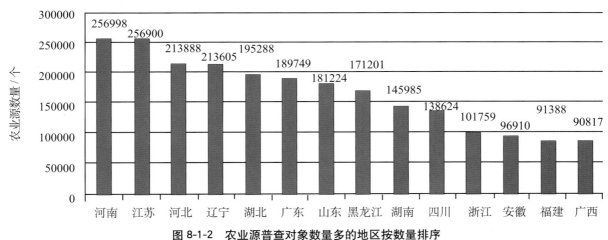

图 8-1-2　农业源普查对象数量多的地区按数量排序

农业源普查对象较多的是河南、江苏，河北、辽宁、湖北、广东、山东、黑龙江、湖南、四川、浙江、安徽、福建和广西，上述 14 个省（区）农业源数量合计占全国的 80.8%。

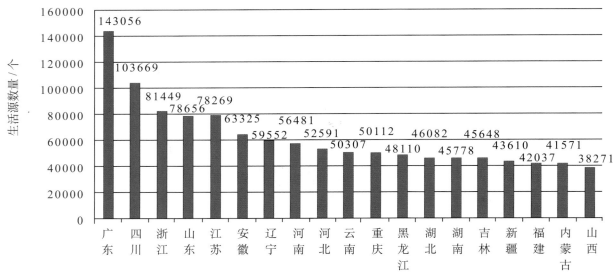

图 8-1-3　生活源数量多的地区按数量排序

生活源也主要分布在中东部地区。数量较多的有广东、四川、浙江、山东、江苏、安徽、辽宁、河南、河北、云南、重庆、黑龙江、湖北、湖南、吉林、新疆、福建、内蒙古和山西，上述 19 个省（区）合计占生活源普查对象总数的 80.9%。

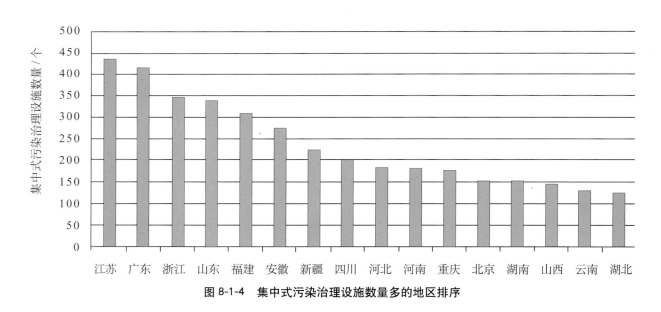

图 8-1-4　集中式污染治理设施数量多的地区排序

全国有集中式污染治理设施 4790 个，集中式污染治理设施较多的省区有江苏、广东、浙江、山东、福建、安徽、新疆、四川、河北、河南、重庆、北京、湖南、山西、云南和湖北，上述 16 个省（区）

合计占集中式污染治理设施总数的 79.7%，而西部多数地区集中式污染治理设施总数小于 100 个。

表 8-1-1　全国各地区普查对象数量情况

地　区	工业源		农业源		生活源		集中式污染治理设施		合计/个
	数量/个	比例/%	数量/个	比例/%	数量/个	比例/%	数量/个	比例/%	
北　京	18475	1.17	14845	0.51	37386	2.59	156	3.26	70862
天　津	16920	1.07	21394	0.74	12908	0.89	38	0.79	51260
河　北	79942	5.07	213888	7.41	52591	3.64	183	3.82	346604
山　西	20215	1.28	45367	1.57	38271	2.65	148	3.09	104001
内蒙古	11416	0.72	74450	2.58	41571	2.88	99	2.07	127536
辽　宁	47948	3.04	213605	7.40	59552	4.12	125	2.61	321230
吉　林	15873	1.01	79312	2.75	45648	3.16	77	1.61	140910
黑龙江	13988	0.89	171201	5.93	48110	3.33	47	0.98	233346
上　海	48755	3.09	13693	0.47	37417	2.59	113	2.36	99978
江　苏	185371	11.77	253864	8.80	78269	5.41	438	9.14	517942
浙　江	313445	19.89	99330	3.44	81449	5.63	345	7.2	494569
安　徽	42481	2.7	94781	3.28	63325	4.38	277	5.78	200864
福　建	67673	4.3	91388	3.17	42037	2.91	309	6.45	201407
江　西	28628	1.82	48646	1.69	36748	2.54	111	2.32	114133
山　东	95252	6.05	181224	6.28	78656	5.44	341	7.12	355473
河　南	44963	2.85	256998	8.91	56481	3.91	182	3.8	358624
湖　北	27533	1.75	194229	6.73	46082	3.19	126	2.63	267970
湖　南	38673	2.45	145985	5.06	45778	3.17	156	3.26	230592
广　东	268968	17.07	189749	6.58	143056	9.9	418	8.73	602191
广　西	23174	1.47	90817	3.15	31307	2.17	109	2.28	145407
海　南	2219	0.14	16239	0.56	9160	0.63	28	0.58	27646
重　庆	30530	1.94	34401	1.19	50112	3.47	178	3.72	115221
四　川	49167	3.12	138624	4.80	103669	7.17	199	4.15	291659
贵　州	16090	1.02	16335	0.57	30416	2.1	33	0.69	62874
云　南	23424	1.49	39975	1.39	50307	3.48	135	2.82	113841
西　藏	231	0.01	573	0.02	3205	0.22	8	0.17	4017
陕　西	15963	1.01	49636	1.72	36406	2.52	61	1.27	102066
甘　肃	7603	0.48	29653	1.03	23067	1.6	58	1.21	60381
青　海	1855	0.12	2385	0.08	8441	0.58	44	0.92	12725
宁　夏	4248	0.27	20994	0.73	10609	0.73	23	0.48	35874
新　疆	14481	0.92	42173	1.46	43610	3.02	225	4.7	100489
合　计	1575504	100	2885754	100	1445644	100	4790	100	5911692

注："农业源普查对象数"未包括含种植业中乡镇和农场典型地块数及农村生活源抽样农户数，下同。

8.1.2 全国各流域普查对象分布

根据水资源区划，全国划分为十大流域片区，包括：松花江流域、辽河流域、海河流域、淮河流域、长江流域、东南诸河、珠江流域、西南诸河、西北诸河（下同）。

各普查对象全国各流域分布情况见表8-1-2。

表8-1-2　全国各流域普查对象分布　　　　　　单位：个

名　称	工业源	生活源	农业源	集中式	合　计
松花江流域	28277	245229	93559	120	367185
辽河流域	53752	258515	76916	173	389356
海河流域	140607	357026	134452	523	632608
黄河流域	57275	173810	123522	340	354947
淮河流域	172323	500164	157091	570	830148
长江流域	471166	788702	471795	1550	1733213
东南诸河	318190	143140	104409	562	566301
珠江流域	306612	332654	205479	619	845364
西南诸河	9090	17239	22597	69	48995
西北诸河	18212	69275	55824	264	143575
其中：直排入海	54709	0	78111	284	133104
合　计	1575504	2885754	1445644	4790	5911692
太湖	170067	102178	49679	364	322288
巢湖	6362	15305	12616	59	34342
滇池	3776	4595	8086	11	16468
三峡库区	28656	37371	45616	185	111828
南水北调东线	92860	246235	87800	297	427192

注："农业源普查对象数"未包括含种植业中乡镇和农场典型地块数及农村生活源抽样农户数，下同。

8.2　普查对象资源能源消耗情况

8.2.1　能源消耗情况

8.2.1.1　普查对象能源消耗总量

2007年普查对象能源消耗总量29.5亿吨标煤，其中工业源能源消耗总量25.9亿吨标煤，生活源能源消耗总量2.5亿吨标煤，集中式污染治理设施能源消耗总量1.1亿吨标煤。普查煤炭消耗量30.8亿吨，其中工业源煤炭占93.9%，生活源占6.1%。电力消费量36815.9亿千瓦·时，其中工业源消耗量占 75.9%，集中式污染治理设施占 24.1%；柴油消费量 2388.9 万吨，其中工业消费量占 85.6%，生活源消费量占 14.4%。从综合能源消耗和各类能源消耗情况可以看出，工业源能源消耗在各类源中占绝对主导地位。

8.2.1.2 工业行业能源消耗

黑色金属冶炼及压延加工业 4.5 亿吨、石油加工炼焦及核燃料 4.1 亿吨、非金属矿物制品业 2.5 亿吨和化学原料制品业 2.3 亿吨，列工业行业能源消耗的前四位（工业行业能源消耗计算终端能耗）。

表 8-2-1   不同类型能源消耗情况

能源消费量		工业源	比 例	生活源	比 例	集中式	比 例	合 计
煤炭	吨	2899063867.97	93.88%	187572807.82	6.07%	1399600.37	0.05%	3088036276.16
其中原煤	吨	2195576237.73	98.38%	36185952.85	1.62%	—	—	2231762190.58
其中洗精煤	吨	370276991.16	99.65%	1317702.63	0.35%	—	—	371594693.79
其中其他洗煤	吨	56171316.80	97.84%	1238439.35	2.16%	—	—	57409756.15
其中型煤	吨	6845518.05	76.78%	2070542.12	23.22%	—	—	8916060.17
电力	万千瓦·时	279374008.34	75.88%	—	—	88785028.01	24.12%	368159036.35
焦炉煤气	万米³	96603204.11	99.97%	26469.21	0.03%	—	—	96629673.32
高炉煤气	万米³	57749653.12	100.00%	783.95	0.00%	—	—	57750437.07
天然气	万米³	5335294.86	81.63%	1200512.98	18.37%	—	—	6535807.84
液化天然气	吨	2245272.44	10.40%	19338084.36	89.60%	—	—	21583356.80
液化石油气	吨	4617998.24	14.26%	27770057.65	85.74%	—	—	32388055.88
炼厂干气	吨	12668209.17	99.95%	6180.00	0.05%	—	—	12674389.17
原油	吨	215557707.88	99.92%	164720.58	0.08%	—	—	215722428.46
汽油	吨	7212008.53	99.50%	35918.42	0.50%	—	—	7247926.95
煤油	吨	562615.75	97.19%	16293.63	2.81%	—	—	578909.38
柴油	吨	20452566.49	85.61%	3436909.31	14.39%	—	—	23889475.80
燃料油	吨	22358808.43	71.98%	8593423.83	27.67%	108517.05	0.35%	31060749.31
其他燃料	吨标煤	52496878.71	100.00%	—	—	—	—	52496878.71
热力	百万千焦	9944738891.96	100.00%	—	—	—	—	9944738891.96
能源消费量	吨标煤	2588112505.52	87.80%	253242913.66	8.59%	106444467.64	3.61%	2947799886.82

8.2.2 水资源消耗情况

8.2.2.1 水资源消耗总量

2007 年普查用水量 1235.8 亿吨（本次普查水资源消耗只普查工业用水和生活用水情况，下同），其中工业用水量 837.3 亿吨，生活源用水总量 398.5 亿吨，从普查类别来看，水资源消耗主要集中于工业行业，其用水量占全国用水总量的 67.7%。

8.2.2.2 水资源消耗地区分布

从水资源消耗地区分布来看，广东 188.9 亿吨、江苏 166.7 亿吨、浙江 119.2 亿吨、上海 68.9 亿吨、山东 58.0 亿吨、湖北 55.1 亿吨、辽宁 53.6 亿吨、湖南 46.8 亿吨、安徽 41.2 亿吨、河北 41.1 亿吨、河南 40.8 亿吨、江西 38.8 亿吨、广西 36.2 亿吨、福建 33.9 亿吨是水资源消耗的主要省份，14 个省（区）用水总量占全国用水总量的 80.0%。北京、海南、西藏用水以生活源为主，生活源用水比重超过 50%；天津、吉林、河南、湖南、四川、贵州、陕西、甘肃、青海、新疆等 10 个省（区）生活源用水和工业用水比重相当外，其余省（区）以工业用水为主（比重超过 60%）。

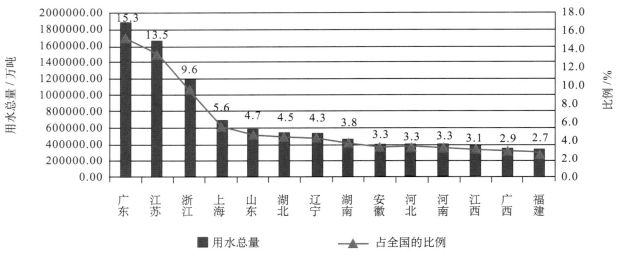

图 8-2-1 全国各地区水资源消耗排序

8.2.2.3 水资源消耗流域分布

水资源消耗量最多的是长江流域，消耗量 453.9 亿吨，占全国的 36.7%，其次是珠江流域，消耗量 239.6 亿吨，占全国的 19.4%，东南诸河 134.6 亿吨、淮河流域 120.1 亿吨、海河流域 94.8 亿吨、黄河流域 61.4 亿吨、辽河流域 59.6 亿吨、松花江流域 48.4 亿吨、西北诸河 16.3 亿吨、西南诸河 7.0 亿吨，流域水资源消耗分别占全国的 10.9%、9.7%、7.7%、5.0%、4.8%、3.9%、1.3% 和 0.6%。

从结构分析，除巢湖和滇池流域水资源消耗以生活源用水为主外，其余流域水资源消耗的主体均为工业源。

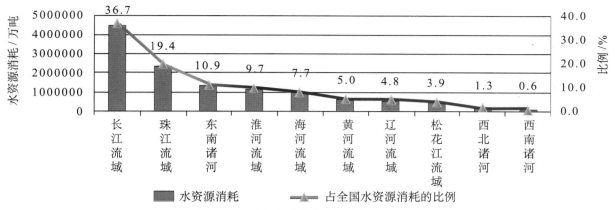

图 8-2-2　全国各流域水资源消耗量及比例

表 8-2-2　全国各流域水资源消耗情况

名　称	工业取水总量 / 万吨	比例 /%	生活用水水量 / 万吨	比例 /%	合计 / 万吨
松花江流域	290729.83	60	193231.24	40	483961.07
辽河流域	417427.39	70	178230.82	30	595658.21
海河流域	587506.23	62	360742.00	38	948248.22
黄河流域	374692.67	61	239293.99	39	613986.66
淮河流域	715131.40	60	485513.05	40	1200644.45
长江流域	3166335.44	70	1373507.74	30	4539843.18
东南诸河	1035052.78	77	311034.15	23	1346086.93
珠江流域	1661377.83	69	735118.59	31	2396496.42
西南诸河	36094.01	51	34197.30	49	70291.31
西北诸河	88635.06	54	74446.21	46	163081.26
直接排放入海	1307944.90	82	281949.08	18	1589893.98
合计	8372982.64	68	3985315.08	32	12358297.72
太湖	704586.56	81	169801.60	19	874388.16
巢湖	11358.61	27	31483.49	73	42842.10
滇池	12340.05	38	20336.53	62	32676.58
三峡库区	153012.01	67	75027.13	33	228039.14
南水北调东线	543852.02	65	293061.63	35	836913.65

表 8-2-3　全国各地区水资源消耗情况

名　称	工业取水总量 / 万吨	比例 /%	生活用水水量 / 万吨	比例 /%	合计 / 万吨
北　京	26674.93	21.86	95360.56	78.14	122035.49
天　津	58137.31	53.59	50342.24	46.41	108479.55
河　北	282226.69	68.61	129134.33	31.39	411361.01
山　西	145194.48	64.44	80112.74	35.56	225307.22
内蒙古	97578.49	63.95	54996.04	36.05	152574.53
辽　宁	388390.23	72.52	147202.97	27.48	535593.20
吉　林	97565.47	55.56	78022.54	44.44	175588.01
黑龙江	202050.47	62.22	122680.63	37.78	324731.10
上　海	507232.03	73.63	181636.26	26.37	688868.29
江　苏	1358750.80	81.52	307940.73	18.48	1666691.53
浙　江	959212.04	80.44	233235.75	19.56	1192447.79
安　徽	243556.19	59.14	168269.43	40.86	411825.62
福　建	211339.87	62.33	127731.58	37.67	339071.45
江　西	272448.70	70.20	115650.24	29.80	388098.93
山　东	363523.68	62.67	216517.23	37.33	580040.91
河　南	218146.86	53.50	189599.62	46.50	407746.48
湖　北	359122.96	65.16	192048.67	34.84	551171.63
湖　南	272997.69	58.34	194963.96	41.66	467961.65
广　东	1329156.79	70.34	560531.57	29.66	1889688.36
广　西	258588.72	71.44	103385.82	28.56	361974.54
海　南	11329.34	27.27	30212.73	72.73	41542.06
重　庆	154111.93	65.34	81735.51	34.66	235847.45
四　川	150196.14	47.58	165474.02	52.42	315670.16
贵　州	49931.99	46.13	58302.13	53.87	108234.11
云　南	102748.00	53.63	88840.44	46.37	191588.44
西　藏	3280.99	36.64	5673.55	63.36	8954.54
陕　西	85068.62	53.40	74247.89	46.60	159316.52
甘　肃	56667.37	54.91	46530.02	45.09	103197.39
青　海	18663.38	52.47	16905.71	47.53	35569.09
宁　夏	34294.87	68.06	16096.33	31.94	50391.20
新　疆	54795.61	51.34	51933.85	48.66	106729.46
合　计	8372982.64	67.75	3985315.08	32.25	12358297.72

8.3 污染产生及排放情况

8.3.1 废水及水污染物产生排放情况

8.3.1.1 基本情况

2007 年全国普查各类源废水产生总量 2602.0 亿吨，废水排放总量 2092.8 亿吨。2007 年普查废水中化学需氧量排放总量 3028.9 万吨，氨氮排放总量 204.3 万吨，总磷排放总量 42.3 万吨，总氮排放总量 472.9 万吨，氰化物排放总量 549.8 吨，石油类排放总量 78.2 万吨（包括生活源的动植物油），挥发酚排放总量 0.7 万吨，铜排放总量 0.2 万吨，锌排放总量 0.5 万吨，重金属（镉、总铬、砷、汞、铅）排放量 897.3 吨。

表 8-3-1 废水污染物排放量

名 称	工业源	农业源	生活源	集中式	扣除削减量	合 计
化学需氧量 / 吨	7151335.32	13240882.53	15478548.91	324645.91	5905787.07	30289625.61
氨氮 / 吨	303620.32	314337.63	1769411.68	32287.69	376172.80	2043484.53
石油类 / 吨	66362.73	—	758243.59	409.32	42922.25	782093.39
挥发酚 / 吨	7491.98	—	—	110.92	463.81	7139.09
总磷 / 吨	—	284741.80	183303.88	456.85	45328.22	423174.32
总氮 / 吨	—	2704613.65	2312499.81	—	288190.15	4728923.30
氰化物 / 千克	794106.35	—	14.57	2818.52	247143.25	549796.19
砷 / 千克	184956.38	—	—	1475.38	1329.48	185102.29
总铬 / 千克	1643418.54	—	5.04	3257.29	1168767.64	477913.23
六价铬 / 千克	748857.36	—	1.01	—	579803.10	169055.27
铅 / 千克	190853.74	—	827.04	5290.57	2155.56	194815.80
镉 / 千克	36852.65	—	—	1179.49	285.72	37746.42
汞 / 千克	1404.35	—	65.79	264.62	7.66	1727.10
铜 / 千克	—	2452085.57	—	—	—	2452085.57
锌 / 千克	—	4862575.80	—	—	—	4862575.80

8.3.1.2 废水产生排放情况

（一）废水产生排放总量

2007 年全国普查各类源废水产生总量 2602.0 亿吨。其中工业源废水产生量 738.3 亿吨，农业源废水（池塘和工厂化水产养殖废水、畜禽养殖废水）产生量 1519.9 亿吨，生活源废水产生量 343.3 亿吨，集中式污染治理设施渗滤液废水产生量 0.5 亿吨。

废水排放总量 2092.8 亿吨，其中工业废水排放量 236.7 亿吨，占废水排放总量的 11.3%，农业源废水排放总量 1512.4 亿吨，占废水排放总量的 72.3%；生活源废水排放总量 343.3 亿吨，占废水排放总量的 16.4%；集中式污染治理设施废水排放总量 0.4 亿吨，占废水排放总量的 0.02%。从表中可以看出，农业源废水排放是废水排放的主体，农业源和生活源废水排放量合计占废水排放总量的 88.7%，工业废水排放量居第三位，但工业废水中有毒有害污染物的浓度高。

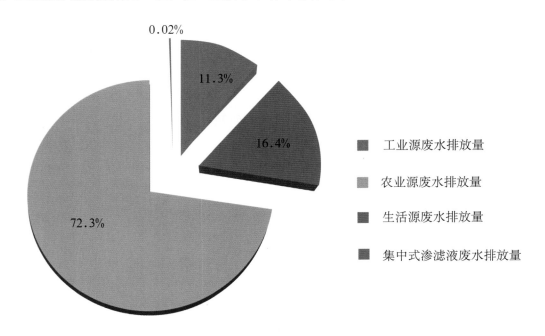

图 8-3-1　废水排放量分布比例图

（二）废水产生排放区域分析

在废水排放地区分布中，废水排放量最多的地区是福建，废水排放量为 428.2 亿吨，占全国废水排放量的 20.5%；其次是广东，废水排放量 215.9 亿吨，占全国废水排放量的 10.3%；废水排放量排名靠前的还有湖北、湖南、浙江、辽宁、江苏、山东、河北和安徽，上述 10 个省废水排放量合计占全国废水排放量的 80.9%。

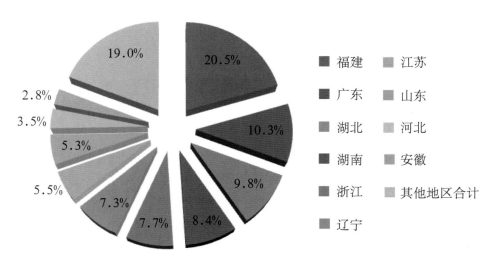

图 8-3-2　主要废水排放量地区分布比例图

表 8-3-2　全国各地区废水产生量

地　区	合计/万吨	工业源/万吨	生活源/万吨	农业源/万吨	集中式渗滤液/万吨
北　京	143175.74	48234.93	81840.08	13011.42	89.31
天　津	199611.30	29186.72	42938.19	127460.34	26.06
河　北	1411344.58	810658.18	127069.21	473525.90	91.29
山　西	733179.77	656987.27	70636.78	5491.21	64.51
内蒙古	216436.49	151929.52	55819.08	8664.58	23.31
辽　宁	2155298.95	745884.93	131666.36	1277643.07	104.59
吉　林	258585.47	167245.62	71947.43	19236.57	155.85
黑龙江	330467.47	118215.54	99637.51	112581.02	33.40
上　海	263540.48	89972.58	132471.12	40792.97	303.82
江　苏	1537184.42	620167.47	269016.18	647741.12	259.65
浙　江	1678872.48	284251.00	219790.20	1174363.24	468.05
安　徽	756439.48	236549.12	139430.05	380272.37	187.94
福　建	4418974.94	287890.86	117670.23	4013184.16	229.68
江　西	537483.44	166677.89	93256.69	277328.21	220.65
山　东	1603940.87	651579.89	254765.15	697438.93	156.90
河　南	633039.79	251084.69	182126.78	199768.35	59.96
湖　北	2202496.83	250360.32	168471.87	1783383.87	280.76
湖　南	1962137.05	312768.48	157533.05	1491446.10	389.42
广　东	2272138.19	313867.66	413678.08	1543939.42	653.03
广　西	660433.73	276606.91	89180.00	294541.21	105.61
海　南	115906.98	9448.91	24756.78	81638.64	62.65
重　庆	255649.46	111863.48	63515.48	80118.23	152.27
四　川	554583.83	245383.34	140690.45	168350.86	159.17
贵　州	223952.26	85709.00	49702.78	88504.54	35.93
云　南	432938.83	224736.66	75976.56	132084.16	141.45
西　藏	6911.35	2741.49	4165.52	2.21	2.13
陕　西	178011.92	94019.95	60521.40	23420.69	49.88
甘　肃	83715.85	44092.16	34167.21	5441.63	14.85
青　海	21967.41	11867.20	9961.91	135.82	2.48
宁　夏	56092.34	25431.66	11893.85	18761.55	5.27
新　疆	115534.54	57927.99	38670.41	18918.59	17.56
合　计	26020046.23	7383341.40	3432966.40	15199190.98	4547.46

表 8-3-3　全国各地区废水排放量

地　区	合计/万吨	工业源/万吨	生活源/万吨	农业源/万吨	集中式/万吨
北　京	104535.20	9892.77	81840.08	12743.71	58.63
天　津	191784.58	21538.94	42938.19	127284.87	22.58
河　北	730718.58	131930.47	127069.21	471631.06	87.85
山　西	120096.14	44501.17	70636.78	4893.87	64.32
内蒙古	96299.77	35036.59	55819.08	5422.32	21.78
辽　宁	1517650.95	109695.78	131666.36	1276192.14	96.67
吉　林	122396.82	31433.60	71947.43	18889.34	126.45
黑龙江	254356.08	42738.12	99637.51	111950.87	29.57
上　海	227146.18	53836.57	132471.12	40607.29	231.21
江　苏	1144240.56	228914.24	269016.18	646053.91	256.23
浙　江	1609272.66	216232.19	219790.20	1172815.51	434.76
安　徽	588885.46	70115.59	139430.05	379152.15	187.68
福　建	4281813.41	156380.96	117670.23	4007538.26	223.95
江　西	448051.06	78914.90	93256.69	275680.07	199.40
山　东	1104040.25	178702.73	254765.15	670422.81	149.57
河　南	505628.31	130990.87	182126.78	192453.78	56.87
湖　北	2048466.48	97926.05	168471.87	1781788.59	279.97
湖　南	1765414.96	117922.61	157533.05	1489576.57	382.73
广　东	2159796.99	211562.74	413678.08	1533928.80	627.37
广　西	475054.91	93927.48	89180.00	291852.06	95.37
海　南	113521.98	7556.51	24756.78	81148.11	60.58
重　庆	174794.55	31430.93	63515.48	79704.84	143.30
四　川	390930.50	83302.88	140690.45	166779.49	157.69
贵　州	156537.62	18581.99	49702.78	88217.02	35.83
云　南	257471.24	49601.06	75976.56	131755.03	138.60
西　藏	5842.72	1675.06	4165.52	0.00	2.13
陕　西	130700.61	47538.61	60521.40	22591.61	48.98
甘　肃	58598.29	19111.99	34167.21	5304.24	14.85
青　海	17302.13	7209.50	9961.91	128.25	2.47
宁　夏	46600.74	16008.13	11893.85	18693.48	5.27
新　疆	80182.65	23131.56	38670.41	18363.13	17.55
合　计	20928132.37	2367342.59	3432966.40	15123563.19	4260.20

（三）废水产生排放流域分析

根据水资源区划，废水排放量最多的是长江区，流域废水排放总量642.6亿吨，占全国废水排放量的30.7%；其次是东南诸河区，流域废水排放量567.4亿吨，占全国的27.1%；珠江区、淮河区、辽河区、海河区、黄河区、松花江区、西南诸河区、西北诸河区，其流域废水排放量分别为294.8亿吨、193.1亿吨、155.8亿吨、133.8亿吨、43.5亿吨、37.2亿吨、13.1亿吨和11.3亿吨，分别占全国废水排放量的14.1%、9.2%、7.4%、6.4%、2.1%、1.8%、0.6%和0.5%。

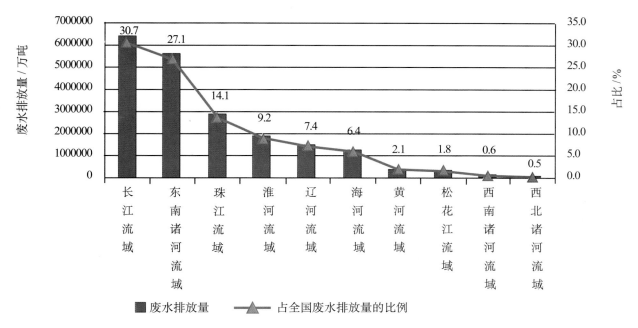

图 8-3-3　全国各流域废水排放情况

根据全国水资源公报，2007年松花江水资源量751.6亿米³，辽河水资源量313.8亿米³，海河水资源量101.7亿米³，黄河水资源量542.1亿米³，海河水资源量1086.2亿米³，长江水资源量8699.3亿米³，东南诸河水资源量1788.1亿米³，珠江水资源量3973.5亿米³，西南诸河水资源量5739.1亿米³，西北诸河水资源量1247.0亿米³，从污径比看，海河最大，达到131.6%（所纳废水中55.4%来源于农业废水），其次是辽河，达到49.7%（所纳废水中81.8%来源于农业废水），东南诸河、淮河、黄河、珠江、长江污径比分别为31.7%、17.8%、8.0%、7.4%、7.4%，污径比最小的是西北诸河和西南诸河，分别为0.9%和0.2%。从全国各流域纳污情况看，除污径比最大的海河和辽河外，还有淮河、长江、珠江、东南诸河、西南诸河以农业源废水为主，分别占各流域废水总量的60.1%、70.6%、69.4%、89.1%和60.1%；松花江、黄河和西北诸河所纳废水以生活源废水为主，分别占各自流域废水总量的45.4%、49.6%和48.9%。

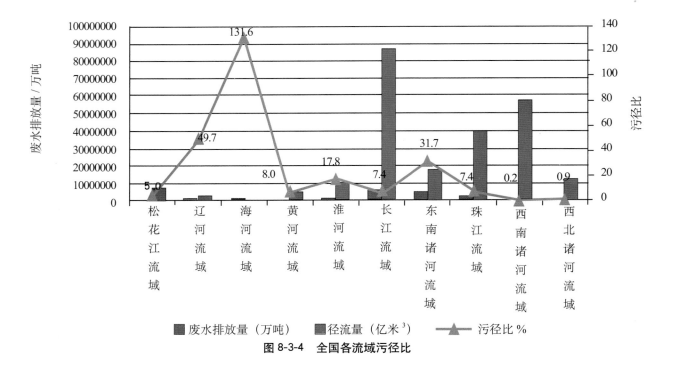

图 8-3-4 全国各流域污径比

8.3.1.3 主要水污染物产生排放情况

(一) 化学需氧量

化学需氧量来源于工业源、农业源、生活源和集中式污染治理设施（指集中式污染治理设施中垃圾、危废"包括医疗废物"处置的渗滤液，下同）。

2007 年全国污染源化学需氧量产生总量 10154.1 万吨，其中工业源化学需氧量产生总量 3145.3 万吨，占 31.0%，农业源化学需氧量产生量 5167.9 万吨，占 50.9%，生活源产生量 1776.6 万吨，占 17.5%，集中式污染治理设施化学需氧量产生量 64.2 万吨，占 0.6%。从产生量看，农业源是化学需氧量产生的主体，工业源产生量排在第二位。

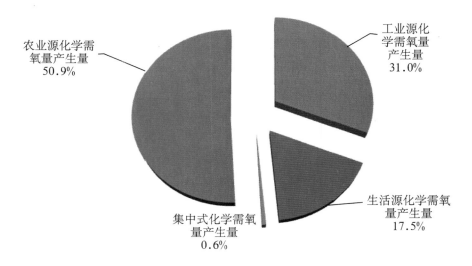

图 8-3-5 全国各类源废水化学需氧量产生量分布图

全国废水中化学需氧量排放量 3028.9 万吨，其中，工业废水中化学需氧量排放量（指出厂口排放量，下同）715.1 万吨，如扣除集中式污水处理厂削减的量 150.6 万吨，实际排入环境的量为 564.5 万吨；生活污水中化学需氧量排放量（第三产业指企业或单位排污口的排放量，下同）1547.8 万吨，如扣除集中式污水处理厂削减的量 439.9 万吨，实际排入环境的量为 1107.9 万吨；垃圾处理场、危废和医废处理厂污水中化学需氧量排放量 32.5 万吨；农业源废水中化学需氧量排放量 1324.1 万吨。集中式污水处理厂削减的化学需氧量 590.6 万吨（其中削减工业废水化学需氧量 150.6 万吨，削减生活污水化学需氧量 439.9 万吨，根据集中式污水处理厂削减的化学需氧量及分别处理的工业、生活废水水量的比例计算）。

从化学需氧量排放量来看，农业源化学需氧量排放占第一位，农业源与生活源已经成为化学需氧量排放的主体，两者合计占全国废水中化学需氧量排放总量的 80.6%。

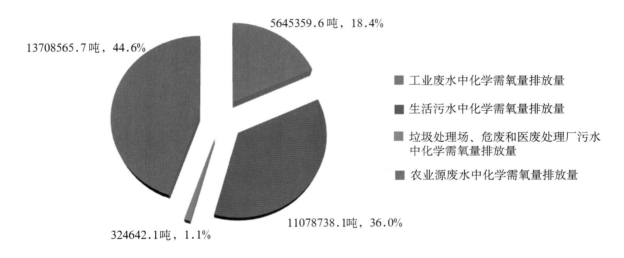

图 8-3-6　全国各类源废水化学需氧量排放量（排入环境）比例图

（1）地区分布：根据全国各地区化学需氧量排放的排序，排名前列的依次是：山东 446.8 万吨、广东 258.9 万吨、河南 188.7 万吨、湖南 171.6 万吨、江苏 180.9 万吨、辽宁 146.7 万吨、河北 142.1 万吨、浙江 137.4 万吨、湖北 129.8 万吨、四川 120.9 万吨、黑龙江 114.2 万吨、福建 111.2 万吨、广西 110.7 万吨、安徽 109.4 万吨和江西 82.1 万吨，15 个省（区）排放量合计占全国的 80.9%。广西、新疆、宁夏等 3 个省（区）化学需氧量主要来源于工业源，辽宁、黑龙江、江苏、山东、河南、湖南等 6 个省（区）化学需氧量主要来源于农业源排放，其余 22 个地区化学需氧量主要来源于生活源排放，其中北京、天津、上海、海南、重庆、四川、贵州、云南、西藏、甘肃、青海 11 个省（区）生活源化学需氧量排放占比超过 50%。

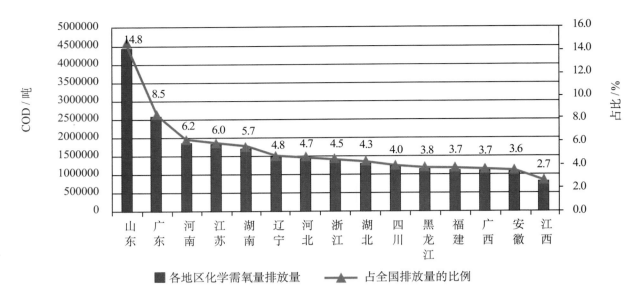

图 8-3-7　主要地区化学需氧量排放量及比例（占总量的 80%）

　　根据化学需氧量的削减情况分析，工业废水中化学需氧量的削减率为 82%，而生活源化学需氧量的削减率仅为 37.6%，需要进一步加大城镇污水处理厂建设力度，提高生活源废水污染物的削减比例。农业源的化学需氧量来源于畜禽养殖业和水产养殖业，削减率虽然有 74.4%，但排放总量依然最大，必须进一步加大处理及控制措施。

　　（2）行业分布：工业源废水化学需氧量排放量（以排出厂区排放口计，下同）位于前几位的行业是：造纸及纸制品业 176.9 万吨、纺织业 129.6 万吨、农副食品加工业 117.4 万吨、化学原料及化学制品制造业 60.2 万吨、饮料制造业 51.6 万吨、食品制造业 22.5 万吨和医药制造业 21.9 万吨，排放量分别占工业源的 24.7%、18.1%、16.4%、8.4%、7.2%、3.2% 和 3.1%，七个行业化学需氧量排放合计占工业源的 81.1%。

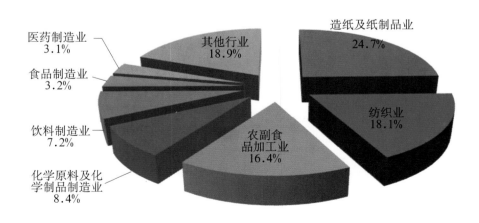

图 8-3-8　主要工业行业化学需氧量排放比例图

　　（3）流域分布：流域化学需氧量排放最多的是长江，其排放量为 792.9 万吨，占全国的 26.2%；

其次是海河区，其排放量为 522.8 万吨，占全国的 17.3%；珠江流域、淮河流域、东南诸河流域、黄河流域、松花江流域、辽河流域、西北诸河流域和西南诸河流域的化学需氧量排放量分别为 433.2 万吨、415.3 万吨、211.5 万吨、185.8 万吨、179.3 万吨、175.3 万吨、71.4 万吨和 41.2 万吨，分别占全国排放量的 14.3%、13.7%、7.0%、6.1%、5.9%、5.8%、2.4% 和 1.4%。

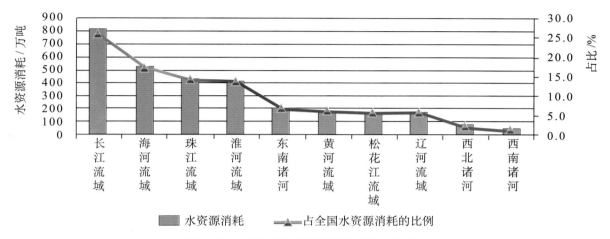

图 8-3-9　全国各流域化学需氧量排放量及比例

从化学需氧量排放的全国各流域纳污强度看，纳污强度最大的是海河，每吨水资源化学需氧量纳污量达到 1315.8kg（化学需氧量 71% 来源于农业源排放），其次是辽河（化学需氧量排放主要来源于农业源和生活源，分别占排放量的 47.2% 和 36.6%）、东南诸河（化学需氧量工业源、生活源和农业源排放约各占三分之一）和淮河，每吨水资源化学需氧量纳污量分别为 496.7 kg、317.3 kg 和 177.7 kg。

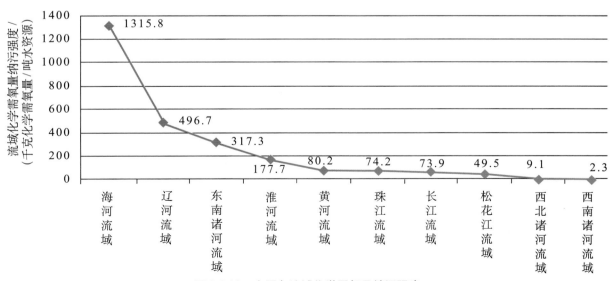

图 8-3-10　全国各流域化学需氧量纳污强度

表 8-3-4　全国各流域化学需氧量产生量　　　　　　　　　　　　　　　　　　　　单位：吨

名　称	合　计	工业源	生活源	农业源	集中式渗滤液
松花江流域	7560241.75	1978597.32	988664.51	4570927.93	22051.99
辽河流域	7113870.25	1374035.02	905118.96	4800222.67	34493.60
海河流域	19737789.71	4971368.50	1873376.38	12847415.62	45629.21
黄河流域	7684721.25	2905724.31	1265259.88	3478507.00	35230.06
淮河流域	16200558.59	4639894.24	2292335.46	9240978.08	27350.82
长江流域	22029631.75	7396743.73	5843410.84	8539258.68	250218.51
东南诸河	7439079.99	3579145.71	1359772.52	2436305.47	63856.29
珠江流域	10539367.07	3458647.54	2690368.79	4243912.07	146438.67
西南诸河	805916.97	418628.38	186274.63	193863.34	7150.62
西北诸河	2430158.47	730672.85	361587.89	1327917.80	9979.92
其中：直排入海	3134297.82	1832259.41	1248357.31	—	53681.10
合　计	101541335.79	31453457.60	17766169.84	51679308.66	642399.68
太湖	3836391.11	1903382.44	703021.54	1197930.64	32056.49
巢湖	400976.27	42922.56	118297.16	235398.53	4358.02
滇池	248641.70	20927.10	113500.56	110610.78	3603.26
三峡库区	1029005.76	221521.32	383928.63	403329.40	20226.41
南水北调东线	12982939.39	2678395.87	1350783.81	8929672.45	24087.26

注：农业源中未包含典型流域农村生活源化学需氧量产生量，下同（本章各类水污染物产生量均未包括）。

表 8-3-5　全国各流域化学需氧量排放量　　　　　　　　单位：吨

名　称	工业源	生活源	集中式	农业源	扣除削减量	合　计
松花江流域	346646.77	865909.11	12881.40	727366.67	160066.68	1792737.27
辽河流域	386789.13	786064.47	12286.43	828338.42	260077.50	1753400.95
海河流域	752278.42	1624802.98	24002.48	3725796.94	898981.17	5227899.65
黄河流域	537542.93	1107061.52	30310.27	565557.38	381734.50	1858737.60
淮河流域	604938.40	1998387.77	20102.20	2350323.06	820581.85	4153169.57
长江流域	1967605.16	5095263.84	126475.69	2516517.23	1775923.18	7929938.74
东南诸河	1171030.72	1170749.63	31904.08	678694.29	937524.98	2114853.74
珠江流域	891732.86	2335578.05	50152.42	1633270.53	578143.55	4332590.31
西南诸河	212237.46	170913.61	6808.09	28003.73	5524.20	412438.68
西北诸河	280533.47	323817.94	9722.86	187014.29	87229.46	713859.09
其中：直排入海	523659.01	1072058.49	24718.14	—	594077.10	1026358.54
合　计	7151335.32	15478548.91	324645.91	13240882.53	5905787.07	30289625.61
太湖	509126.56	605386.63	11702.87	246798.73	690002.61	683012.18
巢湖	10346.04	104049.87	1036.77	26117.49	16138.78	125411.38
滇池	5386.68	98084.91	3603.26	9157.61	66479.76	49752.70
三峡库区	95621.76	325329.65	17112.86	87306.49	106522.62	418848.14
南水北调东线	357515.01	1173787.86	12580.91	3518439.12	485260.39	4577062.51

注：农业源中未包含典型流域农村生活源化学需氧量排放量，下同（本章各类水污染物排放量均未包括）。

（二）氨氮

氨氮的来源为工业源、农业源、生活源和集中式污染治理设施。

2007年废水中氨氮产生总量436.5万吨，其中工业源201.7万吨，农业源46.8万吨，生活源181.4万吨，垃圾、固废（包括医疗废物）处置的渗滤液（废水）6.5万吨。

废水中氨氮实际排放总量204.3万吨，其中，工业源30.4万吨，减去污水处理厂的削减量实际排入环境中的量为20.8万吨，占排放总量的10.2%；农业源31.4万吨，占排放总量的15.4%；生活源176.9万吨，减去污水处理厂的削减量实际排入环境中的量为148.9万吨，占排放总量的72.9%；垃圾、危废（包括医疗废物）处置的渗滤液（废水）3.2万吨，占排放总量的1.6%。集中式污水处理厂削减量37.6万吨（其中削减工业废水氨氮9.6万吨，削减生活污水氨氮28.0万吨，根据集中式污水处理厂削减的化学需氧量及分别处理的工业、生活废水水量的比例计算）。从氨氮排放量来看，生活源是氨氮排放的主体。

废水中氨氮平均去除率53.2%，其中：工业源氨氮去除率89.7%，生活源氨氮去除率17.9%。目前来看，由于生活源废水处理率低，生活源的氨氮去除率比较低，若控制氨氮排放量必须加大生活源废水的治理力度。

（1）地区分布。按排放量排序，居前的广东19.6万吨、江苏12.9万吨、山东12.6万吨、湖南11.7万吨、浙江11.1万吨、湖北10.9万吨、河南10.5万吨、四川9.9万吨、辽宁8.7万吨、安徽7.9万吨、河北7.9万吨、黑龙江7.9万吨、福建7.3万吨、江西6.8万吨、广西6.3万吨、云南5.8万吨和上海5.3万吨，17个省（区）氨氮排放量占全国的80.0%。各省区氨氮排放均以生活源为主，占比均超过55%，其中北京、天津、上海、广东和西藏超过80%。

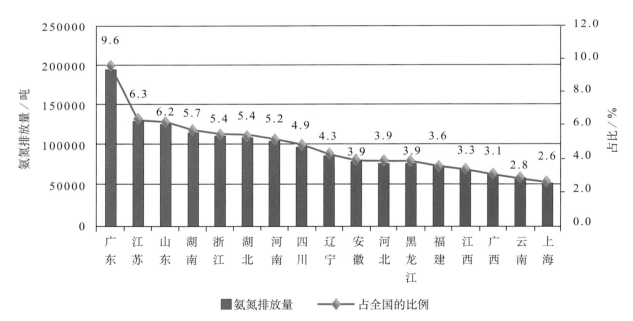

图 8-3-11　主要地区氨氮排放量及比例排序（占总量的 80%）

（2）行业分布。工业源氨氮排放中，化学原料及化学制品制造业氨氮排放量居各行业之首，为13.2万吨，占工业源氨氮排放量的43.3%；其后依次为有色金属冶炼及压延加工业3.1万吨、石油加工炼焦及核燃料加工业 2.6 万吨、农副食品加工业 1.8 万吨、纺织业 1.6 万吨、皮革毛皮羽毛（绒）及其制品业 1.5 万吨和饮料制造业 1.2 万吨，7 个行业氨氮排放量占工业源的 82.2%。

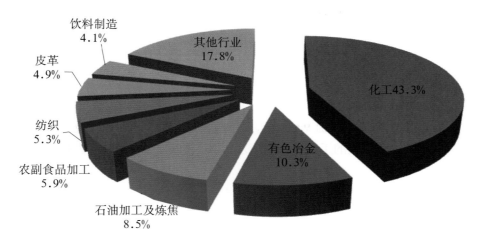

图 8-3-12　工业行业氨氮排放比例

（3）流域分布。全国各流域氨氮排放最多的是长江，其排放量为 67.8 万吨，占全国排放量的 33.1%；其次是珠江，其排放量 31.8 万吨，占全国氨氮排放量的 15.6%；淮河 25.9 万吨、东南诸河 16.5 万吨、海河 16.5 万吨、黄河 15.9 万吨、松花江 12.4 万吨、辽河 10.7 万吨、西北诸河 4.5 万吨和西南诸河 2.2 万吨，分别占全国排放量的 12.7%、8.1%、8.1%、7.8%、6.1%、5.3%、2.2% 和 1.1%。

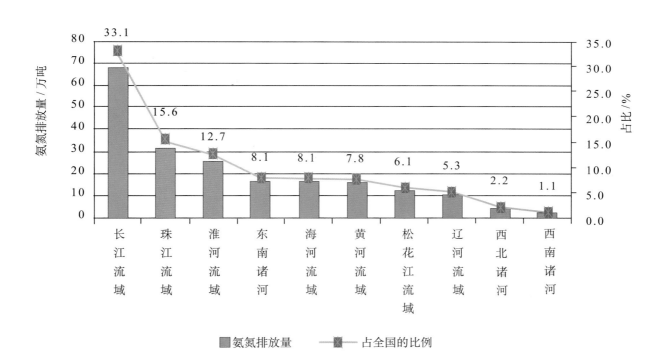

图 8-3-13　全国各流域氨氮排放量及比例

表 8-3-6　　全国各流域氨氮产生量　　　　　　　　　　　　　　　　　　　　单位：吨

名　称	合　计	工业源	生活源	农业源	集中式
松花江流域	221730.83	95434.84	18122.16	106720.23	1453.59
辽河流域	196228.91	76842.87	18920.22	97022.46	3443.37
海河流域	513123.39	264057.21	46332.86	197838.48	4894.84
黄河流域	522414.44	362038.37	25261.54	131388.81	3725.71
淮河流域	686628.74	360048.86	82180.25	241125.54	3274.08
长江流域	1234199.67	501134.03	137640.09	570794.60	24630.95
东南诸河	257415.81	79516.61	29169.65	142957.30	5772.26
珠江流域	576213.32	186115.24	100338.25	272783.88	16975.95
西南诸河	23077.02	3004.82	3009.54	16375.90	686.76
西北诸河	133604.58	88507.50	7217.06	37233.81	646.22
直排入海	235665.24	97593.93	—	133127.34	4943.97
合　计	4364636.70	2016700.34	468191.62	1814241.01	65503.72
太湖	136372.32	54480.72	7508.65	71596.82	2786.13
巢湖	14593.17	2023.55	1284.98	10713.79	570.85
滇池	12662.12	711.60	715.79	10825.35	409.39
三峡库区	81981.92	40847.71	4579.05	34343.68	2211.48
南水北调东线	417031.31	241558.46	29809.00	143161.11	2502.74

表 8-3-7　　全国各流域氨氮排放量　　　　　　　　　　　　　　　　　　　　单位：吨

名　称	工业源	生活源	集中式	农业源	扣除削减量	合　计
松花江流域	9268.93	24495.20	104080.33	1263.84	14344.77	124763.52
辽河流域	10013.17	18432.27	94633.61	1028.31	16698.68	107408.68
海河流域	29480.18	24692.36	192782.86	2288.01	84599.85	164643.57
黄河流域	39020.14	15596.98	127932.04	3037.88	25665.17	159921.87
淮河流域	35244.39	44514.07	235741.61	2431.71	58170.45	259761.33
长江流域	106979.74	101707.60	556599.02	12856.35	100832.26	677310.45
东南诸河	26619.32	24004.45	139225.58	3062.53	27618.12	165293.76
珠江流域	38211.67	50733.30	266137.45	5112.02	42100.61	318093.81
西南诸河	977.82	4323.97	16028.50	671.43	343.78	21657.94
西北诸河	7804.97	5837.45	36250.68	535.61	5799.12	44629.59
其中：直排入海	15468.51	—	129678.09	2213.39	31119.24	116240.75
合　计	303620.32	314337.63	1769411.68	32287.69	376172.80	2043484.53
太湖	10580.6	69667.16	1255.02	6832.8	35387.41	52948.17
巢湖	919.61	10480.11	146.84	1578.31	1558.41	11566.46
滇池	284.94	10495.15	409.39	597.65	4294.87	7492.26
三峡库区	5285.1	33279.05	1902	4763.77	6674.49	38555.43
南水北调东线	17453.12	139725.2	1220.43	17782.32	38733.49	137447.58

（三）总磷

总磷来源于生活源、农业源和集中式污染治理设施。

2007年普查总磷产生量88.3万吨，其中生活源20.6万吨，农业源67.6万吨，集中式污染治理设施0.1万吨。

2007年普查总磷排放量42.3万吨，其中生活源18.3万吨，扣除集中式污染治理设施削减量，实际排入环境中的量为13.8万吨，占总量的32.6%；农业源28.5万吨，占总量的67.4%；集中式污染治理设施0.05万吨，集中式污染治理设施削减量4.5万吨（全部为生活源总磷削减量）。农业源是总磷排放的主体。

（1）地区分布。从图8-3-14全国各地区总磷排放量排序分布可见，主要排放地区为居前的有山东、广东、河南、江苏、湖南、河北、四川、湖北、福建、辽宁、安徽、广西、浙江、黑龙江和江西，15个省（区）总磷排放量合计占全国的81.9%。除上海、重庆和青海3个省市总磷排放以生活源为主外，其余28个省区总磷排放均以农业源为主。

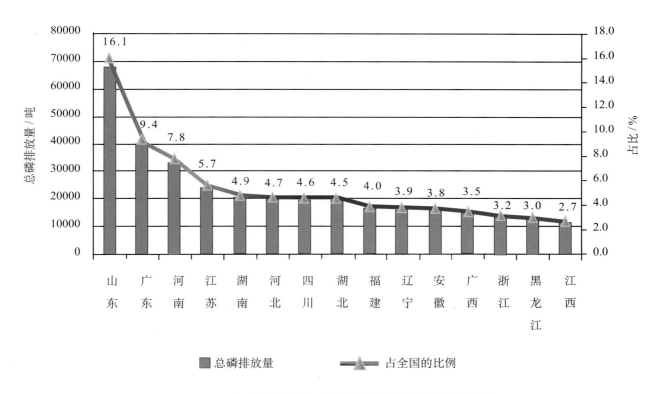

图8-3-14　主要地区总磷排放量排序及比例（占总量的80%）

（2）流域分布。总磷排放最多的是长江流域，排放量为11.4万吨，占全国的27.1%；其次是海河流域，其排放量为7.5万吨，占全国的17.6%；珠江流域6.7万吨、淮河流域6.6万吨、东南诸河2.7万吨、黄河流域2.3万吨、松花江流域2.0万吨、辽河流域1.9万吨、西北诸河0.5万吨和西南诸河0.5万吨，分别占全国的15.9%、15.6%、6.3%、5.5%、4.8%、4.6%、1.3%和1.2%。

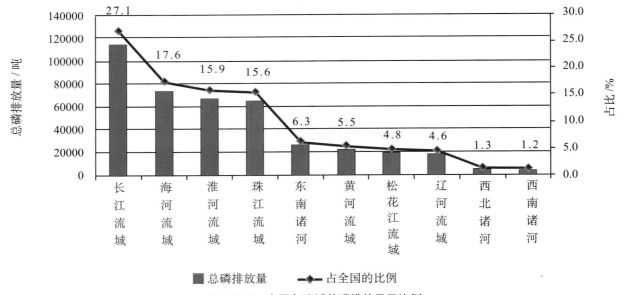

图 8-3-15　全国各流域总磷排放量及比例

表 8-3-8　全国各流域总磷产生量　　　　　　　　　　　　　　　　　　单位：吨

名　　称	合　　计	生活源	集中式	农业源
松花江流域	57882.14	11040.65	26.48	46815.01
辽河流域	65493.81	10044.97	42.92	55405.92
海河流域	181180.96	20699.60	40.60	160440.76
黄河流域	53210.49	14318.28	52.50	38839.71
淮河流域	166698.00	26867.87	32.07	139798.06
长江流域	191407.85	66774.00	272.52	124361.33
东南诸河	49206.45	17326.65	85.18	31794.62
珠江流域	98014.95	32945.02	401.37	64668.56
西南诸河	5476.70	2032.82	8.58	3435.30
西北诸河	14380.49	3818.36	16.78	10545.34
其中：直排入海	15822.41	15755.71	66.70	—
合　　计	882951.83	205868.23	979.00	676104.60
太湖	23418.64	8908.71	34.99	14474.94
巢湖	4220.82	1121.62	1.22	3097.99
滇池	2545.14	1445.93		1099.20
三峡库区	9902.50	4518.10	23.86	5360.54
南水北调东线	133444.17	15787.11	13.02	117644.03

表 8-3-9　全国各流域总磷排放量

表 8-3-9　全国各流域总磷排放量　　　　　　　　　　　　　　　　　　单位：吨

名　称	生活源	集中式	农业源	扣除削减量	合　计
松花江流域	9858.68	17.01	11377.45	852.95	20400.19
辽河流域	8968.10	15.73	12328.82	2012.46	19300.18
海河流域	18454.00	24.92	64874.49	8692.58	74660.82
黄河流域	12774.87	51.92	12988.18	2437.61	23377.37
淮河流域	23951.67	26.37	49338.37	5916.24	67400.16
长江流域	59421.76	164.44	70226.69	15324.26	114488.63
东南诸河	15319.52	48.98	15587.34	4095.32	26860.52
珠江流域	29269.24	82.46	41690.73	5141.21	65901.22
西南诸河	1842.27	8.47	3414.00	56.25	5208.49
西北诸河	3443.77	16.55	2915.74	799.32	5576.74
其中：直排入海	13924.81	33.79	—	3677.73	10280.87
合计	183303.88	456.85	284741.80	45328.22	423174.32
太湖	7865.13	14.57	4866.20	5909.50	6836.40
巢湖	1002.50	0.95	827.99	307.71	1523.72
滇池	1283.81	—	332.19	1006.07	609.93
三峡库区	3971.76	22.53	3345.81	827.74	6512.36
南水北调东线	14070.96	11.98	53996.93	4051.56	64028.31

（四）总氮

总氮的排放来源为生活源和农业源。

2007 年全国总氮产生总量 624.6 万吨，其中，农业源 364.4 万吨，生活源 260.2 万吨。

全国总氮排放总量 472.9 万吨，其中，农业源 270.5 万吨，生活源 231.2 万吨，扣除集中式污染治理设施削减量，实际排入环境中的量为 202.4 万吨，占排放总量的 42.8%，集中式污染治理设施总氮削减量 28.8 万吨（全部为生活源）。农业源是总氮排放的主要来源，占排放总量的 57.2%。

（1）地区分布。从地区分布看，山东 54.9 万吨、河南 39.1 万吨、广东 37.7 万吨、江苏 27.6 万吨、河北 26.2 万吨、湖南 21.9 万吨、湖北 21.8 万吨、安徽 19.9 万吨、四川 19.2 万吨、辽宁 19.0 万吨、浙江 18.4 万吨、黑龙江 18.3 万吨、广西 15.5 万吨、福建 15.3 万吨、江西 11.9 万吨和陕西 11.8 万吨是总氮排放的主要地区，16 个省（区）总氮排放量占全国的 80.1%。北京、上海、浙江、青海 4 个省市总氮主要来源于生活源，生活源总氮排放占总量的比重超过 60%，河北、安徽、山东、河南、广西、海南、宁夏、新疆 8 个省区总氮来源于农业源，农业源总氮排放量比重超过 60%。其余省区的生活源和农业源总氮排放量比重基本一致。

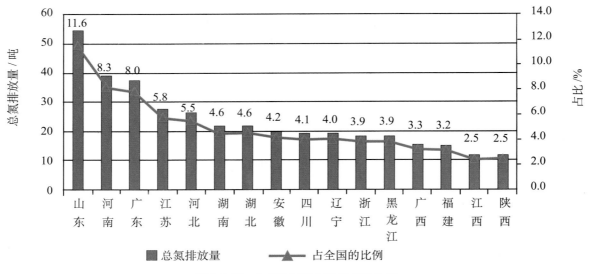

图 8-3-16　主要地区总氮排放量及比例

（2）流域分布。全国各流域总氮排放最多的是长江，排放量为 128.0 万吨，占全国的 27.1%；其次是淮河流域，其排放量为 79.2 万吨，占全国的 16.7%；海河流域 68.7 万吨、珠江流域 63.9 万吨、黄河流域 34.1 万吨、东南诸河 29.2 万吨、松花江流域 28.5 万吨、辽河流域 23.7 万吨、西北诸河 11.9 万吨和西南诸河 5.5 万吨，总氮排放量分别占全国的 14.5%、13.5%、7.2%、6.2%、6.0%、5.0%、2.5% 和 1.2%。

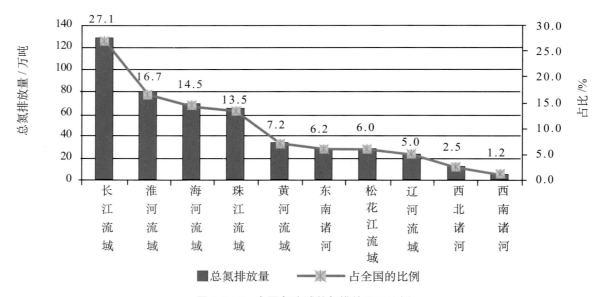

图 8-3-17　全国各流域总氮排放量及比例

表 8-3-10　全国各流域总氮产生排放量　　　　　　　　　　　　　　　　　　　单位：吨

名　称	产生量			排放量			
	生活源	农业源	合计	生活源	农业源	扣除削减量	合　计
松花江流域	152375.48	292916.92	445292.41	135905.03	158570.54	9129.78	285345.79
辽河流域	139207.54	334719.35	473926.89	123985.58	120777.57	7708.03	237055.13
海河流域	284136.80	700671.86	984808.66	252448.64	499489.29	64395.95	687541.98
黄河流域	188332.64	248105.98	436438.62	167790.20	186182.27	12751.19	341221.29
淮河流域	344610.60	641719.62	986330.22	307091.37	512717.31	28103.64	791705.04
长江流域	819996.82	701943.57	1521940.39	727713.98	656054.54	103276.06	1280492.46
东南诸河	205453.22	174310.15	379763.37	181500.98	129959.60	19619.96	291840.61
珠江流域	391455.33	440028.06	831483.38	346999.46	331028.40	38050.16	639977.70
西南诸河	23576.18	20106.85	43683.03	21222.20	33705.68	244.23	54683.66
西北诸河	53087.53	89479.09	142566.63	47842.37	76128.44	4911.17	119059.64
其中：直排入海	191596.25	—	191596.25	169222.82	—	25172.62	144050.20
合计	2602232.16	3644001.45	6246233.61	2312499.81	2704613.65	288190.15	4728923.30
太湖	103832.02	60901.50	164733.53	91635.29	43869.61	35673.62	99831.28
巢湖	15431.84	10290.47	25722.30	13740.72	10094.89	1611.94	22223.67
滇池	15619.07	6116.12	21735.19	13805.52	2466.98	5956.93	10315.57
三峡库区	49581.33	28542.67	78123.99	43273.51	27358.47	7697.86	62934.12
南水北调东线	205130.60	412995.28	618125.88	182381.01	320155.22	21673.81	480862.42

（五）石油类

石油类来源于工业源、生活源和集中式污染治理设施。

2007 年废水中石油类产生总量 135.3 万吨，其中，工业源 54.2 万吨，生活源（含动植物油，下同）81.1 万吨，垃圾、固废（包括医疗废物）处置的渗滤液（废水）0.1 万吨。

废水中石油类排放总量 78.2 万吨，其中，工业源 6.6 万吨，生活源 75.8 万吨，垃圾、固废（包括医疗废物）处置的渗滤液（废水）0.04 万吨，集中式污染治理设施石油类削减量 4.3 万吨（其中削减工业废水石油类 1.1 万吨，削减生活污水石油类 3.2 万吨，根据集中式污水处理厂削减的石油类及分别处理的工业、生活废水水量计算），从石油类排放量来看，生活源是石油类排放的主体。

（1）地区分布。从地区分布看，根据石油类排放量大小排序，排名前列的广东 7.6 万吨、四川 6.3 万吨、江苏 4.8 万吨、山东 4.6 万吨、云南 3.7 万吨、湖南 3.4 万吨、安徽 3.3 万吨、湖北 3.2 万吨、河北 3.0 万吨、河南 3.0 万吨、浙江 2.9 万吨、重庆 2.8 万吨、辽宁 2.7 万吨、上海 2.7 万吨、北京 2.3 万吨、江西 2.2 万吨、福建 2.1 万吨和山西 2.0 万吨，上述 18 个省（区）其石油类排放量占全国的 80.0%。

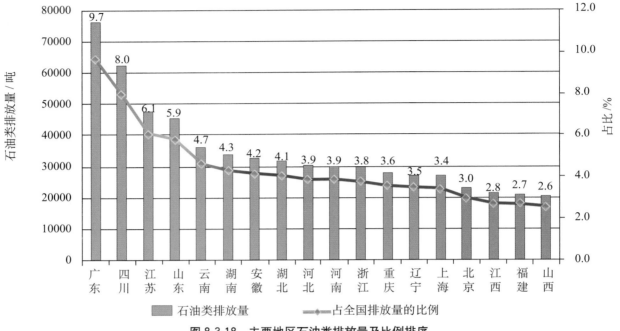

图 8-3-18　主要地区石油类排放量及比例排序

（2）行业分布。生活源中，石油类排放量最大的行业是餐饮服务业 41.6 万吨，其次是城镇居民生活排放 29.8 万吨和住宿业 4.4 万吨，合计占生活源排放的 99.9%。

工业源废水石油类排放量（以排出厂区排放口计）位于前几位的行业是：通用设备制造业 1.3 万吨、黑色金属冶炼及压延加工业 0.9 万吨、交通运输设备制造业 0.7 万吨、化学原料及化学制品制造业 0.7 万吨、金属制品业 0.6 万吨、石油加工炼焦及核燃料加工业 0.6 万吨与煤炭开采和洗选业 0.5 万吨，七个行业石油类排放合计占工业源的 78.8%。

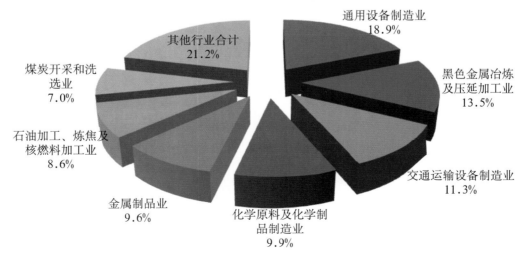

图 8-3-19　工业行业石油类排放量结构比例

（3）流域分布。全国各流域石油类排放最多的是长江流域，其排放量为 29.2 万吨，占全国的 37.4%；其次是珠江流域，其排放量 11.4 万吨，占全国的 14.6%；淮河流域 8.6 万吨、海河流域 8.1 万吨、黄河流域 6.3 万吨、东南诸河 4.2 万吨、松花江流域 3.5 万吨、辽河流域 3.4 万吨、西北诸河 1.9 万吨和西南诸河 1.5 万吨，石油类排放量分别占全国的 11.0%、10.3%、8.0%、5.4%、4.5%、4.4%、2.5% 和 1.9%。

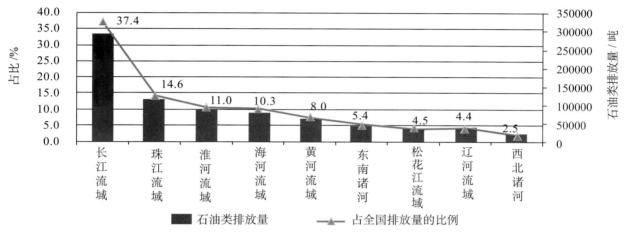

图 8-3-20　全国各流域石油类排放及比例

表 8-3-11　全国各流域石油类产生量

单位：吨

名　　称	合　　计	工业源	生活源	集中式
松花江流域	78541.29	41140.79	37376.65	23.84
辽河流域	97455.06	62480.48	34944.00	30.57
海河流域	146675.62	63202.59	83426.30	46.72
黄河流域	116921.37	58122.68	58723.46	75.23
淮河流域	126047.29	40054.15	85974.43	18.71
长江流域	393018.40	93633.29	299177.00	208.11
东南诸河	95019.75	40856.25	54100.48	63.03
珠江流域	170994.90	49235.23	121039.91	719.76
西南诸河	15891.73	818.92	15066.91	5.90
西北诸河	112832.60	91989.38	20817.37	25.85
其中：直排入海	99654.08	50322.12	49296.69	35.27
合计	1353398.00	541533.76	810646.50	1217.73
太湖	47904.38	16702.80	31147.19	54.39
巢湖	6647.30	643.99	6002.56	0.74
滇池	7391.31	364.50	7025.09	1.71
三峡库区	32036.90	4190.87	27826.70	19.32
南水北调东线	78349.55	26241.48	52092.81	15.25

注：生活源中包含石油类和动植物油。

表 8-3-12　全国各流域石油类排放量　　　　　　　　　　　　　　　　　　　单位：吨

名　　称	工业源	生活源	集中式	扣除削减量	合　　计
松花江流域	1988.71	35061.49	18.98	1764.01	35305.17
辽河流域	3676.16	32654.01	16.23	2087.56	34258.84
海河流域	8541.21	77995.45	34.61	5645.07	80926.20
黄河流域	7947.80	55463.38	68.04	873.20	62606.02
淮河流域	6592.39	81091.34	15.58	1734.33	85964.98
长江流域	22051.47	280144.70	130.20	9851.96	292474.41
东南诸河	6394.94	49984.93	44.14	14233.94	42190.08
珠江流域	7334.19	111042.14	50.00	4629.52	113796.81
西南诸河	322.09	14738.52	5.84	1.00	15065.46
西北诸河	1513.78	20067.64	25.69	2101.67	19505.44
其中：直排入海	3708.08	45224.93	24.06	3579.78	45377.30
合　计	66362.73	758243.59	409.32	42922.25	782093.39
太湖	2955.98	28691.32	19.48	3411.91	28254.86
巢湖	361.90	5715.24	0.74	40.69	6037.19
滇池	73.65	6556.62	1.71	56.30	6575.68
三峡库区	1581.70	24155.87	17.63	508.36	25246.84
南水北调东线	4441.32	48941.07	11.04	1226.65	52166.77

注：生活源中包含石油类和动植物油。

（六）挥发酚

挥发酚来源于工业源和集中式污染治理设施。

2007 年废水中挥发酚产生总量 13.0 万吨，其中，工业源 12.4 万吨，垃圾、固废（包括医疗废物）处置的渗滤液（废水）0.6 万吨。

废水中挥发酚排放总量 0.7 万吨，其中，工业源 0.7 万吨，垃圾、固废（包括医疗废物）处置的渗滤液（废水）0.01 万吨，集中式污染治理设施挥发酚削减量 0.05 万吨（全部为工业源削减）。从挥发酚排放量来看，工业源是主体。

（1）地区分布。从地区分布看，根据挥发酚排放量大小排序，排名前列的山西 0.3 万吨、江西 0.05

万吨、黑龙江 0.04 万吨、江苏 0.04 万吨、浙江 0.04 万吨、山东 0.03 万吨、辽宁 0.02 万吨、湖南 0.02 万吨和云南 0.02 万吨,上述 9 个省(区)其挥发酚排放量占全国的 80.2%。

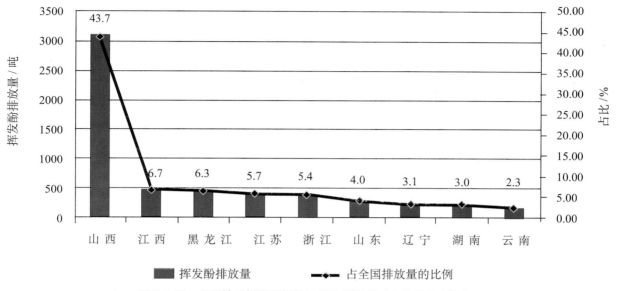

图 8-3-21　主要地区挥发酚排放量及比例排序（占总量的 80%）

(2)行业分布。工业源废水挥发酚排放量(以排出厂区排放口计)位于前几位的行业是:石油加工、炼焦及核燃料加工业 0.5 万吨、化学原料及化学制品制造业 0.09 万吨、黑色金属冶炼及压延加工业 0.07 万吨、造纸及纸制品业 0.03 万吨、燃气生产和供应业 0.02 万吨,分别占工业源的 68.2%、11.5%、9.6%、4.6%、2.6%,5 个行业合计占工业源排放量的 96.5%。

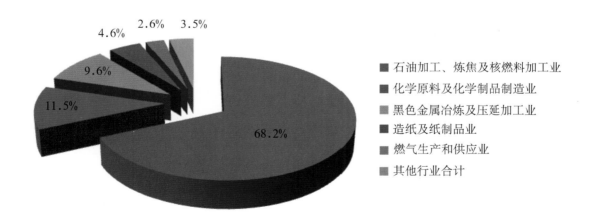

图 8-3-22　工业行业挥发酚排放量结构比例

(3) 流域分布。全国各流域挥发酚排放最多的是黄河流域,其排放量为 0.2 万吨,占全国的 33.7%;其次是长江流域,其排放量为 0.1 万吨,占全国的 18.6%;海河流域 0.1 万吨、松花江流域 0.06 万吨、东南诸河 0.04 万吨、珠江流域 0.04 万吨、淮河流域 0.03 万吨、辽河流域 0.02 万吨、西北诸河 0.007

万吨和西南诸河 0.002 万吨，挥发酚排放量分别占全国的 18.6%、8.5%、6.2%、5.2%、4.9%、3.1%、1.0% 和 0.2%。

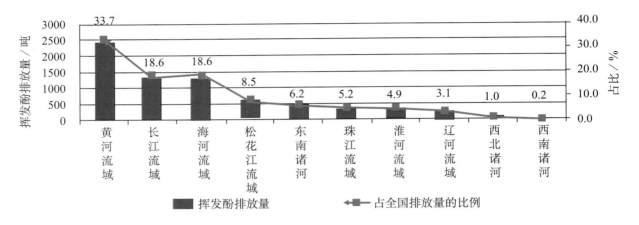

图 8-3-23 全国各流域挥发酚排放及比例

表 8-3-13 全国各流域挥发酚产生量和排放量   单位：吨

名　　称	产生量			排放量			
	工业源	集中式	合　计	工业源	集中式	扣除削减量	合　计
松花江流域	4033.03	4.87	4037.90	737.06	3.91	132.48	608.49
辽河流域	5700.88	7.53	5708.41	226.49	4.79	8.86	222.41
海河流域	21218.84	10.08	21228.92	1440.63	9.05	120.89	1328.80
黄河流域	39683.72	12.35	39696.07	2411.33	10.40	17.77	2403.96
淮河流域	10623.37	3.71	10627.07	370.64	3.21	24.89	348.96
长江流域	24007.12	44.57	24051.69	1410.16	33.98	113.33	1330.81
东南诸河	1232.19	13.63	1245.82	430.67	11.42	0.09	442.01
珠江流域	14032.65	6544.86	20577.52	358.09	24.97	15.22	367.84
西南诸河	223.71	4.42	228.13	11.27	4.34	0.00	15.61
西北诸河	3081.83	5.06	3086.88	95.65	4.85	30.29	70.21
其中：直排入海	2099.00	6292.43	8391.43	286.11	11.51	3.90	293.72
合　计	123837.35	6651.06	130488.41	7491.98	110.92	463.81	7139.09
太湖	1955.73	5.90	1961.63	81.51	1.97	36.20	47.27
巢湖	23.37	0.11	23.48	9.27	0.11	0	9.38
滇池	229.05	0.50	229.55	0.93	0.50	0	1.43
三峡库区	629.52	2.58	632.10	61.07	2.35	17.17	46.25
南水北调东线	9614.86	2.97	9617.83	245.99	2.57	1.02	247.55

（七）氰化物

氰化物来源于工业源、生活源和集中式污染治理设施。

2007 年废水中氰化物产生总量 9819.4 吨，其中工业源氰化物产生量 9812.3 吨，生活源氰化物产生量 0.01 吨，垃圾、固废（包括医疗废物）处置的渗滤液（废水）氰化物产生量 7.1 吨。

全国普查废水中氰化物排放总量 549.8 吨，其中，工业源 794.1 吨，生活源 0.01 吨，垃圾、固废（包括医疗废物）处置的渗滤液（废水）2.8 吨，集中式污染治理设施氰化物削减量 247.1 吨（全部为工业源削减量）。从氰化物排放量来看，工业源是主体。

(1)地区分布。从地区分布看,根据氰化物排放量大小排序,排名前列的山西 73.0 吨、江西 63.4 吨、广东 49.8 吨、湖南 44.5 吨、福建 37.4 吨、山东 36.2 吨、江苏 35.9 吨、辽宁 29.7 吨、安徽 27.6 吨、浙江 23.1 吨、河北 19.3 吨, 上述 11 个省（区）氰化物排放量占全国的 80.0%。

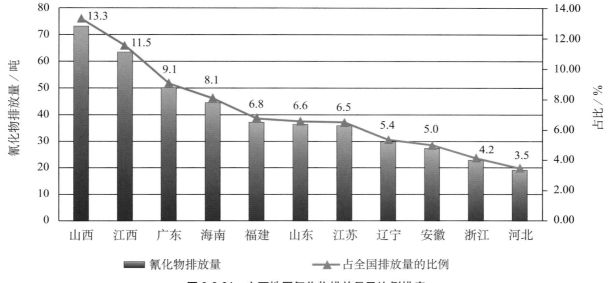

图 8-3-24　主要地区氰化物排放量及比例排序

(2) 行业分布。工业源废水氰化物排放量（以排出厂区排放口计）位于前几位的行业是：金属制品业 397.6 吨、化学原料及化学制品制造业 169.5 吨、石油加工、炼焦及核燃料加工业 140.1 吨、黑色金属冶炼及压延加工业 56.4 吨，分别占工业源的 50.1%、21.4%、17.6%、7.1%，四个行业排放量合计占工业源的 96.2%。

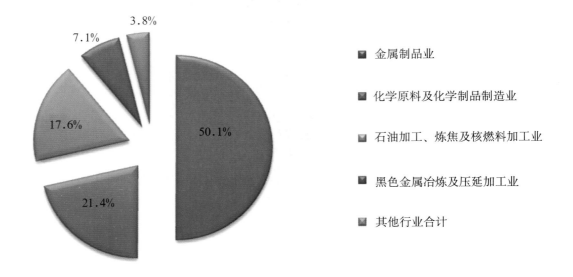

图 8-3-25 工业行业氰化物排放量结构比例

（3）流域分布。全国各流域氰化物排放最多的是长江流域，其排放量为 184.4 吨，占全国的 33.5%；其次是黄河流域，排放量 83.3 吨，占全国的 15.2%；珠江流域 62.2 吨、淮河流域 61.5 吨、东南诸河 57.1 吨、海河流域 53.9 吨、辽河流域 30.9 吨、松花江流域 14.9 吨、西北诸河 1.3 吨和西南诸河 0.2 吨，氰化物排放量分别占全国的 11.6%、11.3%、10.3%、9.6%、5.6%、2.7%、0.2% 和 0.03%。

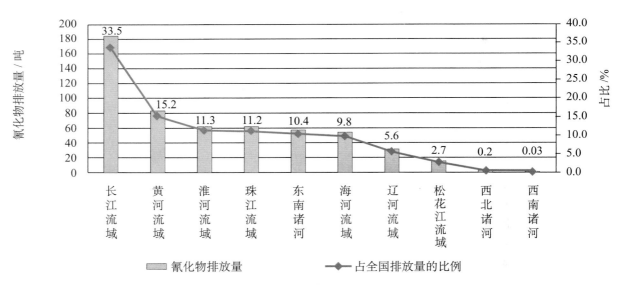

图 8-3-26 全国各流域氰化物排放及比例

表 8-3-14　全国各流域氰化物产生量　　　　　　　　单位：千克

名　称	合　计	工业源	生活源	集中式
松花江流域	87099.78	87003.00	0.51	96.27
辽河流域	575911.24	575812.77	0.64	97.83
海河流域	859898.86	859684.27	1.58	213.00
黄河流域	1078464.50	1078222.11	1.08	241.32
淮河流域	483491.36	483350.53	1.54	139.29
长江流域	3795161.60	3793344.36	3.14	1814.10
东南诸河	1288757.87	1288493.43	1.11	263.33
珠江流域	1603418.08	1599282.16	4.16	4131.76
西南诸河	7768.27	7731.38	0.27	36.61
西北诸河	39415.45	39354.42	0.53	60.51
其中：直排入海	344391.54	341150.73	0.89	3239.91
合　计	9819387.01	9812278.43	14.57	7094.01
太湖	676229.44	676140.69	0.47	88.29
巢湖	12342.60	12335.69	0.05	6.86
滇池	4820.82	4811.77	0.07	8.98
三峡库区	66395.07	66339.33	0.16	55.58
南水北调东线	453801.38	453712.67	0.77	87.93

表 8-3-15　全国各流域氰化物排放量

表 8-3-15　全国各流域氰化物排放量　　　　　　　　　　　　　　　　　单位：千克

名　称	工业源	生活源	集中式	扣除削减量	合　计
松花江流域	14832.88	0.51	67.89	0.00	14901.28
辽河流域	30902.60	0.64	80.54	0.00	30983.78
海河流域	53748.98	1.58	127.96	0.00	53878.53
黄河流域	85458.93	1.08	240.47	2380.53	83319.95
淮河流域	69908.26	1.54	120.19	7774.46	62255.53
长江流域	196573.67	3.14	1584.19	13774.03	184386.97
东南诸河	143997.77	1.11	197.97	87075.22	57121.63
珠江流域	197295.10	4.16	335.10	136139.02	61495.34
西南诸河	122.66	0.27	36.35		159.28
西北诸河	1265.51	0.53	27.86	0.00	1293.90
其中：直排入海	75399.17	0.89	152.37	28649.76	46902.68
合　计	794106.35	14.57	2818.52	247143.25	549796.19
太湖	23725.16	0.47	44.28	4698.90	19071.02
巢湖	4001.06	0.05	6.86	—	4007.97
滇池	576.00	0.07	8.98	—	585.05
三峡库区	4452.19	0.16	47.25	0.00	4499.60
南水北调东线	28774.46	0.77	71.29	0.00	28846.52

（八）重金属

重金属（镉、总铬、砷、汞、铅）来源于工业源、生活源和集中式污染治理设施。

2007 年废水中重金属产生总量 25464.8 吨，其中，工业源 24269.2 吨，生活源 0.9 吨，垃圾、固废（包括医疗废物）处置的渗滤液（废水）1194.6 吨。

重金属排放量 897.3 吨，其中，工业源 2057.4 吨，生活源 0.9 吨，垃圾、固废（包括医疗废物）处置的渗滤液（废水）11.5 吨，集中式污染治理设施削减量 1172.5 吨。可见重金属绝大部分为工业排放，排放重金属的企业共有 1.9 万家。

排放量较多的省区有湖南、浙江、广东、广西、云南、江西、河北、湖北、山东、福建和河南，上述 11 个省（区）重金属排放量占全国的 79.0%。重金属排放量较大的行业（以排出厂区排放口计）有：金属制品业 1073.2 吨、皮革毛皮羽毛（绒）及其制品业 502.8 吨、有色金属冶炼及压延加工业 175.4 吨和化学原料及化学制品制造业 115.6 吨，4 个行业排放合计占工业的 90.7%。排放量较多的流域分别是长江区 355.9 吨，东南诸河 154.0 吨、珠江区 148.5 吨和海河区 61.3 吨，四个流域合计占全国排放总量的 80%。

表 8-3-16　全国各地区化学需氧量产生量　　　　　　　　　　　　　　　　　　　　　单位：吨

地　区	合　计	工业源	生活源	集中式	农业源
北　京	1215821.93	119616.84	484576.48	11634.72	599993.90
天　津	1098996.19	233445.93	245348.99	9392.91	610808.36
河　北	8311098.07	2811799.84	727846.11	12347.59	4759104.54
山　西	2247422.44	699845.08	411717.46	19124.22	1116735.69
内蒙古	3167010.28	675645.75	347282.67	12179.16	2131902.70
辽　宁	5352099.65	847505.98	752572.26	31210.56	3720810.85
吉　林	3210615.78	1191726.83	423653.04	16281.68	1578954.23
黑龙江	4427683.95	944482.39	578916.53	7430.20	2896854.83
上　海	1387337.28	450732.06	623098.04	35041.92	278465.26
江　苏	6908306.56	2489333.26	1253480.24	48413.26	3117079.79
浙　江	5930312.40	3287747.71	1029868.32	46297.22	1566399.16
安　徽	3426028.27	992071.82	677500.07	16416.95	1740039.43
福　建	3195284.21	1003730.59	549972.00	28972.11	1612609.52
江　西	1705244.42	433419.57	458403.87	29817.90	783603.09
山　东	13878218.36	3641472.83	1185268.68	15143.26	9036333.59
河　南	8087107.83	2215356.30	847483.47	8618.89	5015649.18
湖　北	2772228.85	637068.25	801017.59	23904.06	1310238.96
湖　南	3322052.62	1257319.44	754742.58	50244.49	1259746.11
广　东	6362075.26	1927680.66	1941676.28	103932.21	2388786.11
广　西	2675281.20	1181351.98	428188.07	14740.68	1051000.48
海　南	457448.46	102690.21	114807.44	10315.99	229634.83
重　庆	1085928.61	229229.30	421152.43	20059.52	415487.35
四　川	3287014.79	1074621.37	915484.83	21338.46	1275570.12
贵　州	591443.48	116400.25	283216.34	3586.88	188240.01
云　南	1795052.53	632794.50	489779.64	25195.08	647283.31
西　藏	37165.16	2406.76	26924.42	1373.07	6460.91
陕　西	1923369.43	880055.76	382617.78	7277.95	653417.93
甘　肃	968496.13	315934.69	215745.47	2529.90	434286.07
青　海	204265.83	64431.54	62581.09	507.90	76745.30
宁　夏	921616.70	505764.48	77049.23	803.93	337999.06
新　疆	1589309.11	487775.66	254198.43	8267.01	839068.00
合　计	101541335.79	31453457.60	17766169.84	642399.68	51679308.66

注：集中式，在废水和水污染物表中，指垃圾处理厂、危险废物和医疗废物处置厂（场）产生的渗滤液及其污染物。全章同。

表 8-3-17　全国各地区化学需氧量排放量　　　　　　　　　　　　　　　　　　　　单位：吨

地　区	工业源	生活源	集中式	农业源	扣除削减量	合　计
北　京	21224.68	417983.84	3147.66	54523.14	332893.19	163986.11
天　津	44331.25	209418.03	2701.31	80712.76	150924.28	186239.08
河　北	466661.23	634863.99	9873.54	594093.89	284385.86	1421106.80
山　西	107132.33	358115.64	19088.20	154956.77	102775.79	536517.16
内蒙古	150712.32	307968.75	11486.42	199042.12	122768.63	546440.98
辽　宁	322135.94	651566.31	9308.89	687921.71	203837.25	1467095.60
吉　林	168556.87	371824.65	8563.32	237182.15	87731.23	698395.76
黑龙江	171880.63	505765.90	5674.23	519255.69	60480.28	1142096.18
上　海	64237.94	534616.70	9176.04	31223.34	366492.85	272761.16
江　苏	579553.77	1085477.97	15847.32	780662.18	651945.48	1809595.76
浙　江	1092968.66	884228.75	20315.17	338730.54	962171.50	1374071.62
安　徽	129028.41	596147.38	12445.40	430051.99	73910.37	1093762.82
福　建	250483.70	476607.03	17981.93	584461.06	217111.30	1112422.42
江　西	158089.81	401373.94	11709.23	268670.82	18376.70	821467.10
山　东	416939.20	1028371.59	9250.32	3586674.84	573166.33	4468069.62
河　南	255926.38	741710.87	4112.72	1195389.68	309790.48	1887349.17
湖　北	217622.67	694788.98	19879.26	463046.88	97804.66	1297533.13
湖　南	479506.66	656816.45	29502.45	645843.77	96049.84	1715619.49
广　东	369019.27	1671825.57	25293.35	1036753.07	513274.20	2589617.07
广　西	443272.89	376673.50	8074.87	311574.97	32653.14	1106943.09
海　南	12897.42	101574.85	8966.86	72480.39	14129.99	181789.53
重　庆	97683.02	357517.34	17645.79	87882.35	104576.59	456151.91
四　川	184409.14	817728.05	10783.79	343303.63	146457.34	1209767.27
贵　州	48015.59	253356.10	1047.52	41004.73	13436.83	329987.10
云　南	269319.24	441607.40	15430.44	81134.34	88828.25	718663.18
西　藏	730.14	24202.36	1373.07	431.14	12.79	26723.92
陕　西	173847.79	334517.02	4408.21	138091.61	130166.81	520697.81
甘　肃	84275.06	190148.00	2321.76	63823.45	36485.38	304082.88
青　海	27904.68	55226.16	482.68	11360.92	15011.19	79963.26
宁　夏	122737.72	68140.62	546.22	62431.25	28068.54	225787.27
新　疆	220230.90	228385.15	8207.95	138167.33	70069.98	524921.35
合　计	7151335.32	15478548.91	324645.91	13240882.53	5905787.07	30289625.61

注：扣除削减量，指扣除污水处理厂削减的工业废水和生活污水中的污染物的量。全章同。

表 8-3-18　全国各地区氨氮产生量　　　　　　　　　　　　　　　　　　单位：吨

地　区	合　计	工业源	农业源	生活源	集中式
北　京	54813.26	3159.12	2546.97	47654.99	1452.18
天　津	39828.22	8625.61	3415.92	26792.47	994.22
河　北	220958.65	123155.74	17175.61	79390.56	1236.74
山　西	194857.03	144175.95	4455.86	44104.17	2121.06
内蒙古	94861.08	54371.78	4308.24	35260.61	920.44
辽　宁	150895.94	52409.49	14080.19	81247.49	3158.78
吉　林	78631.49	24427.56	8314.39	44927.77	961.77
黑龙江	149555.46	73464.28	11998.62	63461.83	630.73
上　海	86063.74	17676.88	1978.63	63862.57	2545.67
江　苏	251026.44	95682.37	20269.60	130575.14	4499.33
浙　江	191445.92	66290.15	12817.36	107649.39	4689.01
安　徽	175223.56	97479.39	10719.96	65063.65	1960.55
福　建	118063.32	35526.04	22305.26	57751.97	2480.06
江　西	118520.88	63660.83	8441.38	43436.65	2982.02
山　东	426176.03	281384.50	15532.16	127542.43	1716.94
河　南	327076.92	147259.77	91239.84	87637.20	940.12
湖　北	177037.90	60621.32	34252.02	79957.98	2206.59
湖　南	187742.13	71502.79	37743.26	73120.34	5375.75
广　东	341302.71	70450.46	59088.81	198628.40	13135.05
广　西	94751.19	22399.54	27723.34	43333.18	1295.13
海　南	53574.04	34749.86	6575.19	11496.97	752.02
重　庆	85652.92	41313.90	4439.67	37751.98	2147.37
四　川	186279.33	82395.74	17883.81	83725.60	2274.17
贵　州	87037.15	53251.39	4041.68	29338.66	405.42
云　南	104449.17	49508.06	8407.73	43842.36	2691.02
西　藏	3261.56	48.38	206.98	2874.04	132.17
陕　西	99897.32	51379.30	7535.50	39952.65	1029.88
甘　肃	76669.18	49562.70	3766.41	23189.97	150.10
青　海	9404.79	2309.57	422.54	6638.95	33.72
宁　夏	75159.10	65800.54	1321.89	7989.92	46.74
新　疆	104420.25	72657.35	5182.81	26041.12	538.98
合　计	4364636.70	2016700.34	468191.62	1814241.01	65503.72

表 8-3-19　全国各地区氨氮排放量　　　　　　　　　　　　　　单位：吨

地　区	工业源	农业源	生活源	集中式	扣除削减量	合　计
北　京	948.62	1091.52	46304.40	273.05	38376.02	10241.57
天　津	2809.66	1699.42	26070.90	193.73	10128.78	20644.93
河　北	14332.11	9761.09	77441.83	1066.77	23572.22	79029.58
山　西	8318.63	3626.41	42986.64	2121.06	7954.37	49098.38
内蒙古	11739.39	5385.04	34466.87	901.06	4470.63	48021.74
辽　宁	8475.05	13957.23	79202.12	780.38	15387.40	87027.38
吉　林	3280.06	9090.24	43811.75	841.02	7214.33	49808.73
黑龙江	6380.39	16624.16	61890.72	525.16	6588.39	78832.05
上　海	2472.18	1559.41	62067.87	586.78	13196.70	53489.53
江　苏	19581.65	19780.60	127282.97	1774.46	38706.01	129713.67
浙　江	26630.66	11203.41	104770.13	2243.53	33710.58	111137.15
安　徽	9184.89	11984.14	63820.69	1491.59	6670.35	79810.96
福　建	5577.63	17133.32	56289.23	1643.74	8095.92	72548.00
江　西	17564.30	8518.29	42441.10	901.21	1054.74	68370.16
山　东	22133.63	15810.26	124465.99	923.32	36835.65	126497.55
河　南	17431.16	28534.04	85692.23	436.85	26698.32	105395.96
湖　北	20764.99	20569.23	78277.08	1828.07	11627.99	109811.40
湖　南	27030.87	18271.36	71447.84	3196.73	2914.81	117031.99
广　东	13730.19	24446.02	193642.99	1974.42	37756.68	196036.94
广　西	6987.26	15677.07	42324.03	665.31	2324.35	63329.32
海　南	512.07	4311.25	11285.96	694.12	462.94	16340.47
重　庆	5404.30	4971.49	36601.33	1912.71	6377.33	42512.49
四　川	8415.46	19040.75	81676.35	1199.78	11165.72	99166.63
贵　州	5348.63	5242.87	28629.55	164.96	1231.84	38154.17
云　南	8961.43	10050.36	42797.18	2675.49	6322.05	58162.42
西　藏	17.47	414.67	2811.81	132.17	1.86	3374.26
陕　西	6190.73	6927.49	38825.04	496.54	8676.05	43763.76
甘　肃	13619.64	3545.20	22543.77	140.14	2950.18	36898.57
青　海	1781.42	347.64	6452.40	34.17	536.41	8079.21
宁　夏	4657.99	994.83	7749.14	31.03	1413.96	12019.03
新　疆	3337.87	3768.81	25341.76	438.33	3750.22	29136.55
合　计	303620.32	314337.63	1769411.68	32287.69	376172.80	2043484.53

表 8-3-20　全国各地区总磷产生量　　　　　　　　　　　　　　　　　　　　单位：吨

地　区	合　计	生活源	集中式	农业源
北　京	11809.78	5033.84	16.38	6759.56
天　津	10159.60	2763.22	0.32	7396.06
河　北	67412.23	8235.23	14.85	59162.15
山　西	18447.39	4599.85	46.82	13800.71
内蒙古	19385.87	3600.88	6.34	15778.65
辽　宁	53212.87	8428.55	40.00	44744.32
吉　林	23279.16	4690.19	20.20	18568.77
黑龙江	36310.30	6522.35	4.50	29783.45
上　海	11026.55	7972.61	27.11	3026.83
江　苏	65505.10	15871.93	30.92	49602.25
浙　江	32953.51	13225.76	62.81	19664.95
安　徽	32336.91	6708.32	18.35	25610.25
福　建	27332.56	6883.75	41.97	20406.84
江　西	15804.78	4563.10	36.41	11205.27
山　东	137856.13	14907.19	18.23	122930.71
河　南	77005.89	8674.54	5.64	68325.72
湖　北	29479.10	8210.59	29.96	21238.55
湖　南	29611.65	7652.31	68.80	21890.55
广　东	60824.10	24226.33	352.27	36245.50
广　西	22403.16	5030.43	11.53	17361.21
海　南	5485.36	1300.64	13.69	4171.02
重　庆	10487.74	5007.12	22.46	5458.16
四　川	28131.46	10944.56	31.40	17155.49
贵　州	7148.37	3560.00	4.43	3583.94
云　南	14756.06	5699.98	27.50	9028.57
西　藏	509.53	288.87	2.23	218.43
陕　西	12800.55	4513.22	4.96	8282.37
甘　肃	7268.36	2495.82	1.53	4771.02
青　海	1276.74	723.60	0.61	552.53
宁　夏	3309.08	870.65	1.03	2437.40
新　疆	9621.93	2662.81	15.75	6943.37
合　计	882951.83	205868.23	979.00	676104.60

表 8-3-21　全国各地区总磷排放量　　　　　　　　　　　　　　　　　　　　　单位：吨

地　区	生活源	集中式	农业源	扣除削减量	合　计
北　京	4477.68	4.29	1207.53	4462.60	1226.90
天　津	2447.09	0.02	1748.67	1439.82	2755.96
河　北	7358.10	13.30	14444.67	1880.58	19935.49
山　西	4101.32	46.77	3925.85	465.96	7607.97
内蒙古	3246.39	6.25	3662.71	817.45	6097.89
辽　宁	7509.16	12.81	10176.52	1364.14	16334.35
吉　林	4186.85	10.73	4051.48	393.53	7855.54
黑龙江	5826.19	4.50	7354.82	507.86	12677.65
上　海	7027.68	9.28	830.63	2765.59	5101.99
江　苏	14056.72	11.90	15114.75	5029.17	24154.19
浙　江	11671.34	29.79	7769.15	5830.29	13639.99
安　徽	6020.48	17.76	10661.58	519.53	16180.29
福　建	6109.63	29.18	11679.91	1055.49	16763.23
江　西	4060.74	17.19	7675.22	169.26	11583.88
山　东	13240.00	12.69	59012.07	4090.29	68174.46
河　南	7791.15	3.85	27288.88	2131.41	32952.47
湖　北	7329.60	25.26	12988.13	1106.45	19236.54
湖　南	6812.72	46.42	14114.41	405.86	20567.69
广　东	21440.49	39.08	22871.42	4419.84	39931.16
广　西	4508.51	8.23	10722.90	374.02	14865.63
海　南	1169.15	11.27	3323.45	135.48	4368.39
重　庆	4396.88	22.06	3409.26	800.56	7027.64
四　川	9823.60	19.02	11189.84	1415.26	19617.21
贵　州	3219.33	2.20	3385.84	121.42	6485.95
云　南	5123.88	27.39	6634.88	1325.87	10460.28
西　藏	260.77	2.23	334.30	0.14	597.16
陕　西	4022.72	4.96	4499.31	725.38	7801.62
甘　肃	2234.08	1.36	1939.75	342.96	3832.23
青　海	647.32	0.61	197.44	94.12	751.25
宁　夏	782.08	0.76	609.29	464.03	928.09
新　疆	2402.25	15.69	1917.16	673.87	3661.23
合　计	183303.88	456.85	284741.80	45328.22	423174.32

238

表 8-3-22　全国各地区总氮产生排放量　　　　　　　　　　　　　　　　　　　　　　　　单位：吨

地　区	总氮产生量			总氮排放量			
	生活源	农业源	合　计	生活源	农业源	扣除削减量	合　计
北　京	69571.88	36365.11	105936.99	61363.49	14378.62	32497.82	43244.29
天　津	38759.61	39345.30	78104.91	34085.33	17311.58	10930.81	40466.09
河　北	112845.02	299563.51	412408.53	100860.23	177545.73	15953.50	262452.46
山　西	63122.49	68884.93	132007.42	56161.81	47425.47	5318.47	98268.81
内蒙古	50433.30	98903.64	149336.95	45374.90	48169.66	2412.27	91132.29
辽　宁	116808.24	266648.91	383457.15	103738.04	92306.67	5854.07	190190.64
吉　林	64346.31	124080.50	188426.80	57364.52	55389.35	3160.40	109593.48
黑龙江	90311.35	185082.13	275393.48	80629.97	108603.64	6182.23	183051.38
上　海	92612.50	16276.47	108888.96	81595.85	10148.72	12114.88	79629.69
江　苏	188466.72	178579.72	367046.44	166565.83	139846.45	30695.72	275716.56
浙　江	155236.42	95764.96	251001.38	136961.79	73377.82	26418.11	183921.50
安　徽	92841.41	102874.68	195716.09	83309.23	122389.15	6387.73	199310.64
福　建	82598.27	123275.57	205873.84	73126.21	88634.74	8427.46	153333.49
江　西	62390.75	62236.59	124627.34	55397.02	64982.65	1729.63	118650.03
山　东	182706.39	406143.61	588850.00	162164.64	401742.60	15162.00	548745.24
河　南	124753.00	470988.70	595741.70	111763.91	293082.89	14307.03	390539.77
湖　北	113842.18	145267.09	259109.26	101465.97	127099.68	10317.24	218248.41
湖　南	104727.80	149868.40	254596.21	93033.52	127597.53	1690.96	218940.10
广　东	285727.58	250068.81	535796.38	252483.91	160163.42	35315.98	377331.35
广　西	61650.31	118116.33	179766.65	55046.55	101654.75	1367.64	155333.66
海　南	16342.79	28137.24	44480.03	14656.61	28737.75	376.92	43017.44
重　庆	54574.69	28402.53	82977.22	47559.30	27971.58	7729.17	67801.71
四　川	120213.95	91823.14	212037.08	107165.73	100856.21	16197.44	191824.51
贵　州	41569.97	19679.32	61249.29	37474.33	34498.67	1482.32	70490.68
云　南	63293.19	52780.49	116073.68	56532.29	61680.35	7309.43	110903.21
西　藏	4104.87	1064.86	5169.73	3694.60	4950.46	1.05	8644.01
陕　西	57218.51	61360.76	118579.26	50996.98	69081.84	1950.10	118128.71
甘　肃	33112.18	35754.81	68866.99	29648.01	32132.92	1237.47	60543.47
青　海	9476.70	4863.19	14339.89	8481.45	3689.98	184.84	11986.60
宁　夏	11426.40	20854.26	32280.66	10282.24	14717.72	1214.07	23785.88
新　疆	37147.38	60945.91	98093.29	33515.53	54445.05	4263.40	83697.18
合　计	2602232.16	3644001.45	6246233.61	2312499.81	2704613.65	288190.15	4728923.30

表 8-3-23　全国各地区石油类产生量　　　　　　　　　　　　　　　　　　　　单位：吨

地　区	合　计	工业源	生活源	集中式
北　京	31284.45	4512.34	26765.00	7.11
天　津	15947.92	5208.02	10734.04	5.87
河　北	70394.34	40476.65	29903.42	14.27
山　西	39862.50	21677.74	18112.90	71.86
内蒙古	26264.00	8620.67	17636.41	6.91
辽　宁	89126.76	60883.39	28217.24	26.13
吉　林	21255.45	4779.59	16458.50	17.35
黑龙江	57140.29	36523.46	20611.41	5.42
上　海	37905.39	10217.85	27677.81	9.72
江　苏	76932.83	27384.41	49499.02	49.40
浙　江	79817.01	37171.15	42598.67	47.19
安　徽	40988.52	10534.35	30445.48	8.69
福　建	28229.20	7192.71	21007.79	28.70
江　西	31877.09	10639.70	21217.00	20.40
山　东	83601.35	38659.21	44927.80	14.33
河　南	51074.58	20020.41	31049.89	4.29
湖　北	40444.39	8617.80	31814.38	12.22
湖　南	42392.99	9782.78	32547.71	62.50
广　东	103144.33	20284.78	82162.34	697.22
广　西	25205.69	4921.01	20276.22	8.46
海　南	5026.19	272.13	4748.42	5.63
重　庆	35358.35	4477.33	30861.74	19.27
四　川	77776.95	13126.26	64634.02	16.68
贵　州	19791.19	2772.17	17017.29	1.74
云　南	58712.46	21613.18	37086.13	13.14
西　藏	1650.45	147.72	1500.41	2.32
陕　西	29511.18	11879.08	17620.14	11.96
甘　肃	14383.49	3826.89	10553.11	3.49
青　海	7667.15	4504.13	3162.66	0.36
宁　夏	5218.31	1010.70	4206.66	0.95
新　疆	105413.20	89796.13	15592.91	24.17
合　计	1353398.00	541533.76	810646.50	1217.73

表 8-3-24　全国各地区石油类排放量　　　　　　　　　单位：吨

地　区	工业源	生活源	集中式	扣除削减量	合计
北　京	1611.77	24889.28	2.94	3229.14	23274.84
天　津	914.76	9921.14	2.43	975.88	9862.45
河　北	3636.76	28122.71	10.64	1374.75	30395.37
山　西	3473.38	16966.98	71.85	74.74	20437.47
内蒙古	3430.67	16927.28	6.81	130.38	20234.37
辽　宁	3170.59	26228.43	11.94	2006.02	27404.95
吉　林	862.81	15477.27	12.34	1723.51	14628.91
黑龙江	1160.62	19246.62	5.42	0.00	20412.66
上　海	1930.45	25401.20	8.13	646.19	26693.59
江　苏	5550.38	46194.62	13.79	4041.25	47717.54
浙　江	4981.43	39122.85	33.05	14672.88	29464.45
安　徽	3907.08	28923.84	8.69	191.12	32648.49
福　建	2291.45	19686.58	20.77	759.67	21239.14
江　西	1635.09	20114.96	9.13	217.02	21542.16
山　东	4543.87	42273.32	10.93	1035.02	45793.11
河　南	2125.60	29262.78	4.05	1035.78	30356.64
湖　北	3195.64	29752.35	11.53	971.29	31988.23
湖　南	3411.51	30552.57	42.18	237.42	33768.84
广　东	5376.66	73870.23	30.69	3550.48	75727.09
广　西	1236.88	19394.30	6.02	960.83	19676.36
海　南	27.71	4415.22	4.89	86.34	4361.48
重　庆	1721.56	26856.78	17.66	512.78	28083.22
四　川	1622.52	62240.00	13.11	1290.86	62584.76
贵　州	519.51	16488.65	0.93	164.65	16844.45
云　南	750.23	35804.85	13.08	61.39	36506.78
西　藏	147.29	1441.82	2.32	0.00	1591.44
陕　西	988.33	16551.34	5.29	289.59	17255.37
甘　肃	600.76	10000.21	3.41	414.32	10190.07
青　海	123.06	3011.61	0.36	191.53	2943.50
宁　夏	149.72	4030.83	0.84	41.62	4139.77
新　疆	1264.62	15072.95	24.09	2035.79	14325.87
合　计	66362.73	758243.59	409.32	42922.25	782093.39

表 8-3-25　全国各地区五种重金属排放量　　　　　　　　　　　单位：千克

地　区	工业源	生活源	集中式	扣除削减量	合　计
北　京	653.78	25.06	96.98	0.00	775.81
天　津	2292.73	8.02	118.13	0.05	2418.84
河　北	39614.44	21.09	199.28	0.00	39834.82
山　西	6897.96	18.43	900.56	0.00	7816.95
内蒙古	27081.61	18.14	335.30	0.00	27435.05
辽　宁	6415.89	23.70	397.64	0.00	6837.23
吉　林	18795.44	17.47	320.29	0.01	19133.19
黑龙江	515.74	17.80	123.55	0.00	657.09
上　海	4469.71	39.63	359.04	0.02	4868.36
江　苏	88734.20	47.07	300.44	63290.09	25791.61
浙　江	428426.66	73.48	753.64	297374.15	131879.62
安　徽	16636.22	33.61	395.93	0.00	17065.76
福　建	185319.02	33.74	578.46	154914.94	31016.27
江　西	48285.99	27.21	301.35	5429.31	43185.24
山　东	35760.22	31.37	368.41	3252.44	32907.56
河　南	42745.26	33.45	118.95	13494.00	29403.66
湖　北	36238.12	38.51	536.32	0.00	36812.95
湖　南	168265.45	35.05	1033.02	145.53	169188.00
广　东	612794.53	136.55	711.90	534654.85	78988.13
广　西	148811.67	25.40	163.45	98047.58	50952.94
海　南	2.10	6.68	202.89	0.00	211.66
重　庆	17799.40	31.54	335.39	322.71	17843.62
四　川	7088.84	60.02	307.50	97.77	7358.59
贵　州	1581.46	16.41	43.09	0.00	1640.96
云　南	48654.99	18.13	659.54	0.00	49332.66
西　藏	3742.76	1.39	11.24	0.00	3755.38
陕　西	15995.71	19.26	173.14	1363.95	14824.16
甘　肃	28796.73	10.38	157.37	158.66	28805.82
青　海	3940.15	3.06	1313.01	0.00	5256.21
宁　夏	1449.46	5.82	27.24	0.00	1482.51
新　疆	9679.45	20.42	124.33	0.00	9824.19
合　计	2057485.66	897.88	11467.36	1172546.06	897304.84

8.3.2 废气及大气污染物产生排放情况

8.3.2.1 基本情况

2007年二氧化硫产生量4557.2万吨；氮氧化物产生量1833.3万吨,其中机动车产生量549.7万吨；烟尘产生量49237.4万吨,粉尘产生量14731.5万吨,氟化物产生量26.7万吨。

2007年二氧化硫排放量2320.0万吨；氮氧化物排放量1797.7万吨,其中机动车排放量549.7万吨；烟尘排放量1166.6万吨,粉尘排放量764.7万吨,氟化物排放量2.4万吨。

表 8-3-26 废气污染物产生量

名 称	工业源产生量	比例	生活源产生量	比例	机动车产生量	比例	集中式产生量	比例	合 计
二氧化硫／万吨	4345.42	95.35%	209.67	4.60%	—	—	2.09	0.05%	4557.18
氮氧化物／万吨	1223.97	52.54%	58.20	4.53%	549.65	42.82%	1.43	0.11%	1833.26
烟尘／万吨	48927.22	99.37%	252.88	0.51%	—	—	57.30	0.12%	49237.41
粉尘／万吨	14731.49	100.00%	—	—	—	—	—	—	14731.49
氟化物／吨	266627.45	100.00%	—	—	—	—	—	—	266627.45

注：集中式产生量：指集中式污染治理设施中由垃圾焚烧和危险废物及医疗废物焚烧产生的废气，下同。

表 8-3-27　废气污染物排放量

名　称	工业源排放量	比例	生活源排放量	比例	机动车排放量	比例	集中式排放量	比例	合　计
二氧化硫／万吨	2119.74	91.37%	199.40	8.59%	—	—	0.8	0.04%	2319.99
氮氧化物／万吨	1188.43	66.11%	58.20	3.24%	549.65	30.58%	1.41	0.08%	1797.70
烟尘／万吨	982.00	84.18%	183.51	15.7%	—	—	1.1	0.1%	1166.63
粉尘／万吨	764.68	100%	—	—	—	—	—	—	764.68
氟化物／吨	23814.79	100%	—	—	—	—	—	—	23814.79

注：集中式排放量：指集中式污染治理设施中由垃圾焚烧和危险废物及医疗废物焚烧排放的废气，下同。

8.3.2.2　废气排放情况

2007 年全国废气排放总量 637203.7 亿米³，其中工业源废气排放量 612275.2 亿米³，生活源废气排放量 23838.7 亿米³，集中式污染治理设施废气排放量 1089.8 亿米³，可以看出工业源是废气排放的主体，排放量占全国废气排放总量的 96.1%。

从地区分布看，废气排放量最大的地区是河北，排放量为 85514.5 亿米³，占全国废气排放总量的 13.4%，其次是山东，排放量为 49940.6 亿米³，排放量占全国废气排放总量的 7.8%，其他排放量大的地区还有江苏 47068.7 亿米³、辽宁 44445.8 亿米³、河南 39884.9 亿米³、广东 38617.9 亿米³、山西 35309.6 亿米³、内蒙古 28627.5 亿米³、浙江 27568.1 亿米³、四川 21352.7 亿米³、安徽 18902.5 亿米³、湖南 18119.6 亿米³、湖北 17060.7 亿米³、云南 15816.9 亿米³ 和广西 15690.7 亿米³，上述 15 个省（区）排放量占全国的 79.1%。

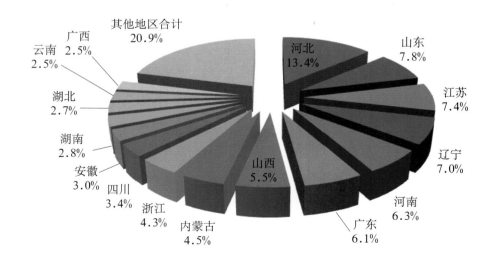

图 8-3-27　废气排放量地区分布比例图

表 8-3-28　全国各地区废气排放量　　　　　　　　　　　　　　单位：万米³

地　区	合　计	工业源	生活源	集中式
北　京	60643355.29	52467153.99	8125391.49	50809.80
天　津	84766826.17	78935619.10	5706706.27	124500.80
河　北	855145110.10	836567261.95	18365593.55	212254.60
山　西	353096091.30	339424100.77	13394565.11	277425.41
内蒙古	286275312.14	273448466.79	12819119.79	7725.56
辽　宁	444458298.20	432223283.70	12221987.11	13027.39
吉　林	95462686.61	86674360.30	8693574.31	94752.00
黑龙江	114761566.07	97358956.68	17317886.97	84722.42
上　海	145272856.13	140348098.44	4483737.59	441020.10
江　苏	470687597.40	458687839.45	11010830.47	988927.48
浙　江	275681089.38	268397066.07	4780530.80	2503492.52
安　徽	189024913.07	178590494.72	7271456.38	3162961.97
福　建	127031969.91	122204918.55	4582367.87	244683.49
江　西	130997405.40	127336720.61	3646304.58	14380.21
山　东	499405671.62	482162456.03	16975219.90	267995.69
河　南	398849842.82	382610613.95	16175728.14	63500.73
湖　北	170606678.59	163677974.82	6917745.50	10958.27
湖　南	181196130.15	172764280.09	8428681.07	3168.99
广　东	386179667.40	376528407.46	7852513.83	1798746.11
广　西	156907549.04	153925053.84	2796605.24	185889.97
海　南	13105814.92	12906090.71	190398.21	9326.00
重　庆	80017174.97	77408798.63	2548327.43	60048.91
四　川	213526768.25	205854555.07	7425407.80	246805.39
贵　州	101135330.35	97817971.96	3311631.48	5726.90
云　南	158168820.44	154175085.98	3987586.38	6148.09
西　藏	1126504.49	958025.46	168409.03	70.00
陕　西	117160010.77	107993753.50	9155780.86	10476.41
甘　肃	90907419.45	84393119.75	6508827.16	5472.54
青　海	35862267.73	34092160.42	1770081.31	26.00
宁　夏	52300814.55	49841656.65	2458600.29	557.61
新　疆	82275348.88	72977337.10	9295636.58	2375.20
合　计	6372036891.59	6122751682.55	238387232.49	10897976.55

8.3.2.3　主要大气污染物产生排放情况

（一）二氧化硫

二氧化硫来源于工业源、生活源和集中式污染治理设施。

2007 年二氧化硫产生总量 4557.2 万吨，其中，工业 4345.4 万吨，生活源 209.7 万吨，集中式污染治理设施 2.1 万吨。

全国废气中二氧化硫排放量 2320 万吨，其中：工业 2119.7 万吨，占排放总量的 91.4%，生活源 199.4 万吨，占排放总量的 8.6%，集中式污染治理设施 0.8 万吨，占排放总量的 0.04%。二氧化硫主要来自于工业排放。

工业二氧化硫去除率 51.2%，生活源二氧化硫去除率只有 4.9%，集中式污染治理设施废气二氧化硫去除率 59.5%，全国二氧化硫去除率 49.1%。工业二氧化硫去除率达到一半，主要得益于电力企业上了大量的脱硫设施。

（1）地区分布。按二氧化硫排放量排序，居前的为山东 210.9 万吨、河北 188.9 万吨、河南 144.8 万吨、内蒙古 134.9 万吨、山西 133.8 万吨、辽宁 123.4 万吨、广东 104.6 万吨、江苏 104.3 万吨、湖南 98.5 万吨、陕西 93.9 万吨、浙江 83.6 万吨、湖北 81.5 万吨、贵州 80.4 万吨、四川 75.5 万吨、云南 69.1 万吨、江西 67.1 万吨、重庆 62.8 万吨，上述 17 个省（区、市）排放量之和占全国的 79.7%。

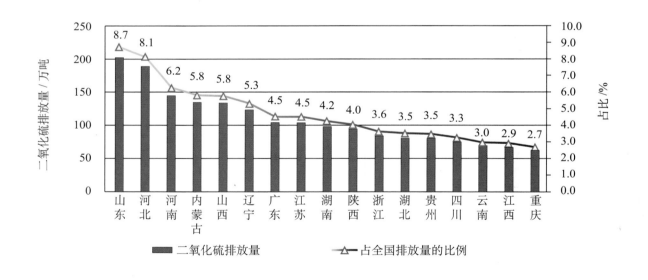

图 8-3-28　二氧化硫排放量主要地区排序分布

（2）行业分布。二氧化硫排放量前 4 位的是电力、热力的生产和供应业、非金属矿物制品业、黑色金属冶炼及压延加工业与化学原料和化学制品制造业。4 个行业二氧化硫排放量占工业行业的 79.7% 和全国的 72.8%。上述 4 个行业 2007 年的工业总产值和工业增加值仅占全国工业总产值和工业增加值的 25.3% 和 25.7%（2008 年统计年鉴）。

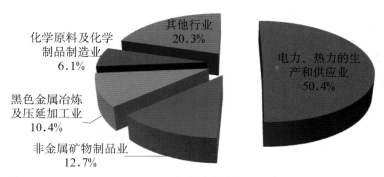

图 8-3-29 二氧化硫排放行业分布

（二）氮氧化物

氮氧化物来源于工业源、生活源、机动车排气和集中式污染治理设施废气。

全国废气中氮氧化物产生量1833.3万吨。其中：工业1223.9万吨，生活源58.2万吨，机动车549.7万吨，集中式污染治理设施1.4万吨。

全国废气中氮氧化物排放量1797.7万吨。其中：工业1188.4万吨，占排放总量的66.1%；生活源58.2万吨，占排放总量的3.2%；机动车549.7万吨，占排放总量的30.6%；集中式污染治理设施1.4万吨，占排放总量的0.1%。工业排放居第一位，其次是机动车排放，两者排放之和占氮氧化物排放总量的96.7%。

由于目前没有采取有效的氮氧化物减排措施，因此，各类源的氮氧化物的去除率普遍很低，工业源氮氧化物去除率为2.9%，生活源氮氧化物去除率为零，机动车氮氧化物直接排放，集中式污染治理设施氮氧化物去除率1.6%，全国平均去除率只有1.9%。

（1）地区分布。河北155.9万吨、山东147.7万吨、广东140.9万吨、河南125.2万吨、江苏114.1万吨、山西94.6万吨、内蒙古86.2万吨、辽宁85.7万吨、浙江79.5万吨、安徽63.9万吨、四川61.4万吨、黑龙江60.7万吨、陕西52.1万吨、湖北46.3万吨、湖南45.0万吨、新疆44.3万吨和云南42.9万吨是氮氧化物排放的主要地区，上述17个省（区、市）氮氧化物排放量合计占全国的80.5%。

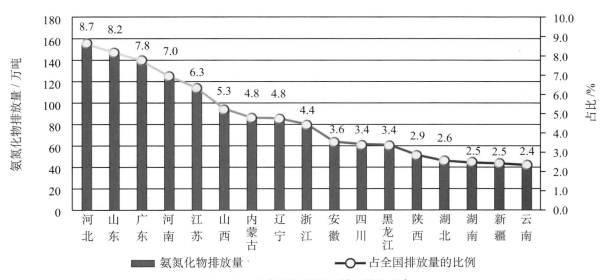

图 8-3-30 氮氧化物排放量地区排序分布

（2）行业分布。在工业行业中，电力、热力的生产和供应业733.4万吨、非金属矿物制品业201.2万吨、黑色金属冶炼及压延加工业81.7万吨、化学原料及化学制品制造业41.9万吨四个行业是氮氧化物排放的主要行业，其氮氧化物排放量占工业的89.1%。

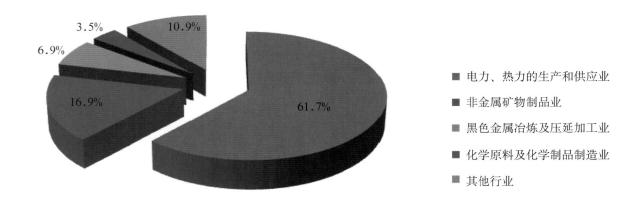

图 8-3-31　工业行业氮氧化物排放量行业分布比例

（三）烟尘

烟尘来源于工业源、生活源和集中式污染治理设施。

2007年全国废气中烟尘产生量49237.4万吨，其中：工业48927.2万吨，生活源252.9万吨，集中式污染治理设施57.3万吨。

全国废气中烟尘排放量1166.6万吨，其中：工业982.0万吨，占排放总量的84.2%；生活源183.5万吨，占排放总量的15.7%；集中式污染治理设施1.1万吨，占排放总量的0.1%。烟尘排放的主体是工业源。

工业烟尘和集中式污染治理设施废气烟尘去除率分别为98.0%和98.1%，生活源烟尘去除率较低，只有27.4%。全国平均水平为97.6%。

（1）地区分布。河北92.9万吨、山西89.0万吨、山东81.3万吨、辽宁76.4万吨、内蒙古71.3万吨、河南65.2万吨、黑龙江59.9万吨、江苏57.3万吨、四川55.7万吨、湖南51.1万吨、广东40.8万吨、安徽40.1万吨、吉林38.7万吨、浙江37.3万吨、新疆33.9万吨、湖北32.9万吨、江西31.8万吨，是烟尘排放量较大的地区，上述17个省（区）其排放量合计占全国的81.9%。

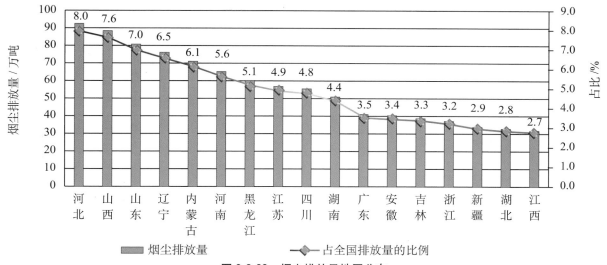

图 8-3-32　烟尘排放量地区分布

（2）行业分布。烟尘排放量较大的是电力、热力的生产和供应业 314.6 万吨、非金属矿物制品业 271.7 万吨、黑色金属冶炼及压延加工业 97.7 万吨、化学原料及化学制品制造业 78.8 万吨和造纸及纸制品业 29.9 万吨，上述 5 个行业烟尘排放量合计占工业源的 80.7%。上述 5 个行业 2007 年的工业总产值和工业增加值分别仅占全国的 26.9% 和 27.1%（2008 年统计年鉴）。

前 4 个行业与工业二氧化硫、氮氧化物排放量大的前 4 个行业是一致的。这 4 个行业二氧化硫、氮氧化物和烟尘排放量分别占整个工业排放的 79.7%、89.1% 和 77.6%，煤炭消耗量占整个工业煤炭消耗量的 75%，说明这三项污染物的排放是有内在联系的，主要是与煤炭燃烧有关。

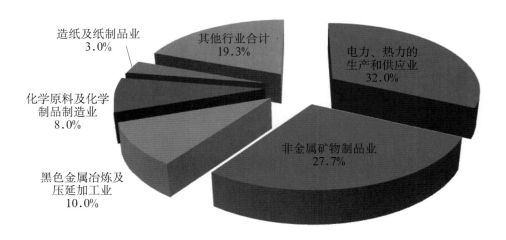

图 8-3-33　烟尘排放量行业比例分布

（四）氟化物

2007 年氟化物产生量 26.7 万吨，排放量 2.4 万吨。氟化物的产生排放全部来自工业源。

（1）地区分布。氟化物排放量较大的地区依次为甘肃 0.5 万吨、内蒙古 0.3 万吨、青海 0.3 万吨、贵州 0.2 万吨、河南 0.2 万吨、湖北 0.1 万吨、山东 0.1 万吨、江西 0.1 万吨、四川 0.1 万吨、山西 0.1

万吨和云南 0.1 万吨，上述 11 个省（区）排放量合计占全国的 80.8%。

（2）行业分布。有色金属冶炼压延加工业 1.3 万吨、非金属矿物制品业 0.8 万吨、化学原料及化学制品业 0.2 万吨、黑色金属冶炼及压延加工业 0.1 万吨是氟化物的主要排放行业，其排放量占全国的 99.6%。

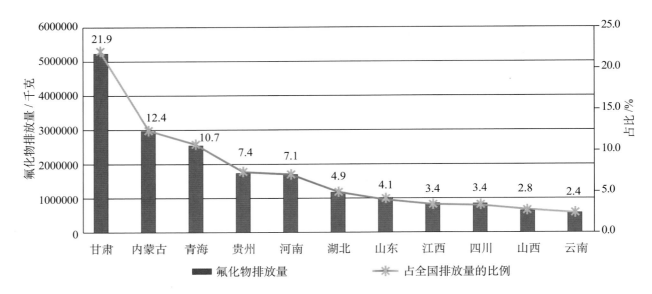

图 8-3-34　分地区氟化物排放量排序

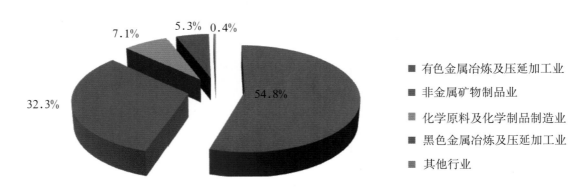

图 8-3-35　工业行业氟化物排放行业分布比例图

（五）工业粉尘

2007 年普查工业粉尘产生量 14731.5 万吨，排放量 764.7 万吨。

（1）地区分布。河北 98.2 万吨、山西 71.0 万吨、山东 44.5 万吨、湖南 43.1 万吨、江苏 42.6 万吨、内蒙古 41.8 万吨、辽宁 40.8 万吨、河南 40.3 万吨、安徽 35.9 万吨、陕西 27.8 万吨、四川 26.0 万吨、浙江 24.5 万吨、云南 24.2 万吨、湖北 23.4 万吨和江西 22.8 万吨是工业粉尘排放的主要地区，上述 15 个省（区）工业粉尘排放量占全国的 79.4%。

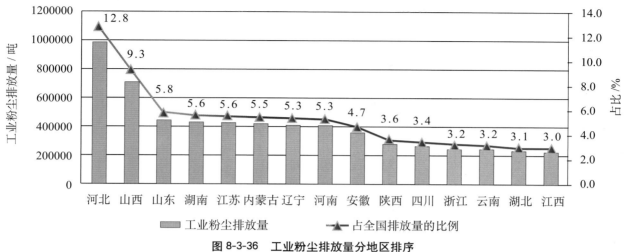

图 8-3-36　工业粉尘排放量分地区排序

（2）行业分布。非金属矿物制品业是工业粉尘排放的第一大行业 222.2 万吨，其粉尘排放量占全国排放量的 29.1%；其次是黑色金属冶炼及压延加工业 193.9 万吨，占 25.4%；其他工业粉尘排放的主要行业还有石油加工炼焦及核燃料加工业 59.5 万吨、木材加工及木、竹、藤、棕、草制品业 55.7 万吨、通用设备制造业 39.9 万吨、化学原料及化学制品制造业 31.5 万吨、煤炭开采和洗选业 29.9 万吨等。7 个行业工业粉尘排放量占工业排放量的 82.7%，而 7 个行业 2007 年的工业总产值和工业增加值仅占全国工业总产值和工业增加值的 30.9% 和 30.0%（2008 年统计年鉴）。

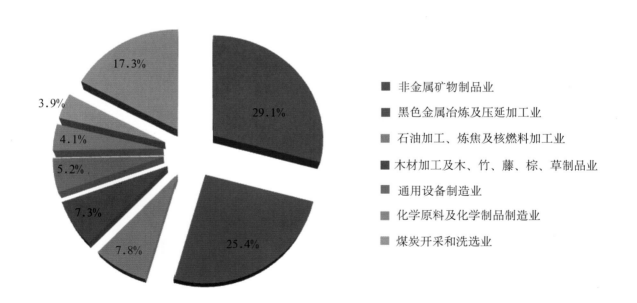

图 8-3-37　粉尘排放行业结构比例

8.3.2.4　机动车排气污染物

2007 年末，全国机动车保有量 14271.7 万辆。其中：载客汽车 3438.6 万辆，占 24.1%；载货汽车 1191.3 万辆，占 8.3%；三轮汽车及低速载货汽车 772.9 万辆，占 5.4%；摩托车 8868.9 万辆，占 62.1%。

机动车尾气主要污染物排放量：总颗粒物 59.1 万吨，氮氧化物 549.7 万吨，一氧化碳 3947.5 万吨，碳氢化合物 478.6 万吨。见表 8-3-29。

从车型分析，机动车氮氧化物排放主要来源于载货汽车 298.1 万吨和载客汽车 220.9 万吨，两者排放分别占机动车氮氧化物排放量的 54.2% 和 40.2%。

从地区分布看，机动车氮氧化物排放量大的地区依次为河北 51.7 万吨、广东 45.1 万吨、河南 41.8 万吨、山东 32.4 万吨、江苏 26.9 万吨、四川 26.5 万吨、辽宁 23.7 万吨、黑龙江 21.6 万吨、内蒙古 20.6 万吨、安徽 20.4 万吨、山西 19.5 万吨、新疆 18.8 万吨、云南 17.0 万吨、湖南 16.6 万吨、湖北 16.1 万吨、浙江 15.4 万吨、吉林 15.2 万吨、陕西 14.7 万吨、甘肃 13.8 万吨和江西 13.4 万吨，上述 20 个省（区）机动车氮氧化物排放量占全国机动车氮氧化物排放量的 79.2%。

表 8-3-29　不同类型机动车污染物排放量

指标项	保有量／辆	总颗粒物／吨	氮氧化物／吨	一氧化碳／吨	碳氢化合物／吨
载客汽车	34385929	172148.09	2209327.62	19485850.21	2108553.38
载货汽车	11912649	404176.47	2980554.21	10836715.13	1492880.06
三轮及低速载货汽车	7729071	14285.05	227241.44	76964.47	87707.24
摩托车	88689836	0.00	79404.24	9075062.04	1097107.53
合　计	142717485	590609.61	5496527.52	39474591.85	4786248.20

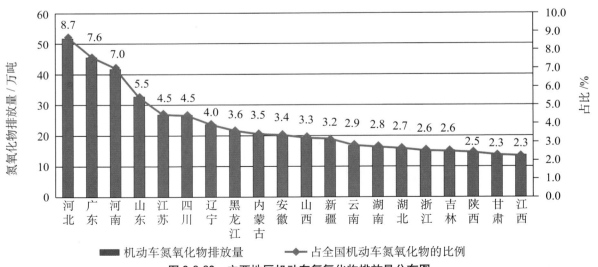

图 8-3-38　主要地区机动车氮氧化物排放量分布图

表 8-3-30　全国各地区机动车尾气污染物排放量　　　　　　　　　　单位：吨

地　区	总颗粒物	氮氧化物	一氧化碳	碳氢化合物
北　京	7688.43	98844.25	1028345.84	111733.64
天　津	7495.70	58319.70	491598.19	56219.70
河　北	60798.99	516771.24	2793504.66	379127.93
山　西	22925.67	194787.03	1182796.80	145588.60
内蒙古	28097.76	205819.29	1319972.96	168133.49
辽　宁	28238.86	236565.94	1434856.68	181641.39
吉　林	15195.68	151674.12	1119144.94	135997.14
黑龙江	20904.79	216205.04	1439908.70	177419.64
上　海	8458.70	75714.58	530655.35	72314.34
江　苏	27952.99	269206.12	2083498.53	258565.73
浙　江	18658.82	153609.09	1460328.53	173401.61
安　徽	22572.05	204151.52	1132940.08	143457.27
福　建	9460.93	95736.12	952765.38	107690.53
江　西	19889.89	133801.47	763964.74	94592.74
山　东	37412.05	324498.96	2490930.95	310489.88
河　南	38617.62	417820.27	2442266.33	299206.09
湖　北	13528.18	160943.88	1233524.82	145108.88
湖　南	14277.28	165607.67	1146196.16	132926.61
广　东	53632.09	451305.41	3639660.56	412751.84
广　西	17322.83	119611.23	1103705.47	128286.19
海　南	1633.58	13513.65	93518.08	10179.26
重　庆	7421.97	103176.15	986683.50	99419.43
四　川	17094.87	265129.41	1961118.20	233729.81
贵　州	10887.02	86483.73	559071.19	71557.20
云　南	17144.87	170006.15	1450407.18	185651.84
西　藏	5060.38	60804.23	725691.99	66908.71
陕　西	10239.43	146618.26	1147085.67	137110.74
甘　肃	14617.34	137719.40	1260070.61	152536.76
青　海	2459.25	26104.65	274746.73	35773.05
宁　夏	4703.08	47745.78	297521.00	39386.94
新　疆	26218.52	188233.19	928112.08	119341.25
合　计	590609.61	5496527.52	39474591.85	4786248.20

表 8-3-31　全国二氧化硫产生排放量　　　　　　　　　　　　　　　　　　　　单位：吨

地　区	二氧化硫产生量				二氧化硫排放量			
	合计	工业源	生活源	集中式	合计	工业源	生活源	集中式
北　京	237037.04	189484.53	47491.65	60.86	134345.30	96819.33	37507.28	18.68
天　津	394691.11	373969.79	19742.87	978.46	240956.52	223305.44	17601.14	49.95
河　北	2605987.79	2396378.67	209564.29	44.83	1889286.71	1697227.17	192038.60	20.94
山　西	2599117.84	2419524.92	178839.31	753.60	1338369.16	1176277.83	161839.96	251.37
内蒙古	2624062.44	2499760.37	124295.07	6.99	1349830.13	1229526.13	120297.68	6.32
辽　宁	2201868.76	2087434.39	114280.49	153.89	1233627.95	1130598.02	102878.24	151.68
吉　林	421521.01	366997.95	54333.00	190.05	356853.66	305804.38	50984.88	64.40
黑龙江	454813.51	342087.10	112397.64	328.77	417974.01	306895.20	111007.29	71.52
上　海	433115.04	426301.16	6701.46	112.43	346693.62	340094.29	6553.66	45.67
江　苏	2071659.33	2011902.76	57546.91	2209.67	1042679.59	987578.78	54288.45	812.35
浙　江	2090623.71	2055875.21	26196.20	8552.29	836402.97	806845.40	25457.18	4100.39
安　徽	1659969.98	1613142.52	46249.54	577.92	584995.42	539795.07	45083.28	117.07
福　建	817116.24	788689.22	26927.96	1499.06	538916.39	511535.05	26890.36	490.97
江　西	1580788.31	1547702.24	33052.06	34.01	671156.70	638550.07	32586.85	19.78
山　东	3733025.56	3558924.24	173817.85	283.47	2019464.53	1854916.16	164390.83	157.55
河　南	2300215.88	2144975.79	155114.78	125.30	1448042.48	1296262.91	151751.92	27.65
湖　北	1592673.55	1481586.65	111064.28	22.62	814915.31	705180.96	109726.61	7.74
湖　南	1831947.80	1733876.75	98065.29	5.76	985337.24	890431.17	94904.70	1.37
广　东	2083517.26	2039718.38	39655.72	4143.16	1046280.90	1006312.60	38386.75	1581.54
广　西	2011435.10	1988894.37	22402.78	137.95	465949.45	443721.70	22150.89	76.85
海　南	47179.81	47037.61	121.09	21.11	27801.78	27672.97	121.09	7.72
重　庆	1169683.47	1137064.31	32514.65	104.51	628450.11	595918.72	32494.39	36.99
四　川	1586979.06	1548371.17	38176.18	431.71	754851.94	716640.46	38000.54	210.94
贵　州	1425709.14	1350728.36	74980.16	0.62	804185.57	730150.58	74034.65	0.34
云　南	2653674.75	2616925.18	36718.64	30.93	690593.05	654316.33	36270.11	6.61
西　藏	2238.57	1285.97	952.51	0.08	2238.57	1285.97	952.51	0.08
陕　西	1441498.06	1354187.97	87308.96	1.13	938696.54	854713.05	83982.61	0.88
甘　肃	2223055.85	2145321.07	77599.95	134.83	531226.69	456139.72	74952.14	134.83
青　海	170463.15	161181.71	9281.14	0.30	99313.40	90216.07	9097.03	0.30
宁　夏	453194.65	426656.77	26537.57	0.31	367897.44	344404.82	23492.31	0.31
新　疆	652964.73	598173.39	54789.14	2.20	592628.91	538316.71	54311.88	0.32
合　计	45571828.50	43454160.50	2096719.18	20948.82	23199962.01	21197453.07	1994035.81	8473.14

表 8-3-32　全国各地区氮氧化物产生量　　　　　　　　　　　　　　　单位：吨

地 区	合 计	工业源	生活源	集中式	机动车
北 京	212969.62	96045.16	18022.51	57.71	98844.25
天 津	205042.29	136433.84	10102.86	185.88	58319.70
河 北	1561288.37	994542.69	49909.79	64.65	516771.24
山 西	972877.38	741623.23	35948.38	518.75	194787.03
内蒙古	905134.16	662810.69	36491.73	12.45	205819.29
辽 宁	860535.93	594499.62	29380.22	90.15	236565.94
吉 林	427410.59	251445.57	24140.21	150.70	151674.12
黑龙江	607147.98	341809.29	48863.69	269.97	216205.04
上 海	336125.42	253847.92	6081.77	481.15	75714.58
江 苏	1190494.27	900051.01	19150.06	2087.08	269206.12
浙 江	832773.38	664128.25	10740.70	4295.34	153609.09
安 徽	650792.48	429731.93	16608.52	300.51	204151.52
福 建	421038.11	312246.79	11540.92	1514.28	95736.12
江 西	360187.12	217715.59	8649.61	20.44	133801.47
山 东	1502685.30	1134665.74	43348.52	172.07	324498.96
河 南	1267900.53	809198.41	40790.04	91.81	417820.27
湖 北	494264.33	312696.74	20601.79	21.92	160943.88
湖 南	466228.74	279018.08	21597.86	5.13	165607.67
广 东	1434101.32	965361.30	14014.52	3420.09	451305.41
广 西	326410.38	199121.65	7570.43	107.07	119611.23
海 南	34979.26	21279.14	170.86	15.60	13513.65
重 庆	256650.92	149171.14	4220.90	82.73	103176.15
四 川	620378.14	342258.50	12667.33	322.91	265129.41
贵 州	348285.54	254175.74	7624.19	1.89	86483.73
云 南	429992.72	247920.09	12063.68	2.80	170006.15
西 藏	63277.57	2112.82	360.45	0.07	60804.23
陕 西	523632.93	354751.35	22260.09	3.23	146618.26
甘 肃	307706.49	152401.40	17541.29	44.39	137719.40
青 海	81885.22	51467.90	4311.78	0.89	26104.65
宁 夏	187373.78	133008.15	6618.98	0.86	47745.78
新 疆	443008.14	234135.99	20636.34	2.62	188233.19
合 计	18332578.41	12239675.71	582030.02	14345.15	5496527.52

表 8-3-33　全国各地区氮氧化物排放量　　　　　　　　　　　　　　　　单位：吨

地　区	合　计	工业源	生活源	集中式	机动车
北　京	207106.28	90181.82	18022.51	57.71	98844.25
天　津	193946.94	125353.60	10102.86	170.78	58319.70
河　北	1559051.79	992307.28	49909.79	63.48	516771.24
山　西	945614.28	714360.13	35948.38	518.75	194787.03
内蒙古	861538.52	619215.04	36491.73	12.45	205819.29
辽　宁	856889.81	590850.59	29380.22	93.07	236565.94
吉　林	426983.04	251018.01	24140.21	150.70	151674.12
黑龙江	606784.66	341446.03	48863.69	269.91	216205.04
上　海	328744.86	246463.69	6081.77	484.82	75714.58
江　苏	1140903.20	850510.01	19150.06	2037.02	269206.12
浙　江	794570.90	626010.51	10740.70	4210.60	153609.09
安　徽	638961.00	417900.45	16608.52	300.51	204151.52
福　建	398983.55	290170.92	11540.92	1535.59	95736.12
江　西	359368.04	216896.52	8649.61	20.44	133801.47
山　东	1476836.42	1108816.87	43348.52	172.06	324498.96
河　南	1252191.41	793489.29	40790.04	91.81	417820.27
湖　北	463359.75	281809.67	20601.79	4.41	160943.88
湖　南	450402.28	263194.89	21597.86	1.87	165607.67
广　东	1409729.57	941080.35	14014.52	3329.29	451305.41
广　西	326075.87	198787.14	7570.43	107.07	119611.23
海　南	34896.78	21196.66	170.86	15.60	13513.65
重　庆	252528.89	145049.11	4220.90	82.73	103176.15
四　川	613935.36	335817.45	12667.33	321.18	265129.41
贵　州	344438.79	250328.99	7624.19	1.89	86483.73
云　南	429140.37	247067.88	12063.68	2.66	170006.15
西　藏	63277.57	2112.82	360.45	0.07	60804.23
陕　西	521191.53	352309.95	22260.09	3.23	146618.26
甘　肃	307621.77	152316.68	17541.29	44.39	137719.40
青　海	81860.51	51443.18	4311.78	0.89	26104.65
宁　夏	187188.04	132822.41	6618.98	0.86	47745.78
新　疆	442926.14	234053.99	20636.34	2.62	188233.19
合　计	17977047.94	11884381.93	582030.02	14108.47	5496527.52

表 8-3-34　全国各地区烟尘产生排放量　　　　　　　　　　　　　　　　　　单位：吨

地　区	烟尘产生量				烟尘排放量			
	合　计	工业源	生活源	集中式	合　计	工业源	生活源	集中式
北　京	4084581.35	4010828.14	72439.86	1313.35	59084.44	32288.60	26784.54	11.30
天　津	3070125.46	3022058.95	46966.56	1099.95	99215.16	55386.06	43825.68	3.43
河　北	35271253.36	35009627.27	260828.01	798.08	929076.32	767313.92	161706.23	56.17
山　西	30696033.88	30462377.82	200406.76	33249.31	890286.76	756680.30	133460.76	145.69
内蒙古	28755995.50	28585755.64	170112.76	127.10	713193.40	579442.74	133651.21	99.45
辽　宁	19709563.38	19493776.76	213569.40	2217.22	763913.75	622806.19	141076.04	31.51
吉　林	11958952.50	11806388.26	141158.86	11405.38	387000.12	302199.91	84717.38	82.83
黑龙江	13677866.85	13468456.60	197579.88	11830.37	599701.68	456371.97	143202.11	127.60
上　海	6052809.54	6015448.62	8300.15	29060.76	72805.91	68179.65	4523.21	103.04
江　苏	34648914.22	34491823.83	77131.63	79958.76	573038.03	512295.40	60178.98	563.66
浙　江	25314763.80	25032859.39	18677.06	263227.35	372552.85	357541.87	12448.94	2562.04
安　徽	23678456.92	23507525.00	148262.04	22669.88	401346.97	291160.98	109850.44	335.55
福　建	8862205.54	8842334.04	6903.21	12968.29	243460.57	235821.12	6457.31	1182.14
江　西	11370468.71	11339544.47	30515.20	409.05	317873.19	295166.60	22694.01	12.58
山　东	44143005.33	43917664.55	215449.51	9891.28	813415.88	633093.39	180206.07	116.42
河　南	33683405.44	33567844.06	112878.69	2682.69	652069.02	562592.33	89447.89	28.80
湖　北	13570573.16	13517194.70	53298.03	80.43	329818.89	290850.95	38965.82	2.11
湖　南	11969777.57	11908640.13	61124.43	13.01	510873.35	458335.53	52536.40	1.42
广　东	25152115.76	25072881.02	5776.12	73458.61	407778.94	402775.15	3799.47	1204.32
广　西	14227841.45	14209730.86	15468.36	2642.23	262826.24	247627.54	14362.60	836.10
海　南	701456.75	700984.52	32.10	440.13	12526.48	12495.04	24.66	6.78
重　庆	8776920.46	8760222.62	14609.74	2088.11	187890.64	173627.30	14244.93	18.41
四　川	15899204.34	15858306.78	32384.03	8513.53	556887.66	525865.96	30155.86	865.84
贵　州	13602864.84	13573425.86	29418.70	20.28	232529.54	205221.10	27307.00	1.43
云　南	14758565.05	14708903.74	49639.32	21.99	275748.32	227705.21	48038.92	4.20
西　藏	195661.62	194579.60	1079.04	2.98	4037.25	2955.23	1079.04	2.98
陕　西	14726087.80	14643091.52	80346.30	2649.97	291709.95	217655.77	71425.28	2628.91
甘　肃	6800716.09	6694260.06	106308.18	147.85	169980.33	111177.03	58668.98	134.32
青　海	2644060.70	2617577.80	26473.75	9.15	67403.67	46333.57	21070.01	0.10
宁　夏	8988238.75	8955488.95	32743.23	6.57	129092.79	108703.15	20383.07	6.57
新　疆	5381594.92	5282610.12	98958.92	25.87	339140.30	260382.50	78757.23	0.57
合　计	492374081.03	489272211.66	2528839.83	573029.54	11666278.40	9820052.05	1835050.06	11176.29

表 8-3-35　全国各地区粉尘和氟化物产生排放量

地　区	粉尘产生量／吨	粉尘排放量／吨	氟化物产生量／千克	氟化物排放量／千克
北　京	1274003.19	26175.04	37506.22	31853.05
天　津	774493.80	19917.35	21234.53	16648.60
河　北	13427884.70	981512.85	684608.96	291431.80
山　西	14422315.65	710002.34	23055435.90	670615.50
内蒙古	3932188.48	417629.75	36337592.73	2961830.24
辽　宁	8038441.75	408360.80	773804.32	268662.34
吉　林	1809286.86	75183.35	783363.09	47895.04
黑龙江	1292612.10	118598.67	157911.26	157850.93
上　海	1932318.99	42787.45	86163.94	31901.65
江　苏	8576729.21	426239.26	1824959.97	508981.14
浙　江	8622170.94	245218.11	762507.06	256408.28
安　徽	7672229.83	358635.23	380463.36	207803.05
福　建	2785138.52	205533.69	2330445.10	534997.21
江　西	5068597.33	227584.82	1265143.30	819830.66
山　东	9884613.41	444746.75	20951612.43	985338.10
河　南	15809907.25	402669.03	64979165.93	1696977.60
湖　北	4283661.09	234432.42	5654326.05	1173152.07
湖　南	3887763.71	430614.81	3051567.34	325471.68
广　东	5388728.85	213085.96	896854.33	515455.34
广　西	3244367.46	125172.06	7068174.70	304112.73
海　南	200133.03	6287.89	8138.27	6626.02
重　庆	2227339.03	181004.63	1439041.03	170135.30
四　川	5014748.27	260222.00	15929637.03	808823.17
贵　州	2087321.05	157692.11	14834377.15	1758544.38
云　南	7988462.95	242125.80	2882661.78	582050.91
西　藏	98753.87	3051.22	8058.24	8058.24
陕　西	2368854.13	278178.83	4759704.87	549442.32
甘　肃	1634577.32	116699.78	20322823.86	5224747.04
青　海	966351.19	75348.69	21544388.82	2556437.73
宁　夏	828121.97	60939.19	13248867.22	287024.19
新　疆	1772756.85	151179.21	546912.71	55692.09
合　计	147314872.78	7646829.09	266627451.51	23814798.39

8.3.3 固体废物、危险废物产生及排放情况

8.3.3.1 产生、排放总量

2007 年污染源普查结果，工业源固体废物产生量 38.5 亿吨，污水处理厂污泥产生量 1739.3 万吨，垃圾处理厂和危险废物处理厂焚烧残渣产生量 285.8 万吨。

工业固体废物综合利用量 18.0 亿吨，其中综合利用往年量 2124.4 万吨；工业固体废物处置量 4.4 亿吨，其中处置往年量 1964.0 万吨；工业固体废物本年贮存量 15.9 亿吨；工业固体废物倾倒丢弃量 4914.9 万吨。

工业源危险废物产生量 4573.7 万吨，生活源医疗废物产生量 45.0 万吨，垃圾处理厂和危险废物医疗废物处理厂焚烧飞灰产生量 61.0 万吨。

工业危险废物倾倒丢弃量 3.94 万吨，垃圾处理厂和危险废物医疗废物处理厂焚烧飞灰丢弃量 0.04 万吨。

生活垃圾产生量 1.24 亿吨，生活垃圾清运量 1.69 亿吨，其中生活垃圾无害化填埋量 0.7 亿吨，生活垃圾简易填埋量 0.6 亿吨，生活垃圾堆肥量 0.05 亿吨，生活垃圾焚烧量 0.1 亿吨。

表 8-3-36 工业固体废物产生排放情况

名　称	工业源合计 / 万吨
工业固体废物产生量	385214.19
工业固体废物综合利用量	180464.95
其中：综合利用往年量	2124.44
工业固体废物处置量	44060.88
其中：处置往年量	1964.05
工业固体废物本年贮存量	159856.91
其中：符合环保要求的贮存量	121148.50
工业固体废物往年贮存量	643038.96
工业固体废物倾倒丢弃量	4914.87

表 8-3-37 工业危险废物产生排放情况

名　称	工业源合计 / 吨
危险废物产生量	45736950.64
危险废物综合利用量	16448064.66
其中：综合利用往年量	688229.89
危险废物处置量	21927590.89
其中：处置往年量	114410.75
危险废物本年贮存量	8124372.16
其中：符合环保要求的贮存量	2756416.51
危险废物往年贮存量	44303532.03
危险废物倾倒丢弃量	39398.62

8.3.3.2 类别分布

固体废物：

从主要固体废物类别统计，2007 年普查炉渣产生量 2.0 亿吨（96% 来源于工业源），煤渣产生量 1.3 亿吨，冶炼废渣产生量 3.1 亿吨，粉煤灰产生量 3.4 亿吨，煤矸石产生量 4.1 亿吨，放射性废物产生量 31.5 万吨，脱硫石膏产生量 2239.9 万吨，生活垃圾产生量 1.2 亿吨，污泥产生量 4846.3 万吨。

表 8-3-38 主要固体废物产生量

名　称	工业源 / 吨	比例 /%	生活源 / 吨	比例 /%	集中式 / 吨	比例 /%	合计 / 吨
炉渣	192978165.20	95.98	8072555.93	4.02	—	—	201050721.13
粉煤灰	340334499.20	99.66	1151605.66	0.34	—	—	341486104.86
煤渣	—	—	126099560.00	97.78	2857776.94	2.22	128957336.94
其他废物	1328980807.89	100	—	—	—	—	1328980807.89
放射性废物	315393.21	100	—	—	—	—	315393.21
煤矸石	410363018.79	100	—	—	—	—	410363018.79
脱硫石膏	22398901.13	100	—	—	—	—	22398901.13
污泥	31070676.99	64.11	—	—	17392786.41	35.89	48463463.40
冶炼废渣	310918816.85	100	—	—	—	—	310918816.85
尾矿	1214781644.45	100	—	—	—	—	1214781644.45

根据主要固体废物类别统计，2007 年普查炉渣排放量 914.8 万吨（88% 来源于生活源），冶炼废渣排放量 83.6 万吨，粉煤灰排放量 131.2 万吨，煤矸石排放量 307.1 万吨，放射性废物排放量 0，脱硫石膏排放量 1.9 万吨，污泥排放量 178.5 万吨，尾矿排放量 1052.6 万吨。

表 8-3-39 主要固体废物倾倒丢弃量

名　称	工业源 / 吨	集中式 / 吨
炉渣	1075494.60	—
煤渣	—	12965.12
冶炼废渣	835811.93	—
其他废物	31941624.41	—
粉煤灰	160769.51	—
煤矸石	3071332.54	—
放射性废物	0	—
脱硫石膏	18889.07	—
污泥	1519065.52	266364.32
尾矿	10525727.56	—

主要固体废物贮存和综合利用情况见表 8-3-40 和表 8-3-41。

表 8-3-40　主要固体废物贮存量

名　称	本年贮存量/吨	符合环保要求的贮存量/吨	往年贮存量/吨
炉渣	12433569.09	10031279.50	76012800.77
冶炼废渣	25043428.34	15903172.29	73017733.28
其他废物	528543254.88	361766275.09	1264705662.42
粉煤灰	83919001.58	72479957.53	710780595.15
煤矸石	37590460.33	21196929.38	420170359.19
放射性废物	182300.92	178834.13	2889452.55
脱硫石膏	4135315.84	2822899.06	8368708.52
污泥	1551410.38	1026978.87	1374865.33
尾矿	905170329.61	726078720.99	3873069413.37

表 8-3-41　主要固体废物综合利用量

名　称	工业源			集中式		
	利用量/吨	综合利用率/%	利用往年贮存量/吨	利用量/吨	综合利用率/%	利用往年贮存量/吨
炉渣	170157286.69	88.17	511159.31	—	—	—
煤渣	—	—	—	151549.44	5.30	—
冶炼废渣	270125544.33	86.88	1486243.17	—	—	—
其他废物	597170591.72	44.93	2341977.24	—	—	—
粉煤灰	241963041.85	71.09	7857907.10	—	—	—
煤矸石	296089960.13	72.15	4699626.57	—	—	—
放射性废物	49958.36	15.84	80.00	—	—	—
脱硫石膏	17317985.25	77.32	43664.00	—	—	—
污泥	20890531.73	67.24	1588.63	2214525.88	12.37	—
尾矿	190884570.35	15.71	4302132.87	—	—	—

危险废物：

2007 年倾倒丢弃量最大的五类危险废物分别是染料涂料废物、废碱、废酸、含铜废物、表面处理废物，其倾倒丢弃量合计占危险废物倾倒丢弃总量的 74.9%。

表 8-3-42　倾倒丢弃量最大的五类危险废物

名　称	倾倒量 / 吨
染料、涂料废物	12363.31
废碱	7476.41
废酸	4709.04
含铜废物	2979.23
表面处理废物	2335.38
全国	39840.58

2007 年贮存量（本年）最大的五类危险废物分别是石棉废物、无机氰化物废物、含锌废物、含铅废物、含铜废物，五类危险废物本年贮存量合计占危险废物本年贮存量总量的 83.5%。

表 8-3-43　主要危险废物贮存量（贮存量最大的五类）

名　称	本年贮存量 / 吨	其中：符合环保要求的贮存量 / 吨	比例 /%	往年贮存量 / 吨
石棉废物	3579231.60	148.36	0.00	27757657.94
无机氰化物废物	1444527.26	1243960.82	86.12	8568399.23
含锌废物	837258.50	603431.38	72.07	1568762.37
含铅废物	463287.64	105315.89	22.73	784430.49
含铜废物	462395.72	196448.90	42.49	4200.88
全国	8124537.11	2756416.51	33.93	44303532.03

2007 年综合利用量(本年)最大的五类危险废物分别是废碱、废酸、含铬废物、含铅废物、石棉废物，五类危险废物综合利用量合计占危险废物全国综合利用量的 61.9%。

表 8-3-44　主要危险废物综合利用量（综合利用量最大的五类）

名　称	综合利用量 / 吨	占全国比例 /%	其中：利用往年贮存量 / 吨
废碱	3781590.43	22.99	285.30
废酸	3402185.07	20.68	131.30
含铬废物	1400077.59	8.51	359002.00
含铅废物	807026.67	4.91	3361.88
石棉废物	788858.59	4.80	192000.00
全国	16448064.66	100	688229.89

8.3.3.3　地区分布

2007 年，固体废物倾倒丢弃量最多的是内蒙古，倾倒丢弃量为 1098.7 万吨，占全国倾倒丢弃量的 22.2%，其次是湖南 742.1 万吨，倾倒丢弃量占全国的 15.0%，排在前列的还有云南 463.5 万吨、重庆 307.8 万吨、贵州 275.1 万吨、山西 221.9 万吨、江西 220.5 万吨、新疆 219.8 万吨、湖北 190.9

万吨和辽宁 186.8 万吨，上述 10 个省（区）固体废物倾倒丢弃量占全国倾倒丢弃量的 79.5%。

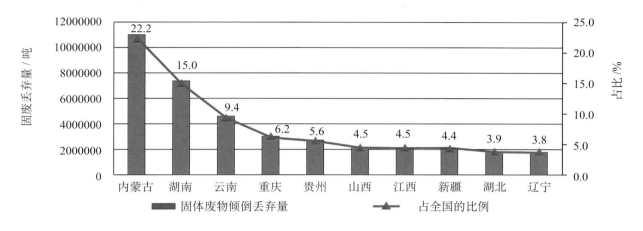

图 8-3-39 各地区固体废物倾倒丢弃量分布情况

2007 年，危险废物倾倒丢弃量最多的是广东，倾倒丢弃量为 8111.9 吨，占全国倾倒丢弃量的 20.4%，其次是重庆，倾倒丢弃量占全国的 17.1%，排在前列的还有湖北、安徽、湖南、辽宁、内蒙古、江西、广西、江苏，上述 10 个省（区）危险废物倾倒丢弃量占全国排放量的 79.8%。

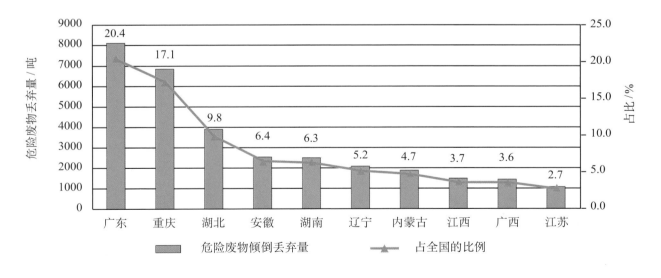

图 8-3-40 各地区危险废物倾倒丢弃量分布情况

表 8-3-45　全国各地区固体废物分地区倾倒丢弃量　　　　　　单位：吨

地　区	合　计	工业源	集中式
北　京	2852.98	2816.48	36.50
天　津	1213.80	1213.80	0.00
河　北	1182988.70	1181573.20	1415.50
山　西	2219466.65	2209346.41	10120.24
内蒙古	10986669.80	10979193.70	7476.10
辽　宁	1868408.58	1844253.68	24154.90
吉　林	150431.62	148285.84	2145.78
黑龙江	329960.56	300069.56	29891.00
上　海	15398.64	15239.84	158.80
江　苏	762950.51	762315.51	635.00
浙　江	141345.44	141345.44	0.00
安　徽	241361.77	240169.77	1192.00
福　建	749840.80	748935.07	905.73
江　西	2204765.39	2202048.94	2716.45
山　东	182199.14	147782.98	34416.16
河　南	200710.91	199671.91	1039.00
湖　北	1909887.02	1909887.02	0.00
湖　南	7421489.88	7421391.00	98.88
广　东	1635319.73	1625791.48	9528.25
广　西	1278078.54	1266202.75	11875.79
海　南	10859.17	10857.81	1.37
重　庆	3078194.02	2942437.50	135756.52
四　川	712744.28	712713.48	30.80
贵　州	2751060.38	2750948.38	112.00
云　南	4634768.33	4634225.84	542.49
西　藏	28964.71	28511.21	453.50
陕　西	669266.26	668902.86	363.40
甘　肃	730832.03	729714.24	1117.79
青　海	166446.11	166446.11	0.00
宁　夏	961953.01	960103.01	1850.00
新　疆	2197615.81	2196320.31	1295.50
合　计	49428044.59	49148715.14	279329.44

表 8-3-46　全国各地区危险废物分地区倾倒丢弃量　　　　　　　　　　单位：吨

地　区	合　计	工业源	集中式
北　京	0.00	0.00	0.00
天　津	0.00	0.00	0.00
河　北	813.24	813.24	0.00
山　西	485.43	482.24	3.19
内蒙古	1878.71	1878.66	0.04
辽　宁	2072.65	2072.65	0.00
吉　林	846.48	840.46	6.02
黑龙江	437.38	437.38	0.00
上　海	350.75	350.75	0.00
江　苏	1091.72	1091.72	0.00
浙　江	599.92	584.92	15.00
安　徽	2540.22	2305.84	234.38
福　建	941.16	823.51	117.65
江　西	1478.15	1478.15	0.00
山　东	19.61	0.01	19.60
河　南	1070.02	1070.01	0.01
湖　北	3898.43	3898.43	0.00
湖　南	2502.16	2498.08	4.09
广　东	8111.94	8103.06	8.88
广　西	1427.37	1427.37	0.00
海　南	39.59	39.59	0.00
重　庆	6817.46	6817.46	0.00
四　川	1049.15	1023.15	26.00
贵　州	17.88	17.88	0.00
云　南	0.10	0.00	0.10
西　藏	7.00	—	7.00
陕　西	759.38	759.38	0.00
甘　肃	220.36	220.36	0.00
青　海	137.51	137.51	0.00
宁　夏	0.00	0.00	0.00
新　疆	226.82	226.82	0.00
合　计	39840.58	39398.62	441.96

8.3.4 放射性污染

第一次全国污染源普查中放射性污染源普查的范围和对象为：伴生放射性污染源，即全国伴生放射性矿物资源开采、冶炼和加工过程中的污染源；频率大于 500Hz、功率 5kW 以上的工业用、医用中产生电磁辐射的设备；工业用、医用放射源（密封放射源）；工业用、医用射线装置。放射性污染源包含在工业污染源和生活污染源（医院）中，进行普查，未包括高校、科研事业单位。

8.3.4.1 总体情况

放射性污染源普查对象数据（不包括军队、武警的数据）为：普查对象（即涉源单位）42547 家，其中企业 15948 家，医院 26599 家。符合普查技术规定的伴生放射性污染源企业 1433 家。

有电磁辐射设备的普查对象 5378 家，设备 11464 台，其中企业 3944 家，工业用电磁辐射设备 9391 台，医院 1434 家，医用电磁辐射设备 2073 台。

有放射源的普查对象 8487 家，放射源 56524 枚，其中企业 7620 家，放射源 52311 枚，医院 867 家，放射源 4213 枚。

表 8-3-47　电磁辐射设备、含放射源设备和射线装置数量

指标名称	合　计	电磁辐射设备	放射源	射线装置
普查对象 / 家	43415	5378	8487	29550
其中：工业	14515	3944	7620	2951
医院	28900	1434	867	26599
设备（放射源、装置）数量	132124	11464	56524	64136
其中：工业	69802	9391	52311	8100
医院	62322	2073	4213	56036
其中：在用	126965	11291	53875	61799
终止使用	5159	173	2649	2337

有射线装置的普查对象 29550 家，射线装置 64136 台，其中企业 2951 家，工业用射线装置 8100 台，医院 26599 家，医用射线装置 56036 台。

我国电磁辐射设备和放射源主要在工业企业中使用，分别占全国总数量的 81.9% 和 92.5%；射线装置主要在生活源医院中使用，占全国总数量的 87.4%。从以上结果可知，对电磁辐射设备和含放射源设备，要重点做好工业企业的监管工作，射线装置则重点做好医院的监管工作。

全国电磁辐射设备、含放射源设备和射线装置总数为 132124 套，从电磁辐射设备、含放射源设备和射线装置总数数量的地区分布看，广东最多，有 13708 套，占全国的 10.4%，其次是江苏和山东，数量分别为 12598 套和 9263 套，分别占全国的 9.5% 和 7.0%。

8.3.4.2　电磁辐射设备

全国有电磁辐射设备的普查对象 5378 家，设备 11464 台。我国电磁辐射设备拥有和使用分布与各地经济发展水平以及人口数量等因素有关，主要分布在浙江、上海和江苏，合计 5469 台，占全国的 47.7%。

全国各地区电磁辐射设备标称功率总计 238.7 万千瓦，浙江、河南、江苏和山东标称功率合计量，分别占全国的 19.93%、18.44%、6.05% 和 5.64%，这四省电磁辐射设备标称功率合计量共占全国的 50.05%。

电磁辐射设备中标称功率大于等于 3MHz 的高频设备数量为 1103 台，占全部数量的 9.6%；小于 3MHz 中频设备数量为 10361 台，占全部数量的 90.4%。截至 2007 年年底，终止使用设备 167 台，占全部电磁辐射设备的 1.5%，在用设备 11291 台，占全部电磁辐射设备的 98.5%。

8.3.4.3　放射源

有放射源的普查对象 8487 家，放射源 56524 枚。

我国放射源设备拥有和使用分布与各地经济发展水平以及人口分布等因素有关，主要分布在广东、江苏、山东、河南、河北和浙江，6 省放射源合计 29375 枚，占全国放射源总数的 51.97%。

截至 2007 年年底，放射源终止使用的有 2649 枚，占全部放射源的 4.7%；在用放射源 53875 枚，占全部放射源的 95.3%。从普查数据分析，未填报放射源编码或者放射源编码填报不规范的放射源有 12525 枚，占全部放射源的 22%。

8.3.4.4　射线装置

有射线装置的普查对象 29550 家，射线装置 64136 台。

我国射线装置拥有和使用分布均匀，基本与人口等因素有关。主要是射线装置大部分在生活源中医院使用。

射线装置中 I 类射线装置 371 台、II 类射线装置 9476 台和 III 类射线装置数量为 54289 台，分别占射线装置的比例为 0.58%、14.77% 和 84.65%。

截至 2007 年年底，射线装置中终止使用的有 2337 台，约占全部射线装置的 3.6%；在用射线装置 61799 台，占全部射线装置的 96.6%。

表 8-3-48　全国各地区电磁辐射设备、含放射源设备和射线装置数量

地　区	工业源电磁辐射设备/台	工业源放射源/台	工业源射线装置/台	生活源电磁辐射设备/台	生活源放射源/台	生活源射线装置/台	合计/台
北　京	112	660	293	72	317	2052	3506
天　津	63	1005	209	45	262	627	2211
河　北	515	3598	230	189	219	2822	7573
山　西	82	1867	138	99	74	1651	3911
内蒙古	43	1248	48	46	66	958	2409
辽　宁	394	2129	513	79	69	2072	5256
吉　林	65	690	76	101	337	1051	2320
黑龙江	52	1444	185	33	66	1479	3259
上　海	2190	1442	611	39	20	1774	6076
江　苏	668	5174	1881	120	312	4443	12598
浙　江	2390	3260	573	62	118	2790	9193
安　徽	264	1153	84	90	79	2077	3747
福　建	177	1146	111	60	119	1284	2897
江　西	106	812	63	62	26	1315	2384
山　东	347	3782	443	170	550	3971	9263
河　南	157	3833	325	95	155	3366	7931
湖　北	139	1124	312	72	60	2235	3942
湖　南	141	758	91	181	58	1942	3171
广　东	301	7916	529	132	458	4372	13708
广　西	89	934	86	31	123	1577	2840
海　南	21	210	1	6	42	222	502
重　庆	448	756	148	18	105	1334	2809
四　川	141	849	312	66	131	3020	4519
贵　州	62	653	60	20	52	1040	1887
云　南	130	1435	111	50	22	1835	3583
西　藏	1	22	—	4	1	122	150
陕　西	155	1815	235	43	74	1533	3855
甘　肃	48	1177	160	32	18	1003	2438
青　海	46	256	19	17	5	271	614
宁　夏	23	154	15	8	1	296	497
新　疆	21	1009	238	31	274	1502	3075
合　计	9391	52311	8100	2073	4213	56036	132124

8.4 污染治理情况

8.4.1 废水治理情况

8.4.1.1 废水处理情况

2007 年普查工业源废水处理量（指工业企业自身处理）458.4 亿吨；集中式污染治理设施中的垃圾处理厂、危险废物处置厂、医疗废物处置厂的自身废水处理量 2312.6 万吨；生活源污水处理量（第三产业单位自身简易装置处理）5.1 亿吨。集中式污水处理厂废水处理量 210.3 亿吨，其中处理工业废水 53.0 亿吨，处理生活污水 157.3 亿吨。

8.4.1.2 废水治理设施情况

2007 年，工业源拥有废水治理设施数 140652 套，集中式污染治理设施废水处理设施（指集中式污水处理厂和垃圾处理厂、危险废物处理厂和医疗废物处置场的废水处理设施，下同）数 3329 套，其中集中式污水处理厂废水处理设施数 2094 套，生活污水治理设施（指第三产业单位简易废水处理设施，下同）数 28475 套，全国废水治理设施总数合计 172456 套。

2007 年普查全国废水处理设施处理总能力 32757.7 万吨／天。其中工业废水处理设施处理能力 23453.3 万吨／天，占废水处理设施处理总能力的 71.6%；集中式污染治理设施废水处理设施处理能力 8875.5 万吨／天，占废水处理设施处理总能力的 27.1%。

截至 2007 年，全国废水处理设施累计总投资 5070.0 亿元。其中工业废水处理设施累计投资 2653.6 亿元，占废水处理设施总投资的 52.4%；生活废水处理设施累计投资 275.0 亿元，占废水处理设施总投资的 5.4%；集中式污染治理设施废水处理设施累计投资 2141.4 亿元，占废水处理设施总投资的 42.2%。

2007 年全国废水处理设施运行费用 1098.7 亿元。其中工业废水处理设施运行费用 561.5 亿元，占废水处理设施运行费用的 51.1%；生活废水处理设施运行费用 64.4 亿元，占废水处理设施运行费用的 5.9%；集中式污染治理设施废水处理设施运行费用 472.7 亿元，占废水处理设施运行费用的 43.0%。

表 8-4-1 废水治理情况

名　称	合　计	工　业	生活源	集中式污染治理设施
废水产生量／万吨	10820855.25	7383341.40	3432966.40	4547.46
废水处理设施数／套	172456.00	140652.00	28475.00	3329.00
废水处理设施处理能力／（吨／天）	327576975.41	234532743.84	4289244.72	88754986.85
废水治理设施投资／万元	50700017.80	26535895.15	2750225.81	21413896.85
废水处理设施运行费用／万元	10986871.35	5615149.12	644273.57	4727448.66
废水实际处理量／万吨	46371824661.62	45841769435.39	506929593.01	23125633.21
废水排放量／万吨	5804773.02	2367342.59	3432966.40	4260.20

注：集中式污染治理设施一栏的废水产生量和排放量是指垃圾、危险废物处理厂和医疗废物处置厂产生和排放的渗滤液废水。废水治理设施数、处理能力、投资和运行费用均包括污水处理厂。

8.4.2 废气治理情况

8.4.2.1 废气处理情况

2007 年全国废气处理总量 406359.9 亿米³。其中工业废气处理量 401513.3 亿米³，占废气处理总量的 98.8%；生活废气处理量 3764.3 亿米³，占废气处理总量的 0.9%；集中式污染治理设施废气处理量 1082.3 亿米³，占废气处理总量的 0.3%。

8.4.2.2 废气处理设施情况

2007 年普查废气处理设施合计 279685 套。其中工业源废气治理设施 244641 套，占废气处理设施总数的 87.5%；生活源废气治理设施 34466 套，占 12.3%；集中式污染治理设施中废气治理设施 578 套，占 0.2%。

2007 年普查废气处理设施处理能力 179.4 亿米³/时。其中工业源废气治理设施处理能力 172.4 亿米³/时，占废气处理设施总处理能力的 96.1%；生活源废气治理设施处理能力 6.8 亿米³/时，占废气处理设施总处理能力的 3.8%；集中式污染治理设施中废气治理设施处理能力 1394.2 万米³/时，占废气处理设施总处理能力的 0.1%。

表 8-4-2　废气处理设施情况

名　称	合　计	工　业	生活源	集中式污染治理设施
废气处理设施数/套	279685.00	244641.00	34466.00	578.00
其中：除尘设施/套	189401	178959	10442	—
脱硫设施/套	62086	23468	4551	—
废气处理设施处理能力/（米³/时）	17942393946.28	17243273518.11	685178045.62	13942382.54
废气治理设施投资/万元	124125320.22	117377506.74	1086394.36	5661419.13
废气处理设施运行费用/万元	21103860.04	16818001.99	948850.13	3337007.91
废气实际处理量/万米³	4063599609.17	4015133335.30	37643259.59	10823014.28
废气排放量/万米³	6372036891.59	6122751682.55	238387232.49	10897976.55

8.4.3 固体废物治理情况

2007 年普查固体废物处置量 6.3 亿吨，其中处置往年量 1964.1 万吨。固体废物本年贮存量 15.9 亿吨，其中：符合环保要求的贮存量 12.1 亿吨，尚有 3.8 亿吨固体废物贮存不符合环保要求，具有环境隐患。固体废物往年贮存量 64.3 亿吨。

截至 2007 年，全国固体废物处理设施累计投资总额 2041.2 亿元。其中工业源固体废物处理设施（指工业源自身建设的固体废物处理设施，下同）累计投资 1533.5 亿元，集中式污染治理设施固体废物处理处置（指垃圾处理厂，下同）累计总投资额 507.7 亿元。工业源固体废物处理设施 2007 年运行费用 141.7 亿元，2007 年集中式污染治理设施固体废物处理处置运行费用 316.4 亿元。

2007 年普查危险废物处置量 2249.7 万吨，其中处置往年量 11.4 万吨。危险废物本年贮存量 812.4 万吨，其中：符合环保要求的贮存量 275.6 万吨，尚有 536.8 万吨危险废物贮存不符合环保要求，具有环境隐患。危险废物往年贮存量 4430.3 万吨。

截至 2007 年，全国危险废物处理设施累计投资总额 100.2 亿元。其中工业危险废物处理设施（工业源自身建设的危险废物处理处置设施，下同）累计投资 41.8 亿元，集中式污染治理设施危险废物处理处置（危险废物处理厂和医疗废物处置场，下同）累计总投资额 58.4 亿元。现有工业危险废物处理设施2007年运行费用9.4亿元，2007年集中式污染治理设施危险废物处理处置运行费用17.3亿元。

表 8-4-3　全国各地区废水治理投资情况　　　　　　　　单位：万元

地　区	合　计	工业源	生活源	集中式
北　京	1178343.14	300620.88	50723.99	826998.26
天　津	974196.73	279673.65	284702.08	409821.00
河　北	2252804.68	1408845.28	14980.39	828979.01
山　西	1301600.33	946538.51	13290.73	341771.09
内蒙古	1349460.83	926879.70	8819.10	413762.03
辽　宁	1730727.25	973028.30	107197.97	650500.98
吉　林	844227.76	346902.03	8210.51	489115.22
黑龙江	1201894.30	885781.10	48608.16	267505.04
上　海	3662100.77	2158489.79	156192.49	1347418.49
江　苏	4410065.33	1943458.15	44942.88	2421664.30
浙　江	3971596.79	1570535.28	106024.72	2295036.80
安　徽	1036704.19	551109.09	16988.80	468606.30
福　建	1349599.18	735494.71	17813.52	596290.95
江　西	1472657.32	364475.56	909588.74	198593.02
山　东	5642481.45	4052984.01	57115.49	1532381.95
河　南	2565282.95	1511941.02	20088.83	1033253.10
湖　北	1185234.16	534851.63	15911.39	634471.14
湖　南	1155547.36	757917.94	21661.26	375968.16
广　东	5886226.70	2354208.34	616660.10	2915358.26
广　西	1218898.84	933404.59	17119.15	268375.10
海　南	211625.76	84751.69	11156.87	115717.20
重　庆	883753.19	191939.78	20568.38	671245.04
四　川	1478410.86	796551.32	29228.93	652630.61
贵　州	440389.81	245712.98	8074.76	186602.07
云　南	699385.43	321612.56	13463.17	364309.70
西　藏	21575.55	5255.50	1224.10	15095.95
陕　西	897639.24	556690.25	102414.11	238534.88
甘　肃	623162.99	256131.57	7641.37	359390.05
青　海	147659.11	64932.54	1662.73	81063.84
宁　夏	341665.54	174854.59	9104.05	157706.90
新　疆	565100.30	300322.83	9047.06	255730.41
合　计	50700017.80	26535895.15	2750225.81	21413896.85

注：废水治理投资和运行费用中的集中式部分，包括污水处理厂的投资和运行费用，下同。

表 8-4-4　全国各地区废水治理运行费用情况　　　　　　　　　　　　单位：万元

地　区	合　计	工业源	生活源	集中式
北　京	165499.80	53408.21	4521.70	107569.89
天　津	120938.69	61660.44	1546.76	57731.49
河　北	421937.35	343571.65	2438.30	75927.41
山　西	546782.12	453823.14	2672.85	90286.14
内蒙古	177710.40	130278.27	25800.99	21631.15
辽　宁	379437.08	304302.04	5707.09	69427.95
吉　林	77684.39	39181.57	1166.32	37336.50
黑龙江	208424.36	176452.54	1453.87	30517.95
上　海	1392360.82	320601.12	253672.24	818087.46
江　苏	698563.84	444052.12	6309.25	248202.47
浙　江	592531.13	327966.29	5092.23	259472.61
安　徽	197883.15	136674.70	18188.04	43020.41
福　建	496658.76	166057.39	2633.97	327967.40
江　西	107283.88	91523.60	1466.58	14293.70
山　东	1357684.58	793620.00	3323.05	560741.53
河　南	446198.41	386320.15	3257.66	56620.60
湖　北	153866.08	101537.56	2338.69	49989.83
湖　南	962438.03	140220.04	3703.85	818514.14
广　东	741010.30	432130.34	11884.87	296995.09
广　西	121799.51	101117.95	1994.41	18687.15
海　南	31071.79	22202.06	3850.30	5019.43
重　庆	89730.87	39508.08	2375.25	47847.54
四　川	240365.05	167776.68	3647.11	68941.26
贵　州	52455.22	41917.72	776.72	9760.78
云　南	151765.50	117916.11	1826.76	32022.63
西　藏	818.28	146.08	105.90	566.30
陕　西	397433.04	107138.55	269108.25	21186.24
甘　肃	50086.62	34163.07	518.16	15405.39
青　海	12607.01	8991.48	238.81	3376.72
宁　夏	35385.92	25016.46	1503.76	8865.70
新　疆	558459.39	45873.72	1149.86	511435.81
合　计	10986871.35	5615149.12	644273.57	4727448.66

表 8-4-5　全国各地区废气治理投资情况　　　　　　　　　　　　　　　　单位：万元

地　区	合　计	工业源	生活源	集中式
北　京	1441679.75	1266763.25	13507.00	161409.50
天　津	1640743.64	981946.98	539875.66	118921.00
河　北	3423136.06	3284476.92	34041.05	104618.10
山　西	2350930.25	2183438.38	94108.97	73382.90
内蒙古	15002244.92	14774014.01	124370.17	103860.74
辽　宁	1967875.05	1800566.96	14168.21	153139.88
吉　林	585218.09	493932.85	8105.42	83179.82
黑龙江	1072934.99	972902.03	27663.52	72369.44
上　海	8156919.12	7736348.52	16328.17	404242.43
江　苏	3523910.77	3054556.01	5475.16	463879.60
浙　江	2207180.72	1577293.62	2367.34	627519.77
安　徽	1881443.10	1741915.75	18073.89	121453.46
福　建	1112650.91	905413.85	204.40	207032.66
江　西	535471.60	458504.88	1288.40	75678.32
山　东	61008692.88	60701125.82	10207.57	297359.48
河　南	1907705.10	1745614.08	8755.44	153335.58
湖　北	943969.02	739987.63	3292.19	200689.20
湖　南	1814351.45	1631933.25	4506.54	177911.66
广　东	4051219.80	3049963.00	2576.66	998680.14
广　西	713816.96	599024.36	516.48	114276.12
海　南	111247.93	78245.23	4.50	32998.20
重　庆	770562.29	503130.80	37.29	267394.20
四　川	1792966.74	1612956.07	619.08	179391.59
贵　州	818900.40	742273.72	988.21	75638.47
云　南	2038366.59	1921169.75	1105.12	116091.72
西　藏	24488.82	10088.87	0.00	14399.95
陕　西	1209277.83	1138008.17	3330.63	67939.03
甘　肃	676067.14	511098.02	136722.05	28247.07
青　海	211204.74	164337.22	1106.03	45761.49
宁　夏	358142.75	314112.91	3928.44	40101.40
新　疆	772000.81	682363.84	9120.76	80516.21
合　计	124125320.22	117377506.74	1086394.36	5661419.13

表 8-4-6　全国各地区废气治理设施运行费用情况　　　　　　　　　　单位：万元

地　区	合　计	工业源	生活源	集中式
北　京	157255.25	118643.21	3452.36	35159.68
天　津	1697066.67	1649407.16	18963.15	28696.36
河　北	828048.05	795845.22	18633.85	13568.98
山　西	1459952.28	1346873.25	54862.23	58216.81
内蒙古	3026996.47	2427763.68	592931.17	6301.62
辽　宁	725167.50	698680.75	4879.26	21607.50
吉　林	117433.13	101581.91	3080.32	12770.90
黑龙江	178607.34	167032.59	3107.24	8467.51
上　海	1356893.71	599303.52	6201.89	751388.30
江　苏	886717.15	823225.34	2179.08	61312.73
浙　江	618487.28	535742.03	934.72	81810.53
安　徽	329280.07	311531.61	1921.22	15827.24
福　建	485221.81	204817.12	72.20	280332.49
江　西	268613.23	261536.50	511.73	6565.00
山　东	2051285.01	1620895.92	3270.33	427118.77
河　南	1230601.30	1035881.48	186334.73	8385.10
湖　北	159800.47	144203.72	1494.93	14101.81
湖　南	1803382.95	1002815.75	1435.41	799131.79
广　东	1472012.38	1328289.36	738.47	142984.55
广　西	206805.87	197558.29	155.24	9092.34
海　南	23708.78	21680.80	6.00	2021.98
重　庆	170211.80	156041.25	22.89	14147.66
四　川	315718.08	298357.43	188.76	17171.89
贵　州	226616.86	222964.91	312.45	3339.50
云　南	310271.95	299626.62	333.23	10312.10
西　藏	3960.05	3434.35	0.00	525.70
陕　西	174280.22	148822.73	19280.59	6176.90
甘　肃	121889.18	102951.72	16024.66	2912.80
青　海	43667.48	42266.40	205.35	1195.74
宁　夏	82073.38	75236.65	3016.03	3820.70
新　疆	571834.36	74990.75	4300.66	492542.94
合　计	21103860.04	16818001.99	948850.13	3337007.91

表 8-4-7　全国各地区固体废物处理处置投资情况

地　区	合计／万元	工业源／万元	比例／%	集中式污染治理设施／万元	比例／%
北　京	150099.95	3406.65	2.27	146693.30	97.73
天　津	103441.40	3150.40	3.05	100291.00	96.95
河　北	1363555.69	1266157.79	92.86	97397.90	7.14
山　西	529357.36	461610.26	87.20	67747.10	12.80
内蒙古	5147196.45	5049223.75	98.10	97972.70	1.90
辽　宁	4307573.23	4200937.05	97.52	106636.18	2.48
吉　林	195623.77	120241.95	61.47	75381.82	38.53
黑龙江	170785.94	103992.40	60.89	66793.54	39.11
上　海	407683.41	92337.48	22.65	315345.93	77.35
江　苏	511754.63	130403.73	25.48	381350.90	74.52
浙　江	625920.16	46687.52	7.46	579232.64	92.54
安　徽	331089.64	214056.18	64.65	117033.46	35.35
福　建	286565.07	96866.27	33.80	189698.80	66.20
江　西	249286.75	182119.60	73.06	67167.15	26.94
山　东	541736.16	273534.78	50.49	268201.38	49.51
河　南	514858.47	369812.89	71.83	145045.58	28.17
湖　北	349767.74	161191.73	46.09	188576.01	53.91
湖　南	733289.75	565195.39	77.08	168094.36	22.92
广　东	1074886.79	187361.38	17.43	887525.41	82.57
广　西	230173.36	119617.94	51.97	110555.42	48.03
海　南	75015.70	54697.50	72.91	20318.20	27.09
重　庆	314474.54	51277.34	16.31	263197.20	83.69
四　川	651131.53	475629.18	73.05	175502.35	26.95
贵　州	292876.52	219087.85	74.81	73788.67	25.19
云　南	661821.60	552243.88	83.44	109577.72	16.56
西　藏	18324.25	3924.30	21.42	14399.95	78.58
陕　西	187051.89	126580.86	67.67	60471.03	32.33
甘　肃	120939.18	99830.43	82.55	21108.75	17.45
青　海	64300.35	18914.86	29.42	45385.49	70.58
宁　夏	70442.43	30721.03	43.61	39721.40	56.39
新　疆	131317.72	54488.01	41.49	76829.71	58.51
合　计	20412341.44	15335300.39	75.13	5077041.05	24.87

表 8-4-8　全国各地区固体废物处理处置运行费用情况

地　区	合计 / 万元	工业源 / 万元	比例 / %	集中式污染治理设施 / 万元	比例 / %
北　京	25729.68	1129.30	4.39	24600.38	95.61
天　津	16174.26	4477.90	27.69	11696.36	72.31
河　北	249213.52	237312.94	95.22	11900.58	4.78
山　西	225307.38	168205.58	74.66	57101.81	25.34
内蒙古	437586.99	431715.95	98.66	5871.04	1.34
辽　宁	65839.08	54647.98	83.00	11191.10	17.00
吉　林	15573.28	4053.38	26.03	11519.90	73.97
黑龙江	12352.51	5374.35	43.51	6978.16	56.49
上　海	831152.70	93193.30	11.21	737959.40	88.79
江　苏	48440.90	8115.77	16.75	40325.13	83.25
浙　江	76338.05	7394.01	9.69	68944.05	90.31
安　徽	24065.74	9894.67	41.12	14171.07	58.88
福　建	292140.67	14087.38	4.82	278053.29	95.18
江　西	20778.27	15416.27	74.19	5362.00	25.81
山　东	459466.90	40062.03	8.72	419404.87	91.28
河　南	36609.72	31205.62	85.24	5404.10	14.76
湖　北	23947.58	14871.13	62.10	9076.45	37.90
湖　南	819614.46	21914.49	2.67	797699.97	97.33
广　东	180402.58	86872.23	48.15	93530.35	51.85
广　西	35748.16	27751.89	77.63	7996.27	22.37
海　南	2060.08	624.90	30.33	1435.18	69.67
重　庆	16045.63	3226.97	20.11	12818.66	79.89
四　川	36827.44	20704.87	56.22	16122.57	43.78
贵　州	22529.47	19777.97	87.79	2751.50	12.21
云　南	40063.52	31905.42	79.64	8158.10	20.36
西　藏	1056.70	531.00	50.25	525.70	49.75
陕　西	29466.07	25531.17	86.65	3934.90	13.35
甘　肃	24452.92	21870.12	89.44	2582.80	10.56
青　海	2176.38	1182.64	54.34	993.74	45.66
宁　夏	9958.37	6299.57	63.26	3658.80	36.74
新　疆	499403.55	7452.91	1.49	491950.64	98.51
合　计	4580522.55	1416803.68	30.93	3163718.86	69.07

表 8-4-9 全国各地区危险废物处理处置投资情况

地 区	合计 / 万元	工业源 / 万元	比例 /%	集中式污染治理设施 / 万元	比例 /%
北　京	16118.05	1401.85	8.70	14716.20	91.30
天　津	19683.19	1053.19	5.35	18630.00	94.65
河　北	80649.71	73429.51	91.05	7220.20	8.95
山　西	30416.95	24781.15	81.47	5635.80	18.53
内蒙古	22380.39	16492.35	73.69	5888.04	26.31
辽　宁	64852.60	18348.90	28.29	46503.70	71.71
吉　林	10593.64	2795.64	26.39	7798.00	73.61
黑龙江	37034.25	31458.35	84.94	5575.90	15.06
上　海	96652.13	7755.63	8.02	88896.50	91.98
江　苏	97226.54	14697.84	15.12	82528.70	84.88
浙　江	73557.82	25270.69	34.35	48287.13	65.65
安　徽	16246.86	11826.86	72.79	4420.00	27.21
福　建	19339.26	2005.40	10.37	17333.86	89.63
江　西	9820.92	1309.75	13.34	8511.17	86.66
山　东	59790.27	30632.17	51.23	29158.10	48.77
河　南	17197.50	8907.50	51.80	8290.00	48.20
湖　北	17392.79	5279.60	30.36	12113.19	69.64
湖　南	52547.85	42730.55	81.32	9817.30	18.68
广　东	136360.81	25206.08	18.48	111154.73	81.52
广　西	6335.15	2614.45	41.27	3720.70	58.73
海　南	14483.00	1803.00	12.45	12680.00	87.55
重　庆	8705.14	4508.14	51.79	4197.00	48.21
四　川	16671.88	12782.64	76.67	3889.24	23.33
贵　州	5604.62	3754.82	67.00	1849.80	33.00
云　南	17942.17	11428.17	63.69	6514.00	36.31
西　藏	0	0	0	0	0
陕　西	16209.15	8741.15	53.93	7468.00	46.07
甘　肃	16718.92	9580.60	57.30	7138.32	42.70
青　海	6520.70	6144.70	94.23	376.00	5.77
宁　夏	708.56	328.56	46.37	380.00	53.63
新　疆	14411.55	10725.05	74.42	3686.50	25.58
合　计	1002172.37	417794.29	41.69	584378.08	58.31

表 8-4-10　全国各地区危险废物处理处置运行费用情况

地　区	合计 / 万元	工业源危险废物处理处置运行费用 / 万元	比例 /%	集中式污染治理设施危险废物处理处置运行费用 / 万元	比例 /%
北　京	11307.69	748.39	6.62	10559.30	93.38
天　津	17165.68	165.68	0.97	17000.00	99.03
河　北	3357.79	1689.39	50.31	1668.40	49.69
山　西	1869.84	754.84	40.37	1115.00	59.63
内蒙古	1008.98	578.40	57.33	430.58	42.67
辽　宁	13443.56	3027.16	22.52	10416.40	77.48
吉　林	1489.50	238.50	16.01	1251.00	83.99
黑龙江	8068.05	6578.70	81.54	1489.35	18.46
上　海	15682.26	2253.36	14.37	13428.90	85.63
江　苏	24485.05	3497.45	14.28	20987.60	85.72
浙　江	19906.03	7039.55	35.36	12866.48	64.64
安　徽	1893.90	237.73	12.55	1656.17	87.45
福　建	2414.78	135.58	5.61	2279.20	94.39
江　西	1467.68	264.68	18.03	1203.00	81.97
山　东	11927.28	4213.38	35.33	7713.90	64.67
河　南	5161.20	2180.20	42.24	2981.00	57.76
湖　北	28629.16	23603.80	82.45	5025.36	17.55
湖　南	4173.45	2741.63	65.69	1431.82	34.31
广　东	70666.09	21211.89	30.02	49454.20	69.98
广　西	1858.19	762.12	41.01	1096.07	58.99
海　南	1256.00	669.20	53.28	586.80	46.72
重　庆	4749.17	3420.17	72.02	1329.00	27.98
四　川	3166.28	2116.96	66.86	1049.32	33.14
贵　州	1115.95	527.95	47.31	588.00	52.69
云　南	4309.35	2155.35	50.02	2154.00	49.98
西　藏	0	0	0	0	0
陕　西	3387.04	1145.04	33.81	2242.00	66.19
甘　肃	1660.42	1330.42	80.13	330.00	19.87
青　海	695.00	493.00	70.94	202.00	29.06
宁　夏	192.58	30.68	15.93	161.90	84.07
新　疆	1024.29	431.99	42.17	592.30	57.83
合　计	267532.23	94243.18	35.23	173289.05	64.77

第9章　普查反映的环保问题与对策建议及普查成果的开发利用

9.1　主要污染物普查数据与常规统计数据的对比分析

这次普查，除农业源其他类污染源是在多年环境统计工作基础上进行的。主要指标的选择、解释乃至计算方法是与环境统计一致的。历年来环境统计中，基本未包括农业源这部分（个别省统计了部分畜禽养殖场污染排放情况）。如果除去农业源污染物排放这一部分，在工业源及生活源大口径一致条件下，这次污染源普查结果，与环保部门日常管理所掌握的、全国主要污染物排放及其地区和行业分布的总体情况基本相符。普查数据与常规环境统计数据存在差异是必然的，这是与不同的调查范围、不同的调查方法及使用不同排污系数测算相关。以"十一五"环境保护规划确定的约束性指标化学需氧量、二氧化硫普查数据与同年环境统计数据作一对比，分析影响差异的主要因素有一定意义。普查结果显示，化学需氧量排放量与环境统计数的差异为1647.3万吨，差异率119%。普查二氧化硫排放量与统计数差异为148.1万吨，差异率−6%。

9.1.1　化学需氧量数据差异主要原因

化学需氧量普查数据与同年环境统计数据存在较大差异。影响差异的因素主要有：

（一）统计范围不同。一是增加了农业源化学需氧量排放1324.1万吨；二是生活源增加了除县级政府驻地镇以外的、全部区县级政府所辖其他镇的居民生活排放量，增加7977万人口排放的化学需氧量216.7万吨；三是集中式污染治理设施增加了垃圾处理厂渗滤液的化学需氧量排放量32.5万吨。即因统计调查范围扩大，增加化学需氧量排放量1573.3万吨。如剔除这三个扩大统计范围的因素，普查的化学需氧量排放量与常规环境统计数据差异率为5.3%。说明统计范围不同是影响数据差异的主要原因。

（二）调查方法不同。①工业源的调查方法，环境统计是对重点调查工业企业单位（10万多家）逐个发表填报汇总，对非重点调查工业企业的排污情况，按其占全部工业企业排污的比例实行整体估算，估算的对比基数是重点调查单位的排污总量；普查则是对全部工业源普查对象（157.6万家）逐个发表填报汇总。②生活源的调查方法，环境统计是按城镇（县级政府所在镇）人口，依据相关基础数据和技术参数进行估算，对第三产业未细分行业进行调查；普查对第三产业中的主要污染行业分类逐一作了调查。

（三）使用的污染物产排污系数不同。由于受技术和经济条件的局限，目前污染源污染物产生排放量的核定，除了少数重点企业（部分污染物）是用现场监测或物料衡算办法外，大多数是用产排污系数计算。工业源产排污系数，环境统计用的是1995年编制的。本次普查统一制定了符合当前技术条件、行业更全、分类更细的工业污染源产排污系数。生活源产排污系数，环境统计是各地根据自身情况确定的；本次普查统一制定了分区分类、更加细致的城镇居民生活和第三产业的产排污系数。采取统一、符合当前技术经济条件、更加全面细致的产排污系数，有利于更准确测算各类污染物的产排污量。

9.1.2 二氧化硫数据差异主要原因

常规环境统计中,生活源和工业源二氧化硫排放系数均采用工业源排放系数。这次普查专门研究制定了生活源二氧化硫排放系数,由于生活源的燃烧温度相对工业源较低,使得生活源煤燃烧中二氧化硫转化率大幅下降,这是导致普查数据比常规环境统计数据减少 6% 的主要原因。

这次全国污染源普查主要目的就是要更加全面、细致、准确地了解我国主要污染源及污染物排放的状况,弥补环境统计的不足。为此,扩大调查范围,尽可能包括排放污染物的各类污染源;改进调查方法,坚持更加细致的入户调查;制定和采用更符合当前技术经济状况、分类更细的产排污系数,是必要的,也是顺理成章的。正是这些改进为实现这次普查目的提供了强有力的技术和方法支撑。通过普查使国家更全面、详实、准确地掌握全国污染源和各类污染物排放及治理状况,为科学地制定经济社会发展和环境保护政策及相关规划,奠定了坚实的基础。

9.2 普查反映的环境保护问题分析

9.2.1 许多水污染物排放未在环境管理控制范围内

农业源的化学需氧量排放量占到各类污染源排放总量的 43.7%,过去未在环境管理的控制范围内。随城镇化进程加快,城镇常住人口增加较多,包括许多建制镇所在地。这次普查增加的城镇常住人口数量,主要是常规环境统计未涵盖的城市部分常住人口和县城所在地以外建制镇人口。人口数增加了,而绝大多数镇未建污水处理设施,水污染物排放量肯定增加,这部分基本未在环境管理的控制内。城镇居民商业消费增加也对水污染物排放量增加有一定影响,排放化学需氧量、动植油类浓度很高的饭店、餐厅的自有污水处理率仅为 13.68% 和 4.08%。

从"十五"后期开始,国家和地方政府都加大了对城市环保基础设施的投资建设力度,但污水处理厂污泥、垃圾处理场渗滤液没有得到全部处理,已成为水污染物的重要来源。2007 年集中式污染治理设施污泥产生量 1739.3 万吨,倾倒丢弃量 26.6 万吨;垃圾处理厂渗滤液中化学需氧量排放量已达 32.5 万吨,已分别超过食品制造业、医药制造业等污染较重行业的排放量。

9.2.2 工业污染结构性问题突出

(一)造纸、纺织、农副食品加工、化工、饮料、食品、医药制造和皮革毛皮羽毛(绒)及其制品 8 个行业的化学需氧量、氨氮排放量(以出厂口计,下同)分别占全部工业排放量的 83% 和 73%;同期上述 8 个行业规模以上企业的工业增加值仅占全部工业的 22%。

(二)电力热力、非金属矿物制品、黑色冶炼及压延、化工、有色冶金和石油化工炼焦 6 个行业二氧化硫、氮氧化物排放量分别占全部工业排放量的 89% 和 93%;同期上述 6 个行业规模以上企业的工业增加值仅占全部工业的 32%。

这 14 个工业行业虽然是国民经济不可缺少的重要行业,但其单位工业增加值排放的污染物为其他行业的数倍,排污强度很大。从这个意义上说,这些行业属于重污染行业,应是工业污染防治的重点,也应该是产业结构调整、转变经济发展方式严格环境准入的重点。

9.2.3 经济较发达、人口密集地区主要污染物排放量占的比例大

山东、广东、河南、江苏、辽宁 5 省化学需氧量、氨氮、二氧化硫、氮氧化物四项指标排放量都位于全国排放量的前 10 位。这 5 个省化学需氧量、氨氮、二氧化硫、氮氧化物排放量分别占全国排放量的 32% ~ 45%。上述 5 省同期人口和 GDP 分别占全国的 30.3% 和 43.6%。

江苏、河北、山东、广东、河南 5 省工业源化学需氧量、氨氮、二氧化硫、氮氧化物四项指标

排放量都位于全国工业源排放量的前10位。这5个地区工业源化学需氧量、氨氮、二氧化硫、氮氧化物排放量分别占全国工业源排放量的30%～40%。上述5省同期工业增加值合计占全国的46.1%。

9.2.4 "三河"、"三湖"接纳主要水污染物数量大

海河、淮河、辽河接纳的化学需氧量、氨氮、总磷和总氮量合计分别占全国排放总量的30%左右，而地表水资源量合计仅占全国的6%。

太湖、巢湖、滇池接纳的化学需氧量、氨氮、总磷和总氮量合计分别占全国排放总量的2%～4%。

9.2.5 农业源对主要水污染物排放总量的贡献率高

农业源化学需氧量、总氮排放（流失）量均占全国排放总量的40%以上，总磷占60%以上。

农业污染源中的畜禽养殖业和水产养殖业化学需氧量排放量合计1324.1万吨，占全国化学需氧量排放总量的43.7%。种植业、畜禽养殖业和水产养殖业总氮排放（流失）量合计270.5万吨，占全国总氮排放总量的57.2%；总磷排放（流失）量合计28.5万吨，占全国总磷排放总量的67.2%。

9.2.6 机动车污染物排放对城市空气环境的压力大

机动车氮氧化物排放量占全国排放总量的30.6%，颗粒物、一氧化碳、碳氢化合物排放量大，对城市空气环境污染贡献率高。

9.2.7 固体废物产生量大、危险废物符合环保要求的贮存比例低

工业源固体废物产生源多、数量大，2007年贮存的工业固废中有四分之一不符合环保要求；危险废物当年贮存量中有三分之二不符合环保要求，存在安全隐患。

（一）工业源固体废物产生源多达102万家，产生固废种类多，往年贮存量多，倾倒丢弃、不符合环保要求贮存情况较严重，存在安全隐患。脱硫石膏、污泥、冶炼废渣倾倒丢弃量较大：脱硫石膏倾倒丢弃的主要行业包括化学原料及化学制品制造业、有色金属冶炼及压延加工业、电力热力的生产和供应业及非金属矿物制品业，这四个行业脱硫石膏倾倒丢弃量占脱硫石膏总倾倒丢弃量的86.6%；污泥倾倒丢弃的主要行业包括水的生产和供应业、非金属矿采选业及造纸及纸制品业，三个行业污泥倾倒丢弃量占污泥总倾倒丢弃量的77.0%；冶炼废渣倾倒丢弃量大的行业包括黑色金属冶炼及压延加工业、石油加工炼焦及核燃料加工业及有色金属冶炼及压延加工业，三个行业冶炼废渣倾倒丢弃量占冶炼废渣总倾倒丢弃量的90.6%。这些倾倒丢弃的固废会造成二次污染，特别是危害水环境和土地。

（二）产生危险废物的单位99821家。危险废物往年贮存量4430.3万吨，本年贮存量812.4万吨，其中符合环保要求的275.6万吨；本年倾倒丢弃的量3.9万吨，虽然比例不大，但总量大，逐年累积量大。安全隐患突出。

倾倒丢弃量最大的分别是染料涂料废物、废碱、废酸、含铜废物、表面处理废物，其倾倒丢弃量合计占危险废物倾倒丢弃量的74.9%。

9.2.8 集中式污染治理设施建设欠账多，污泥和垃圾渗滤液无害化处理率低

截至2007年年底，全国已建成1405家城镇污水处理厂，年实际处理量为194.4亿吨，平均负荷率67.5%，全国城镇生活污水处理率仅45.0%。现有设施空间分布东部诸省（直辖市）多，全国还有38个地级行政区域没有集中式污水处理厂，65个地级行政区仅有1座集中式污水处理厂，大多数县城、绝大多数乡镇，尚没有污水处理场，生活污水和部分工业废水都直接排入环境中。

垃圾处理场（厂）2353座，其中填埋场所2135座，简易填埋设计容量占43.8%。有渗滤液处理设施的有1036座，设计处理能力100.9万米³/日，2007年渗滤液实际处理率43.11%，处理设施负

荷率 5.1%。2007 年共有危险废物处置厂 159 座、医疗废物处置厂 184 座，尚有 152 个地级行政区域没有医疗废物处置厂，也没有危险废物处置厂。

9.3 对策建议

对于普查结果反映的新情况和一些突出问题，应坚持当前和长远相结合的原则做深入研究，探索构建科学有效的污染源防控体系。"十一五"后期，应以确保完成污染物减排目标和环境安全为目的，着力解决影响可持续发展和危害群众健康的突出环境问题，为"十二五"期间环保工作打下良好基础。

9.3.1 加大产业结构调整力度，转变粗放型经济发展方式

加大工业行业结构调整力度，推动经济发展方式转变，将产业结构调整作为加强环境保护、改善环境质量的治本措施之一。对重污染行业要通过严格执行环境影响评价和"三同时"制度、制定新的产业政策、提高污染物排放标准等措施，提高新建项目准入门槛。对现有工艺技术落后和难以稳定达标的企业，加大淘汰力度，严格落实国家产业政策和落后产能淘汰计划。对于现有其他企业，提高生产工艺技术水平和污染防治水平，加强环境监管，实施清洁生产，发展循环经济。

9.3.2 拓展水污染防治范围，加大防治力度，提高水源水质

工业源水污染治理在继续实施严格的总量控制制度，提高新建企业环保准入标准的前提下，重点要加强监管，重力打击违法超标排污行为，加大处罚力度。排除环境安全隐患重点在于大中型企业，削减污染物排放总量的空间重点在小型企业。

农业源防治的重点应放在解决畜禽养殖业污染上。对新建规模化畜禽养殖场、养殖小区执行严格的环境影响评价和"三同时"制度，对现有规模化畜禽养殖场、养殖小区污染排放不达标的要限期治理，建设规模化的沼气和粪便处理设施，在资金和技术上予以重点支持。对三湖、三峡库区等湖库流域范围，要开展水产养殖业废水治理，严格控制人工投饵的网箱养殖，防治水产养殖污染。加强推广测土施肥的范围和加大支持力度，增加农民种粮的直补额度，降低对农药、化肥的补贴，引导农民合理使用农药、化肥。大力推广对环境友好的农药、化肥。

生活源方面应抓住县城和建制镇特别是重点流域县城和建制镇生活污水处理以及生活垃圾收集转运和无害化处理问题，在资金政策扶持与适用技术推广上有所倾斜和突破。

"十二五"期间要继续加大城镇污水处理厂和无害化垃圾处理厂的建设力度，力争用 5 到 10 年时间基本建成覆盖城乡、集中与分散相结合的污水和垃圾处理体系。对现有的集中式污水处理厂要从制度和机制上解决稳定运行率不高的问题。普查结果表明，生活源的化学需氧量和石油类的削减率只有 37.6% 和 17.8%，还有较大削减空间。对可能造成二次污染的渗滤液及污泥的安全处理，应作为集中式污染治理设施投产运行的必备条件，切实防止治污设施成为新的污染源。要特别重视集中式饮用水源地的保护。

9.3.3 综合防治大气污染，不断改善城市空气质量

工业源的排放量占大气污染物排放总量的绝大多数（烟尘、粉尘、二氧化硫）和大多数（氮氧化物）。必须继续通过关停小火电，电力行业安装和保障脱硫设施正常运行，提高非金属矿物制品业、黑色金属冶炼及压制加工业、化学原料及化学制品制造业、石油加工炼焦及核燃料加工业等行业废气污染的治理水平，最大限度地降低其排放强度和总量。火电厂脱硝问题应列入"十二五"议程。

综合运用经济与行政措施，适当限制使用和鼓励加快淘汰旧车辆。在全国范围加快推行国 3 标准，实施更加严格的车用燃料标准。在城市大力推广清洁能源汽车和公共交通。调整城乡的燃料结构，特别是尽快实行居民用燃气或电等清洁燃料。研发和推广应用低污染机动车动力系统和排放控制技

术减轻城市空气复合型污染压力。

9.3.4 切实加强农业源污染防治，统筹城乡环境保护

主要水污染物排放量已有4成以上来自于农业污染源。我国要彻底根治水污染问题，就必须花大力气、多环节、大幅度削减农业源污染物的排放量。将农业源污染防治纳入全国污染防治和重点流域污染防治规划。研究并实施有利于畜禽和水产养殖业绿色发展、减少污染物排放的技术经济政策。做好规模化畜禽、水产养殖业的环评审批。加强对农业生产的环境监管，稳步推进农村环境综合整治。经济较发达地区，应重视农村环境设施建设，坚持城乡环境保护协同推进，促进水环境质量全面改善。

9.3.5 强化放射性污染源和危险废物监管，确保环境安全

这次普查对稀土等11类伴生放射性矿产资源开采和冶炼加工污染源进行了监测，第一次全面和系统地掌握了伴生矿中原料、矿产品和开发利用过程中产生的固体废物等放射性水平的情况及相关基础数据。建议对这11类矿产资源，在详细分析普查数据的基础上，提出并发布伴生放射性矿开采和加工利用企业名录，作为重点进行有效监管；特别是对利用或产生放射性强度高的材料或产品的企业，更要加大监管力度，必要时可关闭相关的开采和生产线。完善放射源安全管理制度，尽快安全处置已终止使用的放射源。加强基层辐射环境监管能力，进一步促进射线装置分类管理和电磁辐射设备（设施）的分级管理。

加强对工业固体废物特别是危险废物监管，要用与水和大气污染防治的同等力度解决固体废物污染问题。固废污染防治方面历史遗留问题多，现有处置能力、特别是无害化处理能力不足，应督促和扶持相关企业加快处理设施建设，使各地历年堆存的冶炼废渣和医疗废物及早得到安全处置。加快完成全国危废处置厂和医疗废物处置厂建设规划。加大对危废处置、贮存和倾倒丢弃的监管力度，消除或减轻对土壤和地下水污染的隐患，确保环境安全。下大决心，"十二五"期间，争取控制危险废物倾倒废弃达到零排放。

9.3.6 深化总量控制制度，着力解决突出环境问题

从普查结果看，我国各类污染物排放量很大，并超过了环境自净能力，这是造成污染严重的根本原因。继续在全国实施污染物排放总量控制是非常必要的。深化对主要污染物排放的总量控制制度，将污染物排放总量削减与改善环境质量和防范环境风险结合起来。氮氧化物、氨氮排放量大、影响范围广，严重损害大气和水环境质量，应考虑在"十二五"期间，增加这两项污染物总量控制指标，并建立和完善相关统计、监测和考核体系。还应根据各地区排放的特征污染物，设立区域约束性控制指标，如氟和某些重金属，推动环境质量的协同改善。继续加大节能减排力度，坚持并不断完善相关制度和措施，特别是各级政府的目标责任制，要重点落实考核、奖惩和信息公开制度，使之成为解决我国突出环境问题的重要抓手。

9.3.7 继续抓好重点地区和流域污染防治

我国环境污染呈现出明显的流域性、区域性特征。"三河"、"三湖"接纳主要水污染物总量居高不下，经济较发达、人口密集地区主要污染物排放量占相当大比例。加强分类分区指导，根据环境功能区划，确定不同流域、不同区域、不同地区的环境目标和污染物削减指标。使重点区域的环境管理科学化、规范化、精细化。推动重点流域区域环境基础设施加快建设，完善配套管网，提高稳定运行率和达标率；强化水污染防治工作目标责任制，组织对重点流域水污染防治规划执行情况的考核评估，落实上下游污染防治责任。加强区域大气污染联防联控，着力解决灰霾天气等区域性环境

问题。对这次普查发现的重金属排放量大的企业，要重点加强监控，要有计划地对这些企业周边的土壤、水体作细致的监测分析，组织制定重金属污染防治规划，分期分批加以解决，确保人民群众免受重金属污染危害。

9.3.8 构建污染源全防全控体系，推进环境保护历史性转变

根据各类污染源污染物排放种类和强度，建立分级、分类管理的污染源监控体系，对工业、农业、生活服务业、集中式污染治理设施等各类污染源，在突出重点的基础上实施全面监控。大力促进企业结构调整，技术进步，推进清洁生产和循环经济，鼓励发展有机农业，倡导绿色消费，从生产生活源头和全过程减轻环境污染。不断完善环境保护法规和标准体系，制定有利于环境保护的各项经济政策，努力探索环境保护新道路，推进环境保护历史性转变。

9.4 普查的主要成果

第一次全国污染源普查具有鲜明的时代背景和重大的现实意义。本次污染源普查内容丰富，规模之大、调查项目之多、涉及范围之广前所未有，既有填补统计数据空白、开先河之举，也有对常规环境统计的完善、丰富和修正之处，形成了一套全面、系统反映污染源状况的基础资料，为社会各界了解污染源及污染物排放和处理情况提供了丰富信息，为党和政府加强环境保护工作、促进可持续发展提供了科学依据。普查成果将为客观认识和深刻理解我国环境问题发挥重要作用。

9.4.1 构建了开展大规模污染源普查的工作体系、技术体系和方法体系

第一次全国污染源普查是由环保部门牵头开展的一项从中央到地方、由各有关部门共同参与的庞大的系统工程，作为一个项目，组织之复杂、工作难度之大对环保部门来讲是空前的，其成功意义重大。国务院和地方各级政府高度重视污染源普查工作，建立了完善的组织领导体系；各级环保部门认真履行职责，投入大量人力物力，充分发挥了组织协调的作用；各有关部门服从大局，通力协作，按照各自职责作出了贡献。各级污染源普查机构通过多种渠道、采取多种方式，开展了声势浩大的社会动员和污染源普查知识的普及宣传活动；切实加强工作指导和普查人员的培训，推进普查工作的科学化、标准化、规范化，建立了数据质量控制岗位责任制，并对每个环节实行了严格的质量控制和检查验收，确保了普查工作顺利开展和普查数据质量。广大普查人员认真履行职责，依法开展调查、检查、录入、整理普查资料。

国务院普查领导小组办公室从中国国情和一般普查的规律出发，根据科学性和可行性相结合的原则，经过广泛听取意见，多方专家论证，组织制定了一套较为完整的污染源普查技术体系和方法体系。它们是由三部分文件规范组成：国务院办公厅印发的《第一次全国污染源普查方案》和国家普查办制定的9项技术规定和5项工作细则；由2534项指标构成的四大类67张污染源普查表及相关的说明和指标解释；众多科研单位参与制定的由400多个行业小类、共计4万多个产排污系数构成的、四大类污染源产排污系数手册。可以说，通过这次普查，初步建立了符合我国国情的污染源普查工作体系，形成了一套比较科学的调查方法和制度。这是我国环境保护工作一笔宝贵的财富。

9.4.2 掌握了各类污染源情况，建立了污染源信息数据库

通过普查，全国确定普查对象592.55万个（不含军队普查数据，不含机动车数据，下同），其中：工业源157.55万个（详细调查的重点污染源52.13万个）；生活源144.56万个（住宿业10.01万个，餐饮业74.90万个，居民服务和其他服务业48.66万个，独立燃烧设施5.67万个，医院3.20万个，城镇居民生活以区、县城、建制镇为单位计算共2.13万个）；农业源289.96万个（种植业3.82万个，水产养殖业88.39万个，畜禽养殖业196.36万个，三峡库区、太湖、巢湖和滇池流域农村生活源以

行政村为单位计算共 1.39 万个）；集中式污染治理设施 4790 个（污水处理厂 2094 个，垃圾处理厂 2353 个，危险废物处置厂 159 个，医疗废物处置厂 184 个）。另调查掌握了全国机动车状况，机动车数量 14271.75 万辆，其中：载客汽车 3438.59 万辆，载货汽车 1191.27 万辆，三轮及低速载货汽车 772.91 万辆，摩托车 8868.98 万辆。全国共获得各类污染源填报的基本数据 11 亿个，总信息量 3.1Tb。

通过普查，收集了这 592 万多家有污染源的单位和个体经营户与环境有关的基本数据，包括生产（使用）周期、能耗水耗及原料消耗、产品名称及产量、污染物种类及产生和排放量、污染物治理设施及运行处理情况、重点污染源经纬度等，并已录入新开发的污染源普查信息数据库，建起了全国污染源基本单位台账和国家、省、市、县四级数据库系统。可按统一的编号代码，根据需求按行业、地区、流域、指标等，分类进行数据检索和查询，为污染源的管理奠定了基础。

9.4.3 查清了全国主要污染物的产生、处理和排放情况

本次普查对常规环境统计调查的指标体系进行了扩展和充实，更新和丰富了常规环境统计的内容。提出了将污水处理厂、垃圾处理厂、危险废物处置厂和医疗废物处置厂等作为集中式污染治理设施类污染源进行调查的方法；更全面系统地掌握了生活源中第三产业与环境关系密切行业的污染源和全国机动车污染物排放情况；首次将农业源、县级政府驻地镇以外全部建制镇所在地的生活源以及垃圾处理厂的渗滤液等纳入调查范围。在科学制定污染物产生排放量核算方法的基础上，更加客观真实地反映了各类污染源主要污染物的排放情况。这些将有利于各级政府和环保部门准确评价环境质量、客观分析环境形势、科学制定各项环境保护和经济社会发展政策。

9.4.4 首次基本摸清了各类农业源污染物排放情况

农业源及其污染物的排放情况因未纳入常规环境统计，也未做过全国调查，长期以来情况不明，对环境保护工作，特别是水污染治理影响很大。这次普查基本摸清了种植业、畜禽养殖业、水产养殖业污染源及污染物的排放（流失）情况，并第一次制定了较全面的农业源污染物产排（流失）污系数。通过普查反映出农业源污染物排放对水环境的影响很大，是水中化学需氧量和总氮、总磷的主要来源之一，为把农业源污染防治列入环境管理重要议程，根本解决水污染问题提供了科学依据。

9.4.5 首次获得了某些特殊的、危害大的污染物产生和排放的信息

这次普查特别对持久性有机污染物、消耗臭氧层物质、含多氯联苯电容器、电磁辐射设备和射线装置、伴生放射性污染源等新型、危害较大的污染物的产生、排放情况进行了调查，获取大量过去没有的信息，填补了空白。

9.4.6 进一步掌握了我国工业污染源排放的行业特征

本次普查准确揭示了目前我国工业化处于重化工发展阶段，大量工业污染物排放集中在少数行业，其中重工业和石油化学工业又是重点。同时反映我国工业污染防治整体水平不高，以造纸、纺织行业为代表的一些轻工行业排放的水污染物量大、面广，对水环境质量影响也很大。对影响地区环境质量的重点工业源，特别是对一些排放重金属及有毒有害物质的企业有了更全面的把握。为确定"十二五"期间工业污染防治的重点行业、重点地区和重点污染源，调整产业布局打下了基础，为解决直接危害人民健康的突出环境问题和处置重大污染隐患提供了科学依据。

9.4.7 明确了分流域、分区域各类污染源数量和污染物排放状况

经济较发达、人口密集地区主要污染物排放量占全国污染物总排放量的比例大，与其人口和GDP 占全国的比例大体相当。这些地区的环境污染也相对重一些，呈现了环境污染的区域性特征。"三河三湖"接纳主要水污染物数量大，且与这些河、湖水资源量不成比例，使这些水体污染显得更为严重。

本次普查核准了主要污染物不同区域、流域的排放量、污染治理设施运行状况和治理水平，为国家和地方制定区域、流域发展规划，加强重点流域污染治理，改善区域大气环境质量奠定了基础。

9.4.8　锻炼了环境保护队伍，强化了环境保护基础工作

在普查工作过程中，培养了一批有高度责任心、掌握现代信息技术、熟悉统计科学的综合型环保人才，锻炼了一支业务扎实、作风过硬、视野开阔的环保队伍。2008年5月，面对突如其来的特大地震，四川省广元市、都江堰市、安县、青川县、北川县等地普查机构工作人员不顾生命危险，在废墟和危房中抢救出了绝大部分普查资料；全省各级普查机构克服重重困难，全力以赴完成了普查任务。贵州、青海、甘肃、西藏、新疆等地，克服资金短缺、人手不足、距离远、海拔高、路况差等困难，在交通设施不足的情况下，自备摩托车或骑马、步行开展普查工作，保证了普查工作按规定实施。通过开展普查工作，改善了环保部门的工作装备。据统计，各级环保部门运用专项经费购置了普查需要的各类办公、交通、监测等设备共计41306台/套，促进了基层环境信息化建设。在普查过程中，开展了广泛的环境保护宣传，各类媒体对环保及普查工作进行了几次集中宣传报道。各级普查机构制作张贴环保宣传标语、海报等1690多万幅，制作投放大型户外广告牌37.4万多个，为普查工作开展创造了良好的舆论氛围，促进了全民环境意识的提高。

9.5　普查成果的初步应用与开发建议

第一次全国污染源普查数据是环境保护部门目前掌握的最全面、最准确的有关各类污染源的数据。开发应用普查成果，为环境保护服务，是普查工作的最终目的。将大量复杂、翔实的普查资料数据转变为向政府提供决策依据、向社会各界提供研究参考的文字资料，也是普查工作的重点。按照"尽快使普查数据投入应用"的原则，各地边整理普查数据，边开发利用，充分发挥了普查数据作用。有的地区已为本地重点工作和工程提供了基础数据；北京、天津、福建等地将普查数据运用于专项治理工作；上海、江苏、广东、湖北、青海的部分普查数据已应用于区域环评、城市建设规划和污染防治规划的编制中。环境保护部在组织编制全国重金属污染防治工作方案、长江中下游水污染防治规划、华北地区化工企业污染事故应急预案及朝核事件应急预案等专项工作时，已利用普查成果，取得了很好的效果。但大量的开发应用工作还正在进行或有待启动，从各地已完成的工作和实际需求看，主要有以下四个方面。

9.5.1　建立普查数据应用平台

认真做好普查资料的分析研究工作，开发建立污染源普查数据管理应用系统，构建普查数据应用平台，提供各有关方面深入研究、开发运用普查数据，实现数据共享。更为重要的是实现普查数据的动态管理。在当前经济形势发展快、各类污染源变化多的情况下，污染源信息，特别是中小型工业污染源和生活污染源的信息变动频繁，为确保污染源普查数据的可持续利用，普查数据管理应是一个不断更新的动态过程。江苏等许多地方在这方面都有不少好的经验可以推广。建议在《全国污染源普查条例》中规定的普查周期里，结合环境统计制度的改革，不定期开展针对重点行业或区域的专项调查及经常性抽样调查，实时掌握和了解最新的污染源信息，利用常规的环境统计和环境管理信息动态更新污染源普查数据库。

9.5.2　核定"十二五"环境保护规划基数

由于统计范围、方法和产排污系数不同，同时考虑到"十一五"环境规划执行的延续性，不用普查数据来调整以往的规划和统计数据。按照国务院已发布的《全国污染源普查条例》和《污染源普查方案》的要求，普查数据不与"十一五"总量削减任务和地方政府的目标责任制等工作挂钩，

主要污染物总量减排考核仍以 2005 年确定的基数为准。"十二五"环境保护规划要以污染源普查数据为基础,在综合考核 2008 年、2009 年和 2010 年主要污染物减排量等因素后,核定"十二五"环境保护规划中全国和各省有关污染源及污染物排放的基数。

9.5.3　建立新的环境统计平台

在总结普查经验的基础上,深化环境统计制度改革,扩大统计范围,使用新的产排污系数,构建"十二五"环境统计平台。初步意见,"十二五"期间,将这次普查增加的农业源的排放量(重点是畜禽和水产养殖业)、生活源除县级政府驻地镇以外的其他镇居民生活的污染物排放量、垃圾处理厂渗滤液排放量等纳入环境统计范围。理由是上述几种污染源对水环境质量影响大,且在目前技术和经济条件下,通过工程和管理措施能较大幅度实现减排。同时,适当扩大工业源重点统计的范围,使用新的产排污系数测算工业和生活源污染物的产排污量。

9.5.4　认真分析研究普查数据,服务于环境监督管理

无论是从国家宏观环境管理层面,还是从地区环境监管的角度来讲,全面准确分析和把握环境污染现状是各级环保部门的重要任务。结合全国和区域经济社会发展状况的预测及历年环境监管数据,综合分析污染源普查数据,有利于全面掌握污染物排放的新情况新特征,准确把握环境状况的新变化新趋势。对普查数据的分析要着重分析主要污染物空间分布的特征和行业结构特征,污染治理水平及治理设施现状,重金属、有毒有害物质及辐射放射污染情况,农业面源污染的来源和特征等,找出目前突出的环境问题及潜在的环境压力,从而科学制定环境保护政策和中长期规划,并以此为基础,增强各级环保部门参与综合决策的能力与水平。

编辑说明

  《第一次全国污染源普查资料文集》（以下简称《文集》）是一套系列丛书。这套《文集》共8卷，包括之一《污染源普查公报与大事记》、之二《污染源普查文献汇编》、之三《污染源普查工作总结》、之四《污染源普查技术报告》、之五《污染源普查数据集》、之六《污染源普查图集》、之七《污染源普查产排污系数手册》、之八《污染源普查培训教材》。这套《文集》所用各地的数据资料，均来源于2009年5月（工业源、生活源和集中式污染治理设施）和2009年7月（农业源）各地普查办报送的最终数据。

  参与这项工作的人员比较多且变动大，为客观反映每位同志的工作，现将有关情况说明如下。

  1. 关于编委成员。《文集》的编写以"第一次全国污染源普查工作办公室"的同志为主，但有些同志在办公室的工作时间比较短，而《文集》编委又不宜过多，经研究，编委成员只将在污染源普查工作办公室全职工作两年以上者列入，其他参与与《文集》编写有关工作的同志在相关章节执笔人中体现。

  2.《污染源普查公报与大事记》由隋筱婵、张治忠、高嵘、刘艳青同志执笔，集体讨论修改成稿。

  3.《污染源普查文献汇编》由陈斌、赵建中、陈善荣、朱建平、佟羽、张治忠、高嵘同志整理、编辑。毛玉如、江希流二位同志分别参与了有关部分编写工作。沈阳市环保局骆虹同志、济南市环保局付军华同志和青岛市环保局谢依民同志分别参与了其中"9项普查技术规定"和"5项工作细则"的编写工作。

  4.《污染源普查工作总结》由隋筱婵、张珺、叶琛同志执笔，集体讨论修改成稿。地方工作总结由各省（自治区、直辖市）污染源普查办公室提供。

  5.《污染源普查技术报告》共分9章：第一章至第三章由孔益民、潘文、马晓溪、谢依民同志执笔；第四章由景立新、罗建军、安海蓉、骆虹同志执笔；第五章由曹东、江希流、高月香同志执笔；第六章由沈鹏、佟羽、毛玉如同志执笔；第七章由王利强、刘艳青、付军华同志执笔；第八章由张战胜、张治忠、姬刚同志执笔；第九章由陈斌、赵建中、陈善荣、朱建平同志执笔，集体讨论修改成稿。

6.《污染源普查数据集》由陈斌、赵建中、陈善荣、朱建平、曹东、孔益民、景立新、佟羽、张治忠、隋筱婵、张战胜、沈鹏、王利强同志主要参与，北京联盈同创信息技术有限公司为技术支持单位共同编制。

7.《污染源普查图集》由陈斌、赵建中、陈善荣、朱建平、曹东、孔益民、张治忠、沈鹏、佟羽、景立新、隋筱婵同志主要参与，北京联盈同创信息技术有限公司为技术支持单位共同编制。

8.《污染源普查产排污系数手册》由中国环境科学研究院（负责工业源产排污系数）、环境保护部华南环境科学研究所（负责生活源和集中式污染治理设施产排污系数）牵头，联合相关行业协会共同编制，具体参加单位及人员见"手册"的说明。

9.《污染源普查培训教材》共分 6 部分，分别由以下同志执笔：

工业源普查教材：景立新、骆虹、罗建军、佟羽、刘艳青、安海蓉、周涛；

农业源普查教材：刘宏斌、江希流、刘东生、陈永杏、高月香、成振华、李绪兴；

生活源普查教材：毛玉如、陈志良、安海蓉、张治忠、潘文；

集中式污染治理设施普查教材：付军华、谢依民、吴彩霞、高嵘；

普查员和普查指导员工作细则：隋筱婵、张珺、马晓溪、叶琛；

数据处理教材：曹东、孔益民、张战胜、沈鹏、王利强。

10. 农业部科教司的王衍亮和方放同志，虽然没有具体参与《文集》编辑工作，但《文集》中大量农业源普查资料的获取与他们三年多时间的辛勤工作分不开，需要特别加以说明。

11. 污染源普查工作基本结束后，普查办大多数同志回到原单位工作。赵建中、张治忠同志为《文集》后期的编辑出版做了大量组织协调工作，需要特别加以感谢。

12. 特别要提出的是，国务院第一次全国污染源普查领导小组办公室主任王玉庆同志，在文集审核、定稿、编辑、出版全过程中倾注了大量心血，为文集最终出版作出了突出贡献，在此深表敬意。

编 者

二〇一一年六月

后 记

  《第一次全国污染源普查资料文集》是污染源普查工作成果的具体体现。这一成果是全国环保、农业、统计及有关部门和几十万普查工作人员，在国务院与地方各级人民政府领导下，历经3年时间，不懈努力、辛勤劳动获得的。及时整理、编辑出版这些成果资料，使政府有关部门、广大人民群众、科研人员及社会各界了解普查情况、开发利用普查成果，是十分必要又非常有意义的一件大事。

  在普查资料编纂委员会指导下，《文集》的编纂工作主要由第一次全国污染源普查工作办公室的同志完成，他们为此付出了很多心血。在此过程中，得到了环境保护部领导及相关司、局的关心和支持。中国环境科学出版社许多同志不辞辛劳，为《文集》的出版作了大量的编辑工作。北京联盈同创信息技术有限公司参与并大力支持了《污染源普查数据集》、《污染源普查图集》的编制。测绘出版社为编制《污染源普查图集》做了很多工作。在此一并表示由衷的感谢！

  至《文集》出版这项工作历时4年半，相关数据、资料收集整理过程中会有不尽人意之处，希望读者谅解指正。

王玉庆

二〇一一年六月